Hochschultext

E. Schaich A. Hamerle

Verteilungsfreie statistische Prüfverfahren

Eine anwendungsorientierte Darstellung

Mit 25 Abbildungen

Springer-Verlag
Berlin Heidelberg New York Tokyo 1984

Prof. Dr. Eberhard Schaich

Abteilung Ökonometrie und Statistik am Wirtschaftswissenschaftlichen Seminar der Eberhard-Karls-Universität Tübingen
Mohlstraße 36/III, 7400 Tübingen

Prof. Dr. Alfred Hamerle

Fakultät für Wirtschaftswissenschaften und Statistik der Universität Konstanz
Universitätsstraße 10, 7750 Konstanz

ISBN 3-540-13776-9 Springer-Verlag Berlin Heidelberg New York Tokyo
ISBN 0-387-13776-9 Springer-Verlag New York Heidelberg Berlin Tokyo

CIP.-Kurztitelaufnahme der Deutschen Bibliothek
Schaich, Eberhard: Verteilungsfreie statistische Prüfverfahren: e. anwendungsorientierte Darst. / E. Schaich; A. Hamerle. – Berlin; Heidelberg; New York; Tokyo: Springer, 1984.
(Hochschultext)
ISBN 3-540-13776-9 (Berlin . . .)

NE: Hamerle, Alfred:
ISBN 0-387-13776-9 (New York . . .)

Druck- und Bindearbeiten: Weihert-Druck GmbH, Darmstadt
2142/3140-543210

Vorwort

In vielen Anwendungsfeldern statistischer Prüfverfahren hat sich die Auffassung durchgesetzt, daß die klassischen Teste nicht risikolos verwendet werden können, weil die ihnen zugrundeliegende Normalverteilungsannahme suspekt ist. Verteilungsfreie Prüfverfahren, für welche diese Annahme nicht erforderlich ist, haben daher in den Wirtschafts- und Sozialwissenschaften, aber auch in der Medizin und in den Biowissenschaften, eine hervorragende Bedeutung erlangt.

Dieses Buch über verteilungsfreie Prüfverfahren ist ein Buch für Anwender. Es wendet sich nicht an Mathematiker. Auf die theoretischen Grundlagen der Teste wird dennoch so weit wie möglich eingegangen. Damit soll vor allem einem für die Anwendungen riskanten Rezeptdenken entgegengewirkt werden. Umfassende mathematische Vorkenntnisse sind für eine erfolgreiche Lektüre nicht nötig. Vorausgesetzt werden lediglich Grundkenntnisse in statistischer Methodik, wie sie heute überall in Einführungskursen in fast allen empirisch ausgerichteten Wissenschaftsgebieten vermittelt werden.

Die Adressaten dieses Buches, das aus Lehrveranstaltungen der Autoren an den Universitäten Regensburg und Tübingen hervorgegangen ist, sind Studierende und Praktiker aller Disziplinen, in welchen empirisch gearbeitet wird, insbesondere also der Wirtschaftswissenschaft, der Psychologie, der Soziologie, der Pädagogik, der Medizin und der Biowissenschaften. Es ist konzipiert als Textbuch für einschlägige anwendungsbewogene Lehrveranstaltungen für mittlere und höhere Semester sowie als Nachschlagewerk für den Anwender.

Die Gliederung des Buches ist an praktischen Problemstellungen orientiert. Nach einer Grundlegung, in welcher vor allem die Probleme der Messung und der Repräsentativität von Stichproben angesprochen werden, werden in Kapitel 1 unter Bezugnahme auf bekannte klassische Prüfverfahren die wichtigsten allgemeinen methodischen Grundlagen der statistischen Hypothesenprüfung entwickelt. Kapitel 2 hat den sogenannten Ein-Stichproben-Fall zum Gegenstand und umfaßt Verfahren der Prüfung der Zufälligkeit einer Stichprobenentnahme, Anpassungs- und speziell Lokalisationsteste.
Kapitel 3 ist dem Zwei-Stichproben-Fall bei unabhängigen Stich-

proben gewidmet und betrifft Verfahren zum Lokalisations-, Streuungs- und Verteilungsvergleich. Der Fall zweier verbundener Stichproben wird in Kapitel 4 behandelt; hierbei stehen Unabhängigkeitsprüfungen mit Hilfe von Rangkorrelationskoeffizienten im Vordergrund. In Kapitel 5 werden die verschiedenen Designs zum Lokalisationsvergleich mit Hilfe von k unabhängigen bzw. k verbundenen Stichproben ausführlich erörtert. In Kapitel 6 schließlich werden Grundfragen des Einsatzes von - verteilungsfreien oder verteilungsgebundenen - Testen in den Anwendungen behandelt. Diese Grundfragen betreffen die Formulierung der Nullhypothese, die Auswahl der adäquaten Testverfahren, die Festlegung von Fehlerwahrscheinlichkeiten und das Vorliegen einer zureichenden Datenbasis. Die für die Durchführung der dargestellten Teste nötigen Tabellen sind in einen Tabellenanhang eingebracht worden.

Den Autoren ist es eine angenehme Pflicht, dem Springer-Verlag, insbesondere Herrn Dr. Müller, für eine sehr gute Zusammenarbeit zu danken. Ihr Dank gilt außerdem Frau Winterholer und Frau Haug, beide Tübingen, welche die Übertragung des Manuskriptes mit großer Einsatzbereitschaft besorgten.

Tübingen und Regensburg, im Juli 1984

Eberhard Schaich
Alfred Hamerle

Inhaltsverzeichnis

0. Grundlegung

Unter *Statistik* im Sinne einer wissenschaftlichen Disziplin werden heute die *Methoden zur Beschreibung und Analyse von Massenerscheinungen mit Hilfe von Zahlen* verstanden. Massenerscheinungen sind hierbei Vorgänge, welche unter prinzipiell gleichen Rahmenbedingungen beliebig oft beobachtet oder registriert werden können. Statistische Methoden sind ein wichtiges Instrumentarium erfahrungswissenschaftlich ausgerichteter Disziplinen wie Psychologie, Soziologie, Pädagogik, Wirtschaftswissenschaft oder auch Medizin und Biologie. Ihr Einsatz ist immer dann unabdingbar, wenn numerische Daten zur Charakterisierung empirischer Phänomene herangezogen werden.

Bereits in der Phase der *Erkundung* eines erfahrungswissenschaftlichen Tatbestandes, in der Phase also, in welcher noch keine substantiellen Hypothesen formuliert sind, werden statistische Methoden für eine *systematische Darstellung und übersichtliche Aufbereitung* gewonnener Daten benötigt. Diese werden häufig unter dem Begriff *deskriptive Statistik* zusammengefaßt. Liegen in einer späteren Phase eines Forschungsvorhabens erfahrungswissenschaftliche Hypothesen vor, so bieten spezielle statistische Prüfverfahren die Möglichkeit ihrer *Überprüfung auf der Grundlage der durch Zahlen erfaßten beobachteten Realität*. Die empirische Überprüfung von Aussagen, Hypothesen und theoretischen Konstruktionen ist für die modernen Sozialwissenschaften, welche sich heute vor allem als empirische Wissenschaften verstehen, typisch. Entsprechend zentral ist für diese Disziplinen die Bedeutung der statistischen Prüfverfahren.

0.1. Variablen und deren Skalierung

Die Bestandteile einer Theorie, welche als Hypothesen in eine empirische Untersuchung eingehen, betreffen in jedem Fall bestimmte Eigenschaften zu untersuchender Einheiten. Diese Einheiten können Personen oder Gegenstände sein. Die Eigenschaften, die Gegenstand eines Einsatzes statistischer Methoden sind, heißen *Untersuchungsvariablen*, *Untersuchungsmerkmale*, *statistische Merkmale* oder auch einfach Variablen oder Merkmale. Die Erfassung einer Einheit, etwa die Befragung einer

Person, die Vornahme eines psychologischen Tests bei einem Probanden oder die Durchführung eines einzelnen Experiments, liefert jeweils einen *Wert, eine Ausprägung, eine Realisierung* der Untersuchungsvariablen. Oft werden mehrere Untersuchungsvariablen einbezogen. Die Einheiten, also Personen oder Objekte, an denen jeweils ein spezieller Wert der jeweiligen Untersuchungsvariablen festgestellt wird, heißen *Untersuchungseinheiten oder Merkmalsträger*.

Die Frage, *welche Variablen* zur empirischen Überprüfung einer bestimmten fachwissenschaftlichen Hypothese heranzuziehen sind, ist von erstrangiger Bedeutung und kann in der Regel nur aus der Sicht dieser Fachwissenschaft beantwortet werden. Gelegentlich ist sie vergleichsweise einfach strukturiert, etwa dann, wenn sich die Hypothese auf den "Wohlstand" einer Personengesamtheit bezieht. Hier bieten sich die Variablen Einkommen (Brutto-, Nettoeinkommen in jeweils adäquater Definition) oder Vermögen an. Betrifft eine Hypothese hingegen etwa den Komplex "Angst" bei einer Personengesamtheit, dann ist die Umsetzung in Untersuchungsvariablen nicht in eindeutiger Weise möglich. Überdies enthält eine solche Umsetzung selbst häufig wesentliche Bestandteile einer mehr oder weniger gesicherten erfahrungswissenschaftlichen Theorie. Bei der Festlegung von Untersuchungsvariablen ist deren *Operationalität* eine erste Voraussetzung für einen Einsatz statistischer Teste. Beispielsweise kann bei "Angst" der Teilbereich ihrer körperlichen Erscheinungsformen abgetrennt und mit den Untersuchungsvariablen Hauttemperatur und Pulsfrequenz operationalisiert werden. Damit wird natürlich auch nur ein Teilaspekt körperlicher Erscheinungsformen von Angst abgedeckt. Eine Beschränkung auf einige Teilaspekte eines komplexen Phänomens ist für den Vorgang der Operationalisierung typisch. Bereits entwickelte und erprobte Operationalisierungen für einen bestimmten Problemzusammenhang, etwa in Form von *psychologischen* Tests*) oder Formulierung von Fragebögen in der Soziologie oder von Versuchsanordnungen in der Biologie werden zweckmäßigerweise *immer wieder* herangezogen; denn damit wird der Vergleich von empirischen Befunden wesentlich erleichtert.

*) Das Wort Test bezeichnet hier die Ermittlung einer oder mehrerer Eigenschaften eines Probanden mit Hilfe eines geeigneten experimentellen Vorgehens. Dieser Wortgebrauch ist in der Psychologie üblich. In der Statistik wird hingegen häufig ein statistisches Prüfverfahren als Test bezeichnet.

Von zentraler Bedeutung ist weiter die Frage, welche Ausprägungen bei einer Variablen unterschieden werden sollen, und was diese Ausprägungen über die einzelnen Untersuchungseinheiten aussagen. Die Kennzeichnung der systematischen Variation einer Variablen und die Präzisierung des Aussagegehalts festgelegter Ausprägungen einer Variablen ist Gegenstand eines eigenständigen Bereiches der statistischer Methoden, der mit *Meßtheorie* oder *Skalierung* bezeichnet wird. Allgemein gilt, daß nicht die untersuchten Objekte selbst, sondern lediglich ihre Eigenschaften meßbar sind, wobei jedes Objekt in der Regel durch eine Vielzahl von Eigenschaften gekennzeichnet ist. Die Meßtheorie ist in jüngerer Zeit zu einem umfangreichen Theoriengebäude angewachsen, von welchem hier nur einige Grundelemente skizziert werden.

Sind statistische Variablen den Naturwissenschaften oder der Technik zuzurechnen, wie etwa Temperatur, Härte, Länge oder Gewicht, so erfolgt die Messung auf der Grundlage der *klassischen Meßtheorie*, wie sie von *Helmholtz* (1887) oder *Hölder* (1901) entwickelt wurde. Greift man eine spezielle Eigenschaft dieser Art heraus, so ist für sie charakteristisch, daß nicht nur die zu messenden Objekte bezüglich dieser Eigenschaft vergleichbar sind, sondern daß überdies eine Operation des Zusammenfügens von Ausprägungen sinnvoll ist, welche durch Addition vollzogen wird. So entsteht beispielsweise durch Verknüpfen von zwei Streckenlängen eine neue Streckenlänge, welche die Summe der Längen der beiden ursprünglichen Strecken ist. Außerdem läßt sich entscheiden, welche von zwei unterschiedlichen Strecken die längere ist. Die klassische Meßtheorie hat die Forderungen zum Gegenstand, welche an eine *Vergleichsrelation* und eine *Verknüpfungsoperation* zu stellen sind, damit eine adäquate numerische Repräsentation der betreffenden Eigenschaften möglich ist.

Dieser klassische naturwissenschaftlich orientierte Begriff der Messung ist für die Sozialwissenschaften zu eng. Die dort zu registrierenden komplexen Phänomene, die sich nicht unmittelbar in physikalische Meßeinheiten umsetzen lassen, erfordern einen allgemeineren und umfassenderen Meßbegriff. Neben einer Menge A von Objekten, denen Meßwerte zugeordnet werden sollen, untersucht man zusätzlich eine endliche Anzahl n empirisch feststellbarer *Relationen* $R_1,\ldots,R_n$ zwischen diesen Elementen.

Das Wort Relation wird hier im Sinne der Mathematik gebraucht. Es mag vorläufig durch "Beziehungsgefüge" interpretiert werden; Beispiele werden weiter unten genannt. Ein System $\langle A, R_1, \ldots, R_n \rangle$ aus dem empirischen Bereich, bestehend aus einer Objektmenge und n Relationen zwischen ihren Elementen, heißt *empirisches Relativ*. Ist B eine Menge von Zahlen oder Vektoren und bezeichnen $S_1, \ldots,$ S_n Relationen auf dieser Menge, so heißt ein System $\langle B, S_1, \ldots, S_n \rangle$ *numerisches Relativ*. Voraussetzung für eine Messung ist das Vorhandensein eines empirischen Relativs, d.h. einer Menge empirisch beobachtbarer Objekte, die in bezug auf eine bestimmte Eigenschaft in beobachtbaren Relationen zueinander stehen. Die eigentliche Messung erfolgt dann durch Zuordnung von numerischen Werten zu den Objekten, d.h. das empirische Relativ wird durch ein numerisches Relativ repräsentiert. Allerdings ist nicht jede solche Zuordnung als Messung anzusehen. Eine Messung liegt genau dann vor, wenn die Zuordnung durch eine *homomorphe* Abbildung des empirischen Relativs in das numerische Relativ gegeben ist; diese homomorphe Abbildung heißt dann *Skala*. Eine homomorphe Abbildung ist dadurch gekennzeichnet, daß die Urbildmenge A nach der Bildmenge B abgebildet wird und daß darüber hinaus auch die Relationen auf der Menge A in analoge Relationen, die auf der Menge B bestehen, übergeführt werden. Für eine exaktere Definition vergleiche man beispielsweise *Pfanzagl* (1971^2), S. 23. Die Existenz einer homomorphen Abbildung der beschriebenen Art ist die Voraussetzung dafür, daß eine Variable als "meßbar" betrachtet werden kann. Eine Repräsentation eines empirischen durch ein numerisches Relativ ist die Grundlage der meisten modernen Meßtheorien (*Suppes* und *Zinnes* (1963); *Pfanzagl* (1971^2); *Krantz, Luce, Suppes* und *Tversky* (1971); *Orth* (1974)).

Ist eine Variable ausschließlich aufgrund einer solchen Repräsentation meßbar, spricht man von *fundamentaler* Messung. Beispiele hierfür sind die Variablen Länge, Masse, Volumen usw. Eine *abgeleitete* Messung liegt vor, wenn neue Meßvariablen als Funktionen der Variablen fundamentaler Messung festgelegt werden. Als Beispiel für eine abgeleitete Messung betrachte man etwa die Dichte im Sinne der Physik, welche als Quotient von Masse und Volumen definiert ist.

Ein erstes Hauptproblem der modernen Meßtheorie ist das *Repräsentationsproblem*. Es besteht in der Angabe von Eigenschaften, die ein empirisches Relativ erfüllen muß, damit die Existenz einer homomorphen Abbildung vom empirischen in das numerische Relativ gesichert ist.In der Regel wird dieses durch die Formulierung eines Repräsentationstheorems gelöst. Mit einem solchen wird die Existenz eines Homomorphismus bzw. einer Skala für den Fall bewiesen, daß das empirische Relativ bestimmte Eigenschaften aufweist. Letzere werden gewöhnlich als Axiomensysteme formuliert.

Ein zweites Hauptproblem der modernen Meßtheorie liegt in der *Eindeutigkeit* der Meßergebnisse. Denn in der Regel gibt es zu einem speziellen empirischen Relativ viele Skalen, welche bestimmte geforderte Bedingungen in gleicher Weise erfüllen. Es ist dann möglich, eine Skala in eine andere zu transformieren, welche ebenfalls eine homomorphe Abbildung des empirischen Relativs ist. Die Menge in diesem Sinne zulässiger Transformationen ist von Skalenart zu Skalenart unterschiedlich. Sie charakterisiert grundsätzlich den Typ der Skala. Das Prinzip der Bestimmung der zulässigen Transformationen einer Skala ist einfach(*Adams*, *Fagot* und *Robinson* (1965)): Eine Skala kann transformiert werden, soweit die Implikationen bezüglich des abzubildenden empirischen Relativs nicht verändert werden. So muß etwa eine Balkenwaage mit einem Gegenstand von 7 kg auf der einen Schale und zwei Gegenständen mit 4 kg bzw. 3 kg auf der anderen Schale im Gleichgewicht sein. Diese Implikation rührt daher, daß die Gewichte in beiden Schalen gleich sind. Werden die Gewichte der drei Gegenstände verfünffacht, so bleibt diese Implikation erhalten, da nun jeweils 35 kg einander gegenüberstehen. Wird dagegen das Gewicht jedes Gegenstandes um 10 kg erhöht, so geht die Implikation Gleichgewicht verloren. Transformationen dieser Art, die also eine empirisch wesentliche Implikation verletzen, sind unzulässig.

Ein drittes Hauptproblem der modernen Meßtheorie ist das *Bedeutsamkeitsproblem*. Es besteht darin,festzustellen, ob eine numerische Aussage überhaupt sinnvoll ist. Numerische Aussagen sind Aussagen, die gewonnen werden durch Operationen im numerischen Relativ, etwa durch Rechenoperationen mit Skalenwerten. Zu diesen Operationen gehören insbesondere alle statistischen Verfahren. Beim Bedeutsamkeitsproblem geht es um die Frage, welche numerischen Aussagen bei einer bestimmten Skala in dem Sinne möglich sind, daß sie empirische Relevanz haben. Ob eine bestimmte numerische Aussage über ein empirisches Relativ bedeutsam ist, hängt vom empirischen Relativ und seinen Eigenschaften und damit von den zulässigen Transformationen ab. Ein Beispiel möge den Zusammenhang verdeutlichen.

Beispiel O.-1 (*Orth* (1974), S. 29)
Wenn in einem Ort A Windstärke 2 und in einem anderen Ort B Windstärke 4 herrscht, ist es dann sinnvoll, zu sagen, in B sei es "doppelt so windig" wie in A ? Offenbar ist eine derartige Aussage nicht gerechtfertigt, denn die Skala der Windstärken drückt lediglich eine Rangordnung aus. Unterwirft man im vorliegenden Falle die Skalenwerte einer monoton steigenden Transformation, bleibt die Rangordnung erhalten. So könnte man beispielsweise den Skalenwerten 1,2,...,12 ihr Quadrat 1,4,...,144 zuordnen. Damit tritt beispielsweise an die Stelle von $x_1 = 2$ der transformierte Wert $x_1' = 4$ und an die Stelle von $x_2 = 4$ der transformierte Wert $x_2' = 16$. Das Verhältnis der transformierten Werte ergibt 1:4 und nicht 1:2, also nicht das Verhältnis der nichttransformierten Werte. Dies bedeutet, daß sich der Gehalt der ursprünglichen Aussage zum Verhältnis von Skalenwerten durch die Transformation ändert. Diese ist dennoch zulässig,obwohl die Bildung von Quotienten von Windstärkewerten empirisch nicht sinnvoll sein kann. Ebensowenig sinnvoll wäre es, Windstärkewerte zu addieren oder Durchschnitte aus solchen zu berechnen.

Aus Beispiel O.-1 wird ersichtlich, daß das Bedeutsamkeitsproblem und damit auch der Typ der Skala, mit der gemessen wird, ganz besonders relevant sind für die Anwendung von statistischen Prüfverfahren. In den klassischen statistischen Prüfverfahren, welche auf der Voraussetzung normalverteilter Untersuchungsvariablen beruhen und daher auch als verteilungsgebundene Prüfverfahren bezeichnet werden, wird typischerweise die Operation der Addition von Meßwerten vorgenommen. Entsprechend strenge Anforderungen sind an das Skalenniveau zu stellen, falls solche Prüfverfahren zum Einsatz kommen sollen. Bei vielen der in diesem Buch im Vordergrund stehenden verteilungsfreien Prüfverfahren braucht hingegen nur eine Rangordnung der Skalenwerte vorausgesetzt zu werden; dies kommt ihrer Anwendbarkeit in den Sozialwissenschaften sehr entgegen.

Wie bereits dargelegt wurde, werden durch die Menge der zulässigen Transformationen verschiedene Typen von Skalen festgelegt. Alle Skalen mit derselben Menge zulässiger Transformationen und damit auch mit der gleichen Menge empirisch gehaltvoller Aussagen faßt man zu einer *Skalenart* zusammen. Die vier gebräuchlichsten Skalenarten sind die Nominalskala, die Ordinalskala, die Intervallskala und die Verhältnisskala.

1. *Die Nominalskala*

Eine Variable heißt *nominalskaliert*, wenn alternative Ausprägungen dieser Variablen lediglich *Verschiedenheit* zum Ausdruck bringen. Im empirischen Relativ wird in diesem Falle nur eine *Äquivalenzrelation* "~" berücksichtigt. Sie hat folgende Eigenschaften:

(N.-1) Für $a_1, a_2 \in A$ gilt $a_1 \sim a_2$ oder $a_1 \not\sim a_2$.
(N.-2) Es gilt $a \sim a$ für alle $a \in A$.
(N.-3) Aus $a_1 \sim a_2$ folgt $a_2 \sim a_1$.
(N.-4) Aus $a_1 \sim a_2$ und $a_2 \sim a_3$ folgt $a_1 \sim a_3$.

Durch eine Äquivalenzrelation wird die Objektmenge A in sogenannte Äquivalenzklassen aufgeteilt. Gelten die Bedingungen (N.-1) bis (N.-4), so ist es immer möglich, das empirische Relativ $\langle A, \sim \rangle$ durch das numerische Relativ $\langle R, = \rangle$ zu repräsentieren. Dabei ist R eine Zahlenmenge, deren Umfang gleich der Anzahl der verschiedenen Ausprägungen des Merkmals ist; "=" kann als die Relation Gleichheit (von Zahlen) interpretiert werden. Eine Abbildung des empirischen Relativs nach dem numerischen Relativ entspricht einfach einer Verschlüsselung der Ausprägungen des untersuchten Merkmals mit Zahlen; die zur Verschlüsselung verwendeten Zahlen bilden die Menge R. Diese Abbildung ist dementsprechend nur eindeutig bis auf umkehrbar eindeutige (bijektive) Transformationen; das bedeutet, daß jede solche Transformation einer Nominalskala im Sinne der Ausführungen zum Eindeutigkeitsproblem zulässig ist. Alle Beziehungen zwischen den Elementen der Zahlenmenge R außer der Äquivalenzrelation "=", also etwa die Rangordnung oder die Differenzen oder die Quotienten dieser Zahlen, haben keine Entsprechung im empirischen Relativ und sind somit ohne Aussagegehalt im Sinne des Bedeutsamkeitsproblems.

Beispiele nominalskalierter Variablen sind etwa Geschlecht, Familienstand, Konfession oder Berufsgruppenzugehörigkeit. Die Art und Weise der Festlegung der Menge der Kategorien (Ausprägungen) einer nominalskalierten Variablen ist in der Regel nicht "natürlich" vorgegeben, sondern steht zur Disposition. Man denke etwa an die Möglichkeit, die Variable Familienstand in die Ausprägungen ledig, verheiratet, verwitwet, geschieden oder nur in die Ausprägungen verheiratet, sonstige aufzuteilen. Gelegentlich wird eine Nominalskala auch als *singuläre Skala* festgelegt, also als Skala mit der Eigenschaft, daß alle vorhandenen Untersuchungseinheiten verschiedenen Kategorien zugeordnet werden. Eine solche Vorgehensweise ist etwa die Zuordnung von jeweiligen Schlüsselnummern zu den Elementen einer Personengesamtheit.

In manchen Fällen kommen nominalskalierte Merkmale vor, die *häufbar* sind, bei denen also eine Untersuchungseinheit mehrere Ausprägungen zugleich aufweisen kann. Dies ist etwa bei der Variablen "erlernter Beruf" gegeben, wenn eine Person mehrere Berufe erlernt hat. Entsprechendes gilt für die Variable "Studienfach" bei einer Gesamtheit von Studenten.

2. Die Ordinalskala

Eine Variable heißt *ordinalskaliert* oder *rangskaliert*, wenn alternative Ausprägungen neben *Verschiedenheit* auch eine *Rangordnung* ("vor", "kleiner") zum Ausdruck bringen. In den Sozialwissenschaften sind rangskalierte Variablen besonders häufig anzutreffen, denn eine typische sozialwissenschaftliche Vorstellung geht dahin, daß es bei verschiedenen Personen oder Objekten ein Mehr oder Weniger bestimmter Eigenschaften wie etwa Intelligenz, sozialer Status, Angst gibt, ohne daß dieses Mehr oder Weniger exakt quantifizierbar wäre. Dann besteht das empirische Relativ aus der Menge A der empirischen Objekte, einer Äquivalenzrelation "$\sim$", sowie einer Ordnungsrelation "$\succ$", kann also durch $\langle A,\sim,\succ\rangle$ ausgedrückt werden. Die Ordnungsrelation weist folgende Eigenschaften auf:

(O.-1) Für a_1, $a_2 \in A$ gilt $a_1 \succ a_2$ oder $a_2 \succ a_1$.
(O.-2) Aus $a_1 \succ a_2$ und $a_2 \succ a_3$ folgt $a_1 \succ a_3$.

Erfüllt ein empirisches Relativ $\langle A,\sim,\succ\rangle$ die Bedingungen (N.-1) bis (N.-4) sowie (O.-1) und (O.-2), so kann es stets abgebildet werden in das numerische Relativ $\langle \mathbb{R},=,>\rangle$ wobei "$>$" die bei Zahlen übliche Bedeutung "größer als" hat. Eine Ordinalskala ist also eine Nominalskala mit der zusätzlichen Eigenschaft, daß die Rangordnung "$\succ$" übergeführt wird in die numerische Relation "$>$" (oder analog auch "$<$"). Da bei zulässigen Skalentransformationen die Implikationen der empirischen Relationen zwischen den Objekten unverändert bleiben müssen, sind nur noch solche (bijektive) Transformationen einer Skala im Sinne des Eindeutigkeitsproblems zulässig, welche die Rangordnung der Skalenwerte erhalten. Dies sind die *streng monotonen Transformationen*. In einer Ordinalskala sind keine Informationen enthalten über den Abstand oder das Verhältnis verschiedener Ausprägungen der Variablen. Somit sind Aussagen über die Summe oder den Quotienten von Ausprägungen ohne empirische Relevanz im Sinne des Bedeutsamkeitsproblems. Beispielsweise ist es bei der ordinalskalierten Variablen Benotung (etwa einer Klausur) nicht korrekt, festzustellen, daß die Note 2 eine doppelt so gute Leistung ausdrücke wie die Note 4 oder eine halb so gute Leistung wie die Note 1.

Beispiele ordinalskalierter Variablen sind etwa die Mohssche Härtezahl, Koeffizienten zur Kennzeichnung von Intelligenz oder gegebenenfalls auch Zugehörigkeit zu einer speziellen aus einer Menge geeignet definierter sozialer Schichten.

3. *Die Intervallskala*

Eine Variable heißt *intervallskaliert*, wenn alternative Ausprägungen neben *Verschiedenheit* und einer *Rangordnung* auch einen *Abstand* (eine Entfernung) zum Ausdruck bringen. Dies erfordert, daß beim empirischen Relativ zusätzlich zu einer Äquivalenz- und einer Ordnungsrelation auch noch die Möglichkeit einer "Mittenbildung" "o" zwischen zwei Objekten vorhanden ist, so daß es also durch $\langle A,\sim,\succ,\circ\rangle$ gekennzeichnet werden kann. Diese Mittenbildung hat folgende Eigenschaften:

(I.-1) Es gilt $a_1 \circ a_2 = a_2 \circ a_1$.
(I.-2) Aus $a_1 = a_2$ folgt $a_1 \circ a = a_2 \circ a$ für $a \in A$.
(I.-3) Aus $a_1 \succ a_2$ folgt $a_1 \circ a \succ a_2 \circ a$ für $a \in A$.
(I.-4) Es gilt $a_1 \circ (a_1 \circ a_3) = (a_1 \circ a_2) \circ a_3$.
(I.-5) Aus $a_1 \circ a_2 \succ a \succ a_3 \circ a_2$ folgt:
Es gibt ein $a^* \in A$ mit $a^* \circ a_2 = a$.

Sind die Bedingungen (N.-1) bis (N.-4), (O.-1) und (O.-2) sowie (I.-1) bis (I.-5) für ein empirisches Relativ erfüllt, kann eine Intervallskala angegeben werden, wobei die empirische Mittenbildung zwischen zwei Objekten im Sinne des Repräsentationsproblems übergeführt wird in die Bildung des arithmetischen Mittels zweier Zahlen. Eine Intervallskala ist eindeutig bis auf *positive lineare Transformationen* $\varphi(x) = cx + d$ mit $c > 0$; im Sinne des Eindeutigkeitsproblems sind also nur solche Skalentransformationen zulässig. Da durch die Addition einer Konstanten d der Nullpunkt einer Intervallskala beliebig verändert werden kann, sind Aussagen über Quotienten von Ausprägungen im Hinblick auf das Bedeutsamkeitsproblem nicht sinnvoll. Beispiele für intervallskalierte Variablen sind Temperatur (gemessen in $^{\circ}$C) oder auch Gewicht oder Länge, wenn diese Variablen in Form von Abweichungen von einem Norm- oder Sollwert gemessen werden.

Statt des hier erörterten Axiomensystems können auch andere Systeme angegeben werden, die hinreichend sind für eine Repräsentation auf einer Intervallskala (vgl. z.B. *Pfanzagl* (1971^2), Kapitel 6, 7 und 9, oder *Krantz, Luce, Suppes* und *Tversky* (1971), Kapitel 4 und 6).

4. Die Verhältnisskala

Eine Variable heißt *verhältnisskaliert* oder *rationalskaliert*, wenn alternative Ausprägungen neben *Verschiedenheit*, einer *Rangordnung* sowie einem *Abstand* auch ein *Verhältnis* zum Ausdruck bringen. Hierbei muß für die empirischen Objekte außer einer Äquivalenz- und einer Ordnungsrelation zusätzlich eine "Verknüpfungsoperation" existieren, welche dieselbe Struktur besitzt wie die arithmetische Operation der Addition. Den Objekten sind in diesem Falle Zahlen derart zuzuordnen, daß sich der Skalenwert für eine Kombination jeweils additiv zusammensetzt aus den

Skalenwerten der Objekte, die in die Kombination eingehen. Dann liegt eine Intervallskala vor, bei der zusätzlich ein empirischer Nullpunkt festgelegt ist, der als "Nichtvorhandensein" der zu skalierenden Eigenschaft interpretiert werden kann. Bei einer Verhältnisskala sind nur noch sogenannte *Ähnlichkeitstransformationen*, also *linear-homogene Transformationen*

$$\varphi(x) = cx \text{ mit } c > 0$$

zulässig im Sinne des Eindeutigkeitsproblems. Sie sind als *Maßstabsänderungen* anschaulich interpretierbar. Bei einer Messung auf einer Verhältnisskala ist der Quotient zweier Meßwerte unabhängig von der zugrundegelegten Meßeinheit.

Den meisten aus dem täglichen Leben vertrauten Meßwerten liegt eine Verhältnisskala zugrunde. So werden Längen, Flächen, Volumina, Zeitdauern und Einkommen in der Regel auf einer Verhältnisskala gemessen.

0.2. Objektivität, Reliabilität und Validität von Meßverfahren

Objektivität, Reliabilität und Validität sind Anforderungen, die an Meßverfahren gestellt werden müssen, damit es überhaupt sinnvoll ist, gewonnene Beobachtungswerte mit statistischen Methoden zu bearbeiten. Eine Sicherstellung dieser Gütekriterien eines Meßverfahrens kann sehr aufwendig sein, etwa bei Verwendung von Meßinstrumenten, welche erstmalig zum Einsatz kommen. Dies gilt insbesondere für die bereits erwähnten Teste im Sinne der Psychologie.

Objektivität eines Meßverfahrens liegt vor, wenn die Registrierung der Variablenwerte von subjektiven Einflüssen frei ist. Ist ein Meßinstrument objektiv, dann stimmen verschiedene voneinander unabhängig tätige Beurteiler *(Rater)* hinsichtlich der Nennung der Variablenwerte weitestgehend überein. Dementsprechend wird Objektivität auch als interindividuelle Konkordanz der Beurteiler verstanden. Objektivität ist kein Problem der Datengewinnung dort, wo Variablenwerte mit Hilfe von gut geeichten Meßgeräten oder Zählvorrichtungen festgestellt werden. Man denke etwa an eine Geschwindigkeitsmessung oder an die Ermittlung der Körpergröße oder des Gewichtes einer Person. Der Variablenwert ist frei von subjektiven Einflüssen, es sei denn, Beobachtungs-, Ablese-, Zähl- oder sonstige Registrierungsfehler sind vorgekommen. Anders kann die Situation bei Variablenwerten sein, die von Beurteilern festgelegt werden müssen und ein komplexeres Phänomen betreffen. Hier werden zwei Rater bei einem Probanden in der Regel nicht zum exakt gleichen Variablenwert gelangen. Auch bei der Rangordnung von Beobachtungen gemäß einer singulären Ordinalskala muß gelegentlich - etwa bei der Rangordnung der Schüler nach Leistungsstärke - davon ausgegangen werden, daß zwei Rater unterschiedliche Rangordnungen ermitteln, Objektivität der Variablenwerte also nicht gegeben oder nicht vollkommen gegeben sein kann.

Reliabilität eines Meßinstruments liegt vor, wenn die resultierenden Variablenwerte reproduzierbar sind, also eine Nachmessung bei unveränderten Rahmenbedingungen auf denselben Wert führt. Zunächst betrifft Reliabilität die Eventualität von Beobachtungsfehlern und schließt damit Objektivität im zuvor entwickelten Sinn ein. Darüber hinaus umfaßt Reliabilität sämtliche sonstige Fehlerarten, welche gegebenenfalls auch ohne Vermittlung eines Subjektes bei der Ermittlung von Ausprägungen auftreten können. Hauptsächlich meint man mit diesem Begriff die Stabilität von Variablenwerten im Zeitablauf. Sie kann gefährdet sein etwa durch unterschiedliche Bewertungen ein und desselben Sachverhalts durch denselben Rater zu verschiedenen Zeitpunkten oder durch im Zeitablauf variierende Äußerungen einer befragten Person zu einem unveränderten Tatbestand. In der klassischen psychologischen Testtheorie stellt die Reliabilität ein wichtiges Gütekriterium eines Tests im Sinne der Psychologie dar.

Validität eines Meßverfahrens liegt vor, wenn tatsächlich auch das Merkmal erfaßt wird, dessen Messung mit dem Verfahren beabsichtigt war. Validität des Meßverfahrens ist offensichtlich, wenn das Untersuchungsziel in der Feststellung etwa des Alters oder des Einkommens von Personen besteht. Dagegen ist die Validität bei psychologischen Tests keineswegs von vornherein gegeben. Diese bedürfen vielmehr meist einer sorgfältigen empirischen Überprüfung in bezug auf ihre Validität, die vorwiegend über eine Analyse der Korrelation von "Test" im Sinne der erfaßten Variablen und Validitätskriterium erfolgt (kriterienbezogene Validität). Geeignete Validitätskriterien sind indessen meist schwer zu ermitteln, da denkbare Größen wie etwa Lehrer- oder Vorgesetztenurteile oder Berufserfolg oder speziell später nachhaltig erzieltes Einkommen ihrerseits kaum weniger Mängel als die Tests selbst aufweisen dürften.

0.3. Stichproben und Grundgesamtheiten

Die Menge aller vorhandenen Untersuchungseinheiten gemäß einer exakten Abgrenzung heißt *Grundgesamtheit* oder *Population*. Sie umfaßt alle Einheiten, die potentiell untersucht werden können und durch ein gemeinsames Merkmal oder eine gemeinsame Merkmalskombination zusammengefaßt sind. Diese Merkmalskombinationen müssen aus einem festgelegten System von Abgrenzungskriterien bestehen. Insbesondere ist eine *sachliche*, eine *zeitliche* und eine *lokale* Abgrenzung der Population erforderlich. Spricht man beispielsweise von der Population der Wahlberechtigten der Bundesrepublik Deutschland, so beinhaltet die sachliche Abgrenzung die Wahlberechtigung, die zeitliche Abgrenzung die Wahlberechtigung zu einem bestimmten Stichtag und die lokale Abgrenzung die Begrenzung auf die Bürger (in einem speziell festzulegenden Sinn) der Bundesrepublik.

Werden bei einer statistischen Untersuchung sämtliche Elemente der Population erfaßt, spricht man von einer *Total-* oder *Vollerhebung*. Vollerhebungen sind beispielsweise die in der Bundesrepublik Deutschland durch das Bundesamt für Statistik regelmäßig durchgeführten Volks-, Berufs- und Arbeitsstättenzählungen. Totaluntersuchungen sind im Bereich der Sozialwissenschaften äußerst selten. Zunächst sprechen Kostengesichtspunkte in den allermeisten Fällen gegen eine Vollerhebung. So ist es zwar theoretisch denkbar, jedoch praktisch unmöglich, alle Wahlberechtigten der Bundesrepublik Deutschland in eine Befragung einzubeziehen. Darüber hinaus ist es in vielen Fällen theoretisch überhaupt nicht möglich, eine real vorhandene Grundgesamtheit zu unterstellen. Man denke etwa an die Population aller Schüler, die nach einem bestimmten Unterrichtsmodell derzeit und in Zukunft unterrichtet werden oder werden könnten. Eine Grundgesamtheit dieser Art, deren vollständige Erfassung also unmöglich ist, heißt *hypothetische Grundgesamtheit*. Hypothetische Grundgesamtheiten sind im Bereich der psychologischen Forschung die Regel.

Grundsätzlich besteht die Möglichkeit, aufgrund von Daten, die bei einer kleinen Personen- oder Objektgesamtheit erhoben wurden, induktiv *allgemeingültige* Aussagen über die Population zu treffen. Geht man so vor, dann werden die theoretischen und ökonomischen Probleme einer Vollerhebung von vornherein vermieden. Jede Teilgesamtheit der realen oder hypothetischen Grundgesamtheit heißt *Stichprobe in einem weiteren Sinn*. Die Ergebnisse, die aus einer Stichprobe mit Methoden der beschreibenden Statistik zu gewinnen sind, können indessen auf die Grundgesamtheit nur unter gewissen Umständen übertragen und damit verallgemeinert werden. Die Umstände betreffen die *Art und Weise der Gewinnung (Entnahme) der Stichprobeneinheiten* aus der Population. Erfolgt diese mit Hilfe eines *geeigneten Zufallsmechanismus*, dann ist die Übertragbarkeit der Stichprobenbefunde auf die Population, die man als *Repräsentativität* bezeichnet, gegeben. Eine über einen Zufallsmechanismus gewonnene Stichprobe heißt *Zufallsstichprobe* oder *Wahrscheinlichkeitsstichprobe* und besitzt die Eigenschaft der Repräsentativität. Der Teilbereich der Statistik, der die Übertragung von Stichprobenbefunden auf eine reale oder hypothetische Population zum Gegenstand hat, heißt *induktive* oder *inferentielle* Statistik.

Der einfachste Zufallsmechanismus, der zu einer Zufallsstichprobe führt, liegt vor, wenn die Entnahme der Stichprobe aus der Grundgesamtheit in Analogie zu einer der beiden Varianten des *Einfachen Urnenmodells* erfolgt: In einer Urne befinden sich Kugeln, welche gut durchgemischt sind und die Elemente der Population darstellen. Man entnimmt sukzessive Kugeln, welche nach Feststellung ihrer Merkmalsausprägung (Farbe; Gewicht; Zahl, welche aufgedruckt ist) wieder in die Urne zurückgelegt werden (Einfaches Urnenmodell; Variante *mit Zurücklegen*). Ist eine vorab festgelegte Anzahl von Kugeln entnommen, so wird der Entnahmevorgang beendet. Bei der Variante des Einfachen Urnenmodells *ohne Zurücklegen* werden die entnommenen Kugeln nach Registrierung der Ausprägung der Variablen nicht wieder zurückgegeben. Eine Stichprobe, die nach einem solchen Zufallsmechanismus gewonnen wurde, heißt *uneingeschränkte* oder *einfache* Zufallsstichprobe. Kompliziertere Auswahlmechanismen wie etwa geschichtete Zufallsstichprobenverfahren, Klumpenstichprobenverfahren oder mehrstufige Zufallsstichprobenverfahren (vgl.

etwa *Cochran* (1977[3]); *Hansen, Hurwitz* und *Madow* (1953); *Kellerer* (1963[3]); *Kish* (1965); *Raj* (1968); *Schwarz* (1975); *Statistisches Bundesamt* (1960); *Stenger* (1971); *Strecker* (1957)) sind in der amtlichen Statistik weit verbreitet. Die empirische Forschung in den Sozialwissenschaften hat indessen fast in jedem Falle uneingeschränkte Zufallsstichproben zur Grundlage. Solche werden daher in diesem Buch ausschließlich zugrundegelegt. Dabei wird die Variante des Einfachen Urnenmodells mit Zurücklegen bevorzugt. Sie entspricht der Forschungspraxis in den Sozialwissenschaften und hat den Vorteil theoretisch-statistischer Einfachheit. Denn sie bewirkt, daß man die beobachteten Werte einer bestimmten Untersuchungsvariablen als *unabhängige Realisierungen einer Zufallsvariablen* betrachten kann. Häufig wird gerade in der sozialwissenschaftlichen Forschung von vornherein von der Vorstellung einer Menge unabhängiger Realisierungen einer Variablen ausgegangen.

In vielen Fällen sind mit dieser Voraussetzung unabhängiger Realisierungen einer Variablen Probleme verbunden, welche mit Hilfe des nachfolgenden Beispiels erläutert werden.

<u>Beispiel 0.-2</u>

Im Zusammenhang eines Forschungsvorhabens wird bei einer Klasse von 15-jährigen Hauptschülern der Wert eines bestimmten Berufsreifekriteriums ermittelt. Zur Diskussion steht die Repräsentativität der hierbei zu ermittelnden Daten.

Zunächst tritt die Frage auf, ob die Erfassung einer Schulklasse ein Zufallsmechanismus ist, der dem Einfachen Urnenmodell entspricht. Die Repräsentativität kann dadurch gestört sein, daß die Variablenwerte bei den einzelnen Probanden stochastisch verbunden sind, etwa über den Einfluß von Lehrern oder über die Zugehörigkeit zu einer bestimmten sozialen Schicht oder durch die Zugehörigkeit zu einem bestimmten Gemeindebezirk.

Außerdem ist es in diesem Falle schwierig, die Population sachlich zu charakterisieren, für welche die Stichprobe, bestehend aus den Schülern einer Klasse, wenn überhaupt, repräsentativ sein könnte. Beispielsweise ist zunächst offen, ob diese Population nur 15-jährige Schüler dieser Schule oder generell 15-jährige Hauptschüler oder, noch genereller, 15-Jährige umfaßt. Es entspricht wissenschaftlicher Vorsicht, hier behutsam vorzugehen, also die Population in Zweifelsfällen eng einzugrenzen.

Den Problemen der Repräsentanz einer Stichprobe für eine präzise zu kennzeichnende Population, wie sie in Beispiel 0.-2 aufgezeigt wurden, wird in der empirischen sozialwissenschaftlichen Forschung meist noch zu wenig Aufmerksamkeit gewidmet. Sie sind indessen von erstrangiger Bedeutung für die Interpretierbarkeit von Forschungsergebnissen.

1. Einige methodische Grundlagen der statistischen Prüfung von Hypothesen

Statistische Testverfahren dienen der Überprüfung einzelner Hypothesen, welche zu einer sozialwissenschaftlichen Theorie gehören, mit Hilfe empirischer Daten. Sie ermöglichen die Feststellung, ob ein vorliegender Stichprobenbefund mit einer solchen Hypothese verträglich ist. Häufig, nicht immer, ist es so, daß die Hypothese, welche statistisch geprüft wird, also die sogenannte *Nullhypothese*, die Negation einer *Arbeitshypothese* ist, also einer Vermutung, die sich aus dem sozialwissenschaftlichen Sachzusammenhang vorläufig ergeben hat. Führt die statistische Prüfung in einem solchen Fall zur Ablehnung der Nullhypothese, dann kann die Arbeitshypothese als statistisch abgesichert gelten. Die Aussage der Nullhypothese wird nachfolgend durch das Symbol H_o repräsentiert.

1.1. Einige Grundbegriffe

1.1.1. Gegenstände statistischer Prüfverfahren

Beispiel 1.-1

Aus langjähriger Erfahrung ist bekannt, daß bei zweijähriger Unterrichtung von 14- bis 16-jährigen Realschülerinnen in Maschinenschreiben in einer 10-minütigen Abschlußprüfung Testwerte, also Realisierungen einer Zufallsvariablen $\tilde{x}$, resultieren, die (ungefähr) der Verteilung $N(210;30^2)$, also der Normalverteilung mit Erwartungswert $\mu = 210$ und der Varianz $\sigma^2 = 30^2$, gehorchen. Von einer neu entwickelten Unterrichtsmethodik wird vermutet, daß sie echte Veränderungen bzw. speziell Verbesserungen der Leistungen bringt. Bei einem Versuch mit der neuen Unterrichtsmethodik, der n = 81 Testwerte lieferte, ergab sich ein Stichprobendurchschnitt von

$$\bar{x} = \frac{1}{n} \sum_{i=1}^{n} x_i = 218$$

und eine Stichprobenvarianz von

$$s^{*2} = \frac{1}{n} \sum_{i=1}^{n} (x_i - \bar{x})^2 = 28^2 .$$

Die *Arbeitshypothese* ist im vorliegenden Falle die Behauptung, die neue Methodik führe wirklich zu Verbesserungen der Leistungen. Statistisch zu prüfen ist daher die Negation dieser Aussage, also die Aussage, die neue Methodik bewirke keine Veränderungen. Man prüft also, ob die 81 Beobachtungswerte Realisierungen einer nach $N(210;30^2)$ verteilten Variablen $\tilde{x}$ sein können.

Eine solche Prüfung kann bezüglich ihres *Gegenstandes* in mehreren Varianten erfolgen, und zwar in Form eines Lokalisationstests, eines Variabilitätstests, eines Verteilungstests oder in Form von Kombinationen hier genannter Testgegenstände. Bei einem *Lokalisationstest* prüft man, ob die Lokalisation der Stichprobenwerte, ausgedrückt etwa durch den Stichprobendurchschnitt oder den Stichprobenmedian, mit der Lokalisation der Verteilung der Variablen gemäß Nullhypothese verträglich ist. Dieses Vorgehen ist *partiell* im folgenden Sinn: Hat die in der Stichprobe realisierte Variable, verglichen mit der früher gegebenen Situation, zwar dieselbe Lokalisation, jedoch z.B. eine andere Variabilität, so kann dies ein solcher Lokalisationstest nicht aufdecken. Die Verwendung eines Lokalisationstests bietet sich im Rahmen von Beispiel 1.-1 etwa dann an, wenn davon auszugehen ist, daß Normalität der Verteilung und eine bestimmte Variabilität mehr oder minder "natürlich" vorgegeben sind und die Unterrichtsmethodik nur die Lokalisation verändern kann. Bei einem *Variabilitätstest* prüft man, ob die Variabilität der Stichprobenwerte, ausgedrückt etwa durch die Stichprobenvarianz oder die Stichproben-Spannweite, mit der Variabilität der Verteilung der Variablen gemäß Nullhypothese verträglich ist. Auch ein solches Vorgehen ist in analogem Sinne partiell. In Beispiel 1.-1 ist ein Variabilitätstest nicht angebracht; er wäre es allenfalls dann, wenn evident wäre, daß Normalität und Lokalisation der Verteilung durch die neue Unterrichtsmethodik nicht verändert werden.

Lokalisationsteste und Variabilitätsteste und Kombinationen derselben werden oft unter der Bezeichnung *Parameterteste* zusammengefaßt.

Bei einem *Verteilungstest ohne Parameterspezifikation* betrachtet man nur das Verteilungsgesetz der Variablen, ohne spezielle Parameterwerte in die Nullhypothese aufzunehmen. Beispielsweise überprüft man statistisch nur, ob die Stichprobenwerte Realisierungen einer normalverteilten Variablen - gleich welcher Parameterspezifikation - sein können.

Man kann *Lokalisation und Variabilität* der Verteilung simultan in den Prüfvorgang einbeziehen. Ergibt der Prüfvorgang in einem solchen Fall Nichtvereinbarkeit des Stichprobenbefundes mit der Nullhypothese, so bleibt offen, ob dies über Lokalisationsunterschiede, Variabilitätsunterschiede oder über Divergenzen von Lokalisation *und* Variabilität bewirkt wird. Mann kann auch Lokalisation und Verteilungstyp oder Variabilität und Verteilungstyp kombinieren, also eine *Verteilungshypothese mit teilweiser Parameterspezifikation* prüfen.

Schließlich kann der Gegenstand eines Prüfverfahrens *umfassend* in dem Sinn sein, daß ein behauptetes Verteilungsgesetz einschließlich aller Parameterwerte geprüft wird. In einem solchen Fall spricht man von einer *voll spezifizierten Verteilungshypothese*. Ist in einem solchen Fall Nichtvereinbarkeit des Stichprobenbefundes mit der Nullhypothese gegeben, so kann dies auf Lokalisationsunterschiede, Variabilitätsunterschiede oder auch sonstige die Gestalt der Verteilung betreffende Unterschiede zurückzuführen sein. Ein solcher Test ist also in einem bestimmten Sinne sensitiv gegen Divergenzen jeder Art zwischen behaupteter Verteilung und Stichprobenbefund; man bezeichnet solche Teste daher manchmal auch als *Omnibus-Teste*.

1.1.2. Ein-Stichproben-Fall; Zwei-Stichproben-Fall; k-Stichproben-Fall; unabhängige und verbundene Stichproben

Für die bisher betrachtete Situation, die in Beispiel 1.-1 veranschaulicht wurde, ist kennzeichnend, daß mit Hilfe von n Realisierungen *einer* Variablen aus *einer* uneingeschränkten Zufallsstichprobe eine Behauptung, die verschiedene Gegenstände umfassen kann, zu prüfen ist. Eine solche Situation wird oft als *Ein-Stichproben-Fall* bezeichnet. Statistische Prüfverfahren können indessen auch auf anders strukturierte Situationen ausgerichtet sein.

Beispiel 1.-2

Zur Schulreife von Kindern, deren Mütter berufstätig bzw. nicht berufstätig sind, liegen Arbeitshypothesen folgender Art nahe: Der *Erwartungswert* eines geeigneten Schulreifekriteriums in der Grundgesamtheit liegt bei Kindern berufstätiger Mütter *anders* bzw. *niedriger* als bei Kindern nicht berufstätiger Mütter. Oder: Der *Erwartungswert* des Schulreifekriteriums in der Grundgesamtheit liegt bei Kindern berufstätiger Mütter *um 10 Einheiten* bzw. *um mindestens 10 Einheiten* niedriger als bei Kindern nicht berufstätiger Mütter. Oder: Die *Varianz* des Schulreifekriteriums ist bei Kindern berufstätiger Mütter *anders* bzw. *kleiner* als bei Kindern nicht berufstätiger Mütter. Hier werden zwei sachlich zu trennende Variablen $\tilde{x}_1$: Wert des Schulreifekriteriums *bei Berufstätigkeit der Mutter*; $\tilde{x}_2$: Wert des Schulreifekriteriums *bei Nicht-Berufstätigkeit der Mutter* betrachtet.

Um eine solche Arbeitshypothese empirisch zu verifizieren, kann man einen Stichprobenbefund folgender Art heranziehen: Die 400 Kinder eines bestimmten Geburtsjahrganges in einer Stadt wurden bei einem Schulreifetest in zwei Gruppen von $n_1 = 240$ und $n_2 = 160$ Probanden aufgeteilt, je nachdem, ob die Mutter des Kindes berufstätig ist oder nicht. Für ein bestimmtes Schulreifekriterium wurden bei den beiden Gruppen die Durchschnitte

$$\bar{x}_1 = \frac{1}{n_1} \Sigma x_{1i} = 66{,}3 \text{ bzw. } \bar{x}_2 = \frac{1}{n_2} \Sigma x_{2j} = 78{,}4$$

und die Standardabweichungen

$$s_1^* = \sqrt{\frac{1}{n_1} \Sigma (x_{1i}-\bar{x}_1)^2} = 12{,}8 \text{ bzw. } s_2^* = \sqrt{\frac{1}{n_2} \Sigma (x_{2j}-\bar{x}_2)^2} = 13{,}2$$

ermittelt.

Charakteristisch für die in Beispiel 1.-2 veranschaulichte Situation ist, daß mit Hilfe *zweier unabhängiger Stichproben* ein Vergleich zweier Verteilungen erfolgt. Die Bezeichnung unabhängige Stichproben ist deshalb adäquat, weil die Variablenwerte aus der einen Probandengruppe jeweils nicht stochastisch verbunden sein können mit Werten aus der anderen Gruppe. Dies ergibt sich daraus, daß jeder der n Beobachtungswerte von einem *anderen* Invididuum stammt. Man kennzeichnet die hier gegebene Situation daher als *Zwei-Stichproben-Fall bei unabhängigen Stichproben.*

Beispiel 1.-3

Im Sachzusammenhang des Beispiels 1.-2 wird vermutet, daß *Psychologe B im Durchschnitt höhere Werte als Psychologe A* zuordnet. Für n = 120 Kinder wurde daher der Wert des Kriteriums sowohl bei Einsatz des Psychologen A als auch bei Einsatz des Psychologen B ermittelt. Dabei erhielt man die Durchschnittswerte $\bar{x}_A = 72{,}3$; $\bar{x}_B = 75{,}8$ sowie die Standardabweichungen $s_A^* = 13{,}0$; $s_B^* = 13{,}4$.

Man bezeichnet mit $\tilde{x}_A$ die Variable Schulreifekriterium, ermittelt durch Psychologen A; die Variable $\tilde{x}_B$ ist analog zu interpretieren. Die Stichprobenvariablen $\tilde{x}_{Ai}$, $\tilde{x}_{Bi}$, deren Realisierungen die Beobachtungswerte x_{Ai}, x_{Bi} sind, sind in einem solchen Falle nicht stochastisch unabhängig, da sie *denselben Probanden* betreffen. Daher wird in einem solchen Fall vom *Zwei-Stichproben-Fall bei abhängigen (verbundenen) Stichproben* gesprochen. Dieser Sprachgebrauch ist nicht ganz überzeugend. Denn eigentlich liegt *eine* Stichprobe vor, an deren Einheiten jeweils ein Wertepaar (x_{Ai}, x_{Bi}) beobachtet wird. Dieses ist als i-te Ausprägung eines Zufallsvektors $(\tilde{x}_A, \tilde{x}_B)$ mit zwei Komponenten zu verstehen.

Beispiel 1.-4

Zu vergleichen ist der Erfolg von vier verschiedenen Unterrichtsmethoden $M_I, \ldots, M_{IV}$ bezug auf die Leistungen von Schülern einer bestimmten Altersklasse in einem bestimmten Fach. Für jede Unterrichtsmethode wird eine als Zufallsstichprobe zu verstehende Gruppe von Probanden gebildet, welche über einen bestimmten Zeitraum nach der jeweiligen Methode unterrichtet werden. Danach wird die Variable "schulische Leistung" im betreffenden Fach bei den Probanden mit einem geeigneten "Test" gemessen. Die Arbeitshypothese könnte im einfachsten denkbaren Fall lauten: Die Unterrichtsmethoden bewirken unterschiedliche schulische Leistungen. Demnach ist die Nullhypothese: Die Unterrichtsmethoden bewirken gleiche schulische Leistungen zu prüfen.

Hier werden vier getrennte Variablen $\tilde{x}_I$: schulische Leistung bei Unterrichtsmethode $M_I, \ldots, \tilde{x}_{IV}$: schulische Leistung bei Unterrichtsmethode M_{IV}, betrachtet. Die Prüfung der Nullhypothese wird als Vergleich der Verteilungen der vier Variablen durchgeführt. Beim Vorgehen nach Beispiel 1.-4 liegen unabhängige Stichproben im Sinne der Definitionen zum Zwei-Stichproben-Fall vor. Allgemein spricht man vom *k-Stichproben-Fall bei unabhängigen Stichproben;* in Beispiel 1.-4 ist speziell k = 4.

Würden die Effekte der vier Unterrichtsmethoden bei *einer* Gruppe von Probanden beobachtet werden können - was sicherlich experimentell schwer zu verwirklichen wäre - so lägen verbundene Ausprägungen der vier Variablen, also Realisierungen des Zufallsvektors $(\tilde{x}_I, \ldots, \tilde{x}_{IV})$ mit vier Komponenten vor, die aus *einer* Stichprobe stammen. Eine solche Situation wird oft als *k-Stichproben-Fall bei verbundenen Stichproben* bezeichnet.

1.1.3. Einfache und zusammengesetzte Hypothesen

Eine Parameterhypothese, die bei bekanntem Verteilungsgesetz der Variablen deren Verteilung eindeutig festlegt, heißt *einfache Hypothese*, sonst *zusammengesetzte Hypothese*. Ist eine Verteilung r-parametrisch, dann heißt die Menge Π aller möglichen r-Tupel von Parameterwerten *Parametermenge* oder *Parameterraum*. Jede Nullhypothese H_o, welche Parameterhypothese ist, umfaßt eine Teilmenge Π_o der Parametermenge Π; ist also Π_o speziell einelementig, so heißt H_o *einfach*.

1.1.4. Punkt- und Bereichshypothesen

Wird durch eine Parameterhypothese ein bestimmter Parameterwert oder Parametervektor *eindeutig* fixiert, so liegt eine *Punkthypothese* vor; wird dagegen durch H_o ein Parameterintervall festgelegt, so liegt eine *Bereichshypothese* vor. Spezialfälle von Bereichshypothesen sind *Mindest-* und *Höchsthypothesen*. Punkthypothesen können einfach und zusammengesetzt sein; Bereichshypothesen sind immer zusammengesetzt.

1.1.5. Alternativhypothesen zur Nullhypothese

Wie bereits festgelegt wurde, ist die Nullhypothese diejenige Hypothese, welche mit Hilfe eines statistischen Prüfverfahrens getestet wird. Ihr wird in den Anwendungen und in der statistischen Theorie oft eine Alternativhypothese gegenübergestellt. Letztere wird durch das Symbol H_1 repräsentiert und umfaßt ebenfalls eine Teilmenge der Parametermenge Π, welche hier mit Π_1 bezeichnet wird. Besagt H_1 einfach, daß H_o nicht zutrifft, dann heißt H_1 speziell *komplementär zu H_o* oder *Gegenhypothese zu H_o*. Bei komplementärer Alternativhypothese ist also $\Pi_o \cup \Pi_1 = \Pi$. Selbstverständlich muß immer $\Pi_o \cap \Pi_1 = \emptyset$ gelten.

1.1.6. Signifikanzteste

Ist mit einem Test nur über das Zutreffen oder eventuell Nichtzutreffen einer bestimmten Nullhypothese zu entscheiden, so liegt ein *Signifikanztest* vor. Ein Signifikanztest kann also auch interpretiert werden als Test zur Entscheidung zwischen Nullhypothese und komplementärer Alternativhypothese. Statistisch kann auch der Fall einer Entscheidung zwischen Nullhypothese und einer nicht komplementären Alternative bearbeitet werden.

1.1.7. Verteilungsgebundene und verteilungsfreie Teste

Erfordert ein Parametertest eine Voraussetzung über die Verteilungsgesetzte der zur Diskussion stehenden Variablen - meist ist dies die Voraussetzung der Normalverteiltheit -, dann liegt ein *verteilungsgebundener* Test vor. Ist eine solche Voraussetzung nicht erforderlich, muß etwa allenfalls vorausgesetzt werden, die Variablen haben eine stetige Verteilung, dann heißt der Test *verteilungsfrei*. Die Unterscheidung zwischen verteilungsgebundenen und verteilungsfreien Testen ist nicht unproblematisch. Denn gelegentlich erfordert ein Test qualifizierte Voraussetzungen, welche indessen schwächer sind als die Voraussetzung eines bestimmten Verteilungstyps, etwa die Voraussetzung, die Verteilung der Variablen sei symmetrisch.

1.2. Die Prüfung von Parameterhypothesen bei zweiseitigen Fragestellungen

Liegt eine Stichprobe vom Umfang n vor, so bezeichnet man als Stichprobenraum S die Menge aller möglichen Ausprägungen des Vektors $\underline{\tilde{x}} = (\tilde{x}_1,\ldots,\tilde{x}_n)$ der Stichprobenvariablen, deren Realisierungen die beobachteten Werte der Untersuchungsvariablen sind. Analoges gilt im Zwei- oder k-Stichproben-Fall. Bei der theoretischen Grundlegung statistischer Prüfverfahren ist eine Betrachtungsweise *unter der Bedingung der Gültigkeit der Nullhypothese* besonders bedeutsam. Diese Bedingung wird hier vorerst als *eindeutig* vorausgesetzt, in dem Sinne etwa, daß eine Parameter-Punkthypothese zu prüfen ist. Bei jedem statistischen Prüfverfahren wird der Stichprobenraum in zwei Teilmengen C und $\overline{C}$ zerlegt derart, daß C bei Gültigkeit von H_o nur eine kleine, in der Regel nicht über 10% liegende Wahrscheinlichkeit α zukommt, d.h., daß bei Zutreffen von H_o ein Stichprobenbefund, der zu C gehört, sehr unwahrscheinlich ist. Ist $(x_1,\ldots,x_n) \in C$, der Stichprobenbefund also *kritisch*, so wird H_o abgelehnt, sonst nicht abgelehnt.

Die Wahrscheinlichkeit α heißt *Signifikanzniveau*. Diese Definition des Signifikanzniveaus ist hier vorerst auf den Spezialfall von Parameter-Punkthypothesen beschränkt. In den Anwendungen wird der Wert α aus fachwissenschaftlichen Erwägungen heraus festgelegt. In diese Erwägungen geht insbesondere die mehr oder minder große Bereitschaft eines Sozialwissenschaftlers ein, bei einem Prüfverfahren die Nullhypothese fälschlicherweise abzulehnen, etwa, um das Risiko zu reduzieren, daß er eine falsche Nullhypothese nicht als falsch erkennt. Gelegentlich, insbesondere in der statistischen Theorie, kann es sein, daß die Teilmenge C von S vorgegeben ist und das Signifikanzniveau aus diesen Angaben zu berechnen ist.

Die Teilmenge C von S heißt *kritische Region* oder *Ablehnungsbereich* des Tests. Die Zerlegung von S in die Teilmenge C und $\bar{C}$ erfolgt mit Hilfe einer Stichprobenfunktion, also einer Funktion der Stichprobenvariablen $\tilde{x}_1,...,\tilde{x}_n$, welche *Prüfvariable* heißt. Deren Verteilung unter H_o (im Falle einer Punkthypothese) bzw. bei Gültigkeit der Nullhypothese in spezieller Konkretisierung (im Falle einer Bereichshypothese) heißt *Nullverteilung*. Nach welchen Prinzipien oder Kriterien der Stichprobenraum S in zwei Regionen geteilt wird, denen unter H_o die Wahrscheinlichkeiten α und $1-\alpha$ zukommen, wird weiter unten erörtert.

Beispiel 1.-5

Siehe Beispiel 1.-1 zum Ein-Stichproben-Fall. Die Untersuchungsvariable $\tilde{x}$, so dürfe zusätzlich vorausgesetzt werden, sei normalverteilt mit einer bekannten Varianz von $\sigma^2 = 30^2$. Zu prüfen ist die Parameter-Punkthypothese $H_o: \mu = \mu_o = 210$ beim Signifikanzniveau $\alpha = 0{,}05$. Der Stichprobenbefund auf der Grundlage von 81 Beobachtungswerten ist durch den Durchschnitt $\bar{x} = 218$ gekennzeichnet.

Aus einem bekannten Satz aus der Wahrscheinlichkeitstheorie ergibt sich, daß unter H_o die Prüfvariable

$$\tilde{\bar{x}} = \frac{1}{n} \sum \tilde{x}_i \ ,$$

also der Stichprobendurchschnitt, verteilt ist nach $N(\mu_o;\sigma^2/n)$, hier also speziell nach $N(210;(10/3)^2)$. Plausibel (und auch theoretisch begründbar) ist, H_o dann abzulehnen, wenn der Stichprobendurchschnitt $\bar{x}$ und der behauptete Erwartungswert μ_o stark divergieren, also $\bar{x}$ weit über oder weit unter μ_o liegt. Nun gilt, wenn z(p) das p-Quantil der Standardnormalverteilung bezeichnet, wegen $z(0{,}975) = 1{,}96$ (vgl. Tabelle II)

$$W[\tilde{\bar{x}} < \mu_o - z(1-\alpha/2)\cdot\frac{\sigma}{\sqrt{n}} | H_o] = W(\tilde{\bar{x}} < 210 - 1{,}96\cdot\frac{10}{3} | \mu=210)$$

$$= W(\tilde{\bar{x}} < 203{,}5 | \mu=210) = 0{,}025$$

und entsprechend

$$W[\tilde{\bar{x}} > \mu_o + z(1-\alpha/2)\cdot\frac{\sigma}{\sqrt{n}} | H_o] = W(\tilde{\bar{x}} > 216{,}5 | \mu=210) = 0{,}025;$$

man legt daher im vorliegenden Falle

$$C = \{(x_1,\ldots,x_n) \mid \bar{x} < 203{,}5 \vee \bar{x} > 216{,}5\}$$

als kritische Region fest. H_o wird also abgelehnt, wenn ein Stichprobendurchschnitt kleiner als 203,5 oder größer als 216,5 resultiert. Die kritische Region wird im vorliegenden Falle in Figur 1.-1 veranschaulicht.

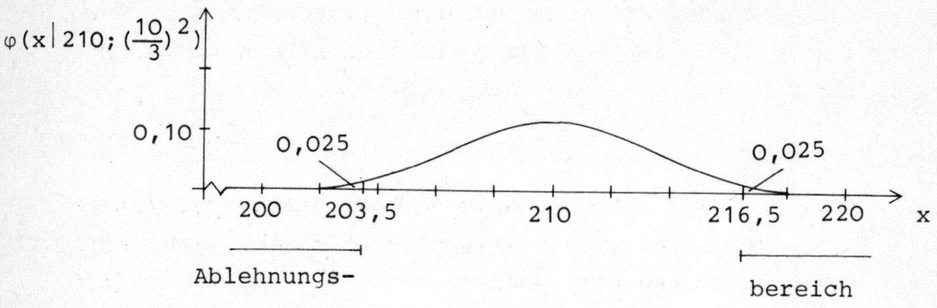

Figur 1.-1

Das Wort kritische Region ist definitionsgemäß eine Bezeichnung für eine Teilmenge des Stichprobenraumes. Häufig wird die Menge der Werte der Prüfvariablen, bei deren Auftreten H_o abgelehnt wird, als Ablehnungsbereich bezeichnet. In diesem nicht ganz korrekten Sinn ist der Begriff in Abbildung 1.-1 eingebracht worden. Der "Ablehnungsbereich" in diesem Sinn ist eine Abbildung des Ablehnungsbereiches gemäß der eingeführten Definition nach der Menge der reellen Zahlen.

Die kritische Region für Beispiel 1.-5 kann in äquivalenter Weise auch durch Vermittlung der zum Stichprobendurchschnitt $\tilde{\bar{x}}$ unter H_o gehörenden *standardisierten Variablen*

$$\tilde{z} = \frac{\tilde{\bar{x}} - \mu_o}{\sigma} \sqrt{n}$$

als Prüfvariablen angegeben werden, welche als Nullverteilung N(O;1), also die Standardnormalverteilung, hat. Man erhält dann für C ganz analog die Bezeichnungsweise

$$C = \{(x_1,\ldots,x_{81}) \mid \frac{\bar{x} - 210}{10/3} < -1{,}96 \vee \frac{\bar{x} - 210}{10/3} > +1{,}96\} .$$

Die Veranschaulichung des Ablehnungsbereiches im Sinne der unpräzisen Verwendung des Begriffes bei Verwendung der standardisierten Variablen $\tilde{z}$ als Prüfvariable erfolgt in Figur 1.-2.

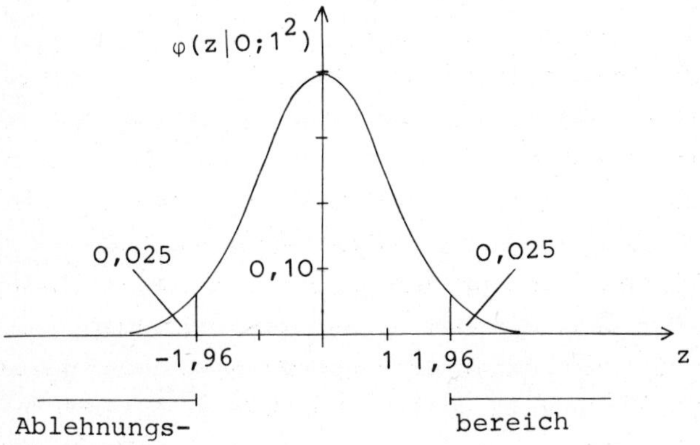

Figur 1.-2

Da die kritische Region (im unpräzisen Sinn) zur Prüfung der Parameterhypothese H_0 aus zwei getrennten Teilbereichen der Menge der reellen Zahlen besteht, H_0 also abzulehnen ist, wenn der Wert der Prüfvariablen vom behaupteten Wert stark abweicht, gleichgültig, ob nach der einen oder der anderen Seite, spricht man von *zweiseitigen Fragestellungen*.

1.3. Einseitige Fragestellungen

Aus einem konkreten Sachzusammenhang heraus ergibt sich oft die Notwendigkeit, eine Bereichshypothese, insbesondere eine Mindest- oder Höchsthypothese, zu formulieren und einem statistischen Prüfverfahren zu unterziehen.

Beispiel 1.-6

Siehe Beispiel 1.-1. Hat man die - aus der Sicht des Sozialwissenschaftlers sicher ungleich plausiblere - Arbeitshypothese: Durch die neue Unterrichtsmethodik werden die Testwerte, also die Werte der Untersuchungsvariablen in der Grundgesamtheit, im Mittel *verbessert*, so geht man zur Prüfung der Nullhypothese $H_o: \mu \leq \mu_o = 210$ über.

In einem solchen Falle ist die in Abschnitt 1.2. eingeführte Definition des Signifikanzniveaus nicht mehr haltbar, weil die Bedingung: "H_o ist richtig" jetzt vieldeutig ist. Eine Verallgemeinerung ist daher nötig. Sie geschieht wie folgt: Das Signifikanzniveau ist die bezüglich aller durch H_o erfaßter Parameterwerte *supremale* Wahrscheinlichkeit der Ablehnung von H_o, wenn H_o richtig ist. Als *Supremum* einer Zahlenmenge wird dabei die kleinste Zahl bezeichnet, die größer oder gleich jedem Element der Menge ist; gehört das Supremum selbst zur Zahlenmenge, so heißt es Maximum. Man kann daher etwas unpräzise, aber anschaulich sagen: Das Signifikanzniveau ist die über alle durch H_o erfaßten Parameterwerte hinweg größte Wahrscheinlichkeit der Ablehnung von H_o.

Beispiel 1.-7

Siehe Beispiele 1.-1 und 1.-5. Zu prüfen sei die Höchsthypothese $H_o: \mu \leq \mu_o = 210$ beim Signifikanzniveau $\alpha = 0{,}05$. Hier legt man die kritische Region mit Hilfe des Stichprobendurchschnitts $\bar{x}$ so fest, daß eine Untergrenze $x_{a,u}$ eines nach rechts unbegrenzten Intervalls nach Maßgabe der Verteilung $N(\mu_o; \sigma^2/n)$, im vorliegenden Falle also $N(210; (10/3)^2)$, bestimmt wird; diese Verteilung ist eine spezielle unter den unendlich vielen Verteilungen von $\tilde{\bar{x}}$, die die Bedingung: H_o ist richtig erfüllen. Da hier mit $z(0{,}95) = 1{,}64$ (vgl. Tabelle II)

$$W(\tilde{\bar{x}} > \mu_o + z(1-\alpha)\cdot\frac{\sigma}{\sqrt{n}} \,|\, \mu=210) = W(\tilde{\bar{x}} > 210 + 1{,}64\cdot\frac{10}{3} \,|\, \mu=210)$$
$$= W(\tilde{\bar{x}} > 215{,}5 \,|\, \mu=210) = 0{,}05$$

ist, ist hier die kritische Region

$$C = \{(x_1,\ldots,x_{81}) \,|\, \bar{x} > 215{,}5\} \;;$$

es gilt also $x_{a,u} = 215{,}5$. Mit Hilfe von Figur 1.-3 wird veranschaulicht, daß die bezüglich aller μ mit der Eigenschaft $\mu \leq \mu_o$ supremale Wahrscheinlichkeit gerade durch $N(\mu_o;\sigma^2/n)$ geliefert wird, also diejenige Normalverteilung, deren Erwartungswert gleich dem größten durch die Höchsthypothese H_o erfaßten Wert ist.

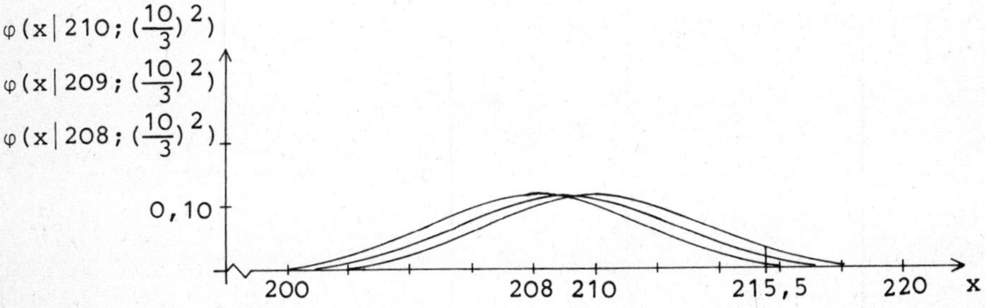

Figur 1.-3

Bei einseitigen Fragestellungen besteht die kritische Region, wie in diesem Beispiel ersichtlich wird, aus einem zusammenhängenden Teilbereich.

1.4. Fehler erster und zweiter Art; Gütefunktion und Operationscharakteristik eines Tests

Bei jeder statistischen Prüfung von Hypothesen gibt es ein Risiko einer Fehlentscheidung. Zu unterscheiden sind zwei Arten von Fehlentscheidungen und zwei Arten von richtigen Entscheidungen:

1. Ist H_o richtig, so kann ein Test zu
   a) einer Nichtablehnung von H_o, also einer richtigen Entscheidung,
   b) einer Ablehnung von H_o, also einem Entscheidungsfehler,

führen. Wird H_o fälschlicherweise abgelehnt, so sagt man, ein *Fehler erster Art (α-Fehler)* sei vorgekommen.

2. Ist H_0 falsch, so kann ein Test zu

   a) einer Nichtablehnung von H_0, also einer falschen Entscheidung,

   b) einer Ablehnung von H_0, also einer richtigen Entscheidung,

führen; wird H_0 fälschlicherweise nicht abgelehnt, so sagt man, ein *Fehler zweiter Art (β-Fehler)* sei vorgekommen.

Durch die nachstehende Tabelle 1.-1 werden die vier Entscheidungsalternativen schematisch zusammenefaßt.

		Die Nullhypothese wird	
		nicht abgelehnt	abgelehnt
H_0 ist	wahr	richtige Entscheidung	Fehler 1. Art
	falsch	Fehler 2. Art	richtige Entscheidung

Tabelle 1.-1

Diese vier Alternativen bezeichnen jeweils *zufällige Ereignisse*, die eintreffen oder nicht eintreffen können. Ist eine bestimmte eindeutig zu kennzeichnende Situation die tatsächliche Situation, ist also beispielsweise ein bestimmter Parameterwert der tatsächliche Wert, so ist damit unmittelbar ersichtlich, ob die Aussage: "H_0 ist wahr" oder die Aussage: "H_0 ist falsch" zutrifft. Jeweils kann eine der beiden Alternativen: "H_0 wird abgelehnt", "H_0 wird nicht abgelehnt" resultieren. Man stelle sich die Durchführung eines Tests als Vornahme eines Zufallsexperiments vor, das zwei mögliche Ergebnisse liefern kann.

Unterstellt man eine bestimmte Spezifikation der Grundgesamtheit, welche sich auf die Verteilung und deren Parameter bezieht, als zutreffend, dann können die Wahrscheinlichkeiten für eine richtige Entscheidung und für einen Entscheidungsfehler berechnet werden.

<u>Beispiel 1.-8</u>

Siehe Beispiele 1.-1 und 1.-5; die Variable $\tilde{x}$ sei normalverteilt mit Varianz $\sigma^2 = 30^2$. Zu prüfen sei die Nullhypothese $H_0: \mu = \mu_0 = 210$ beim Signifikanzniveau $\alpha = 0{,}05$ auf der Grundlage eines Stichprobenumfanges von $n = 81$.

a) *Es sei tatsächlich* $\mu = \mu_0 = 210$. Die Wahrscheinlichkeit eines Fehlers erster Art ist die Wahrscheinlichkeit der Ablehnung von H_0; diese ist definitionsgemäß α, also gleich dem Signifikanzniveau. Die Wahrscheinlichkeit einer richtigen Entscheidung ist daher in diesem Falle $1 - \alpha = 0{,}95$.

b) *Es sei tatsächlich* $\mu = \mu_1 = 215$. Dann ist H_0 natürlich falsch. Die Wahrscheinlichkeit eines Fehlers zweiter Art ist die Wahrscheinlichkeit, einen Wert $\bar{x}$ im Nichtablehnungsbereich zu erhalten. Sie ergibt im vorliegenden Falle den Wert (vgl. Tabelle I)

$$W(203{,}5 \leq \tilde{\bar{x}} \leq 216{,}5 \mid \mu=215)$$
$$= \Phi(216{,}5 \mid 215; (\tfrac{10}{3})^2) - \Phi(203{,}5 \mid 215; (\tfrac{10}{3})^2)$$
$$= \Phi(\frac{216{,}5-215}{10/3}) - \Phi(\frac{203{,}5-215}{10/3})$$
$$= \Phi(0{,}45) - \Phi(-3{,}45) \approx 0{,}6736 - 0{,}0000 = 0{,}6736 .$$

Dabei wird mit $\Phi(x \mid \mu;\sigma^2)$ der Wert der Verteilungsfunktion der Normalverteilung mit Erwartungswert μ und Varianz σ^2 an der Stelle x und mit $\Phi(z)$ den Wert der Verteilungsfunktion der Standardnormalverteilung an der Stelle z bezeichnet. Der Wert der errechneten Wahrscheinlichkeit wird in Figur 1.-4 veranschaulicht.

Die Wahrscheinlichkeit einer richtigen Entscheidung, falls $\mu = 215$ gilt, ist die Gegenwahrscheinlichkeit zu diesem Wert.

Natürlich will man bei der Durchführung eines Tests die Wahrscheinlichkeiten für falsche Entscheidungen, wenn solche schon nicht mit Sicherheit verhindert werden können, möglichst klein halten. Um diese Wahrscheinlichkeiten unter bestimmten Gegebenheiten ersichtlich machen zu können, bedient man sich zweier spezieller Funktionen zur Charakterisierung eines Tests, und zwar der *Operationscharakteristik* und der *Gütefunktion* eines Tests.

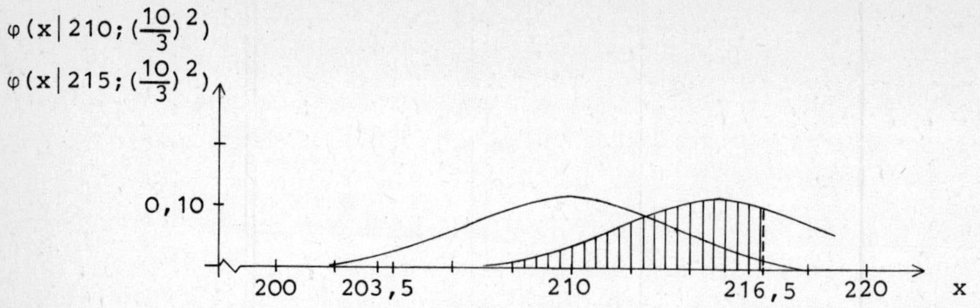

Figur 1.-4

Um diese für einen Parametertest definieren zu können, überlegt man zunächst, von welchen Größen die Wahrscheinlichkeit der Nichtablehnung von H_o - ob zurecht oder zu Unrecht - abhängt.

Von Bedeutung sind hier folgende Kriterien:

- *Die Nullhypothese*, denn mit ihr wird die kritische Region festgelegt; dieses Kriterium umfaßt zwei Bestandteile: die in sie eingehenden *Parameterwerte* und ihre Eigenart, *Punkt- oder Bereichshypothese* zu sein;

- *das Signifikanzniveau* α, das die Ausdehnung der kritischen Region mit bestimmt;

- *die Verteilung der Prüfvariablen unter* H_o bzw. bei einer speziellen Form des Zutreffens von H_o; in diese geht regelmäßig auch der Stichprobenumfang ein, etwa über die Standardabweichung $\sigma/\sqrt{n}$ der Nullverteilung von $\tilde{\tilde{x}}$ in den bisher entwickelten Beispielen;

- der *tatsächlich zutreffende Wert des zu prüfenden Parameters*; dieser ist in einer ganz konkreten Testsituation natürlich nicht bekannt.

Man unterstellt nun Nullhypothese, Signifikanzniveau und Verteilung der Prüfvariablen bei einem bestimmten Parametertest als gegeben und setzt die Wahrscheinlichkeit β der Nichtablehnung von H_o *in funktionaler Abhängigkeit vom wahren Wert des zu prüfenden Parameters* an.

Die resultierende Funktion, die also alternativen Parameterwerten bei gegebener Nullhypothese H_o, gegebenem Signifikanzniveau α und gegebenem Stichprobenumfang n die Wahrscheinlichkeit der Nichtablehnung von H_o zuordnet, heißt *Operationscharakteristik* des Tests. Sie gibt, wie noch zu zeigen sein wird, gewisse Einblicke in die Leistungsfähigkeit eines Tests. Ihre graphische Veranschaulichung heißt *OC-Kurve* oder *Prüfplankurve*.

Beispiel 1.-8

Siehe Beispiele 1.-1 und 1.-4. Bei der in Beispiel 1.-1 betrachteten zweiseitigen Fragestellung wurde die kritische Region

$$C = \{(x_1,\ldots,x_{81}) | \bar{x} < 203{,}5 \vee \bar{x} > 216{,}5\}$$

festgelegt. Für ein allgemeines μ läßt sich gemäß Definition der Operationscharakteristik folgende Wahrscheinlichkeit, einen Wert $\bar{x}$ aus $\bar{C}$ zu bekommen (H_o; α; n seien fest), angeben:

$$\begin{aligned}\beta(\mu|H_o;\alpha;n) &= W(\tilde{\bar{x}} \in \bar{C}|\mu)\\ &= \Phi(216{,}5|\mu;(10/3)^2) - \Phi(203{,}5|\mu;(10/3^2)\\ &\Phi[(216{,}5-\mu)\cdot 0{,}3] - \Phi[(203{,}5-\mu)\cdot 0{,}3] \quad .\end{aligned}$$

Zu dieser Funktion von μ sind einige Anmerkungen nötig.

a) Es gilt $\beta(\mu_o|H_o;\alpha;n) = 1 - \alpha$; zur OC-Kurve gehört also jeweils der Punkt $(\mu_o;1-\alpha)$.

b) Im vorliegenden Fall kann man einen weiteren Punkt der OC-Kurve aus Beispiel 1.-7 entnehmen: der Punkt (215;0,6736) gehört ebenfalls zur OC-Kurve.

c) $\beta(\mu)$ gibt für Werte μ, die durch H_o erfaßt werden, die Wahrscheinlichkeit einer *richtigen* Entscheidung an; für Werte μ, die nicht zu H_o gehören, hingegen die Wahrscheinlichkeit einer *falschen* Entscheidung.

Im vorliegenden Fall wird die Operationscharakteristik durch die in Figur 1.-5 gezeichnete Kurve veranschaulicht.

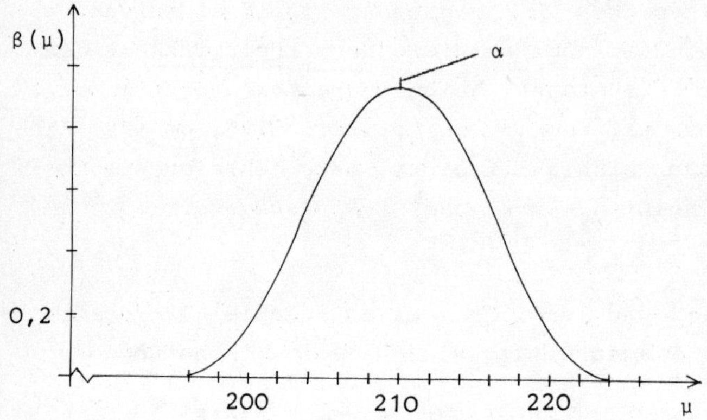

Figur 1.-5

Nun wird kurz und an Beispielen orientiert der Frage nachgegangen, warum und in welcher Weise die Operationscharakteristik einen Einblick in die Leistungsfähigkeit eines Tests gibt.

a) Ein *idealer* Test liegt vor, wenn Fehler beider Arten unmöglich sind. In diesem Falle würde im vorliegenden Beispiel die OC-Kurve eine Gestalt gemäß Figur 1.-6 aufweisen. Die Wahrscheinlichkeit, H_0 nicht abzulehnen, ist 1, falls H_0 wahr ist, sonst 0; falsche Entscheidungen sind unmöglich.

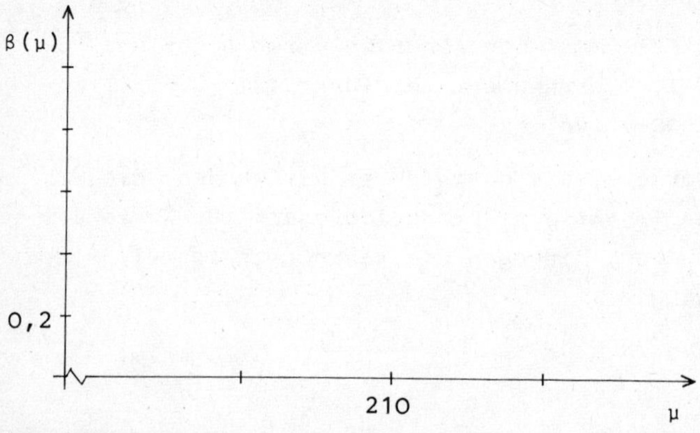

Figur 1.-6

In den Anwendungen kann man eine solche Situation nur angenähert herbeiführen. Die Wahrscheinlichkeiten für beide Fehlerarten sind bei jeder speziellen Parametergegebenheit immer positiv. Die Wahrscheinlichkeit für einen Fehler erster Art - bei einseitiger Fragestellung die supremale Wahrscheinlichkeit für einen solchen Fehler - wird, wie schon dargelegt wurde, festgelegt mit einem Wert, der über 0 liegen muß; darüber hinaus ist man bestrebt, die Wahrscheinlichkeiten für Fehler zweiter Art möglichst klein zu halten.

b) In Figur 1.-7 werden verschiedene OC-Kurven bei vorgegebenem Signifikanzniveau und festem Wert $\mu_o = 210$ verglichen. Mit zunehmender "Steilheit" der OC-Kurve, also mit zunehmender extremaler Steigung, wird ein *leistungsfähigerer* Test ausgewiesen in folgendem Sinn: Gilt (vgl. Figur 1.-7) $\mu = \mu'$, dann ist H_o falsch; die Wahrscheinlichkeit der Nichtablehnung von H_o muß dann möglichst niedrig sein; die niedrigste Wahrscheinlichkeit ist bei der steilsten OC-Kurve gegeben. An der Stelle $\mu_o = 210$ ist die Wahrscheinlichkeit der Nichtablehnung, die vorab als Signifikanzniveau festgelegt ist, bei allen Kurven gleich.

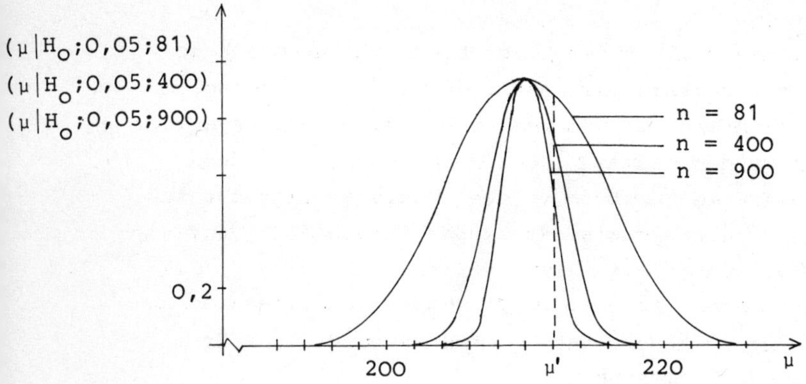

Figur 1.-7

c) Wie man relativ leicht rechnerisch zeigen kann, wird bei fester Nullhypothese H_0 und festem Signifikanzniveau α eine im genannten Sinne steilere OC-Kurve durch *Erhöhung des Stichprobenumfanges* erzielt.

d) Läßt man den Stichprobenumfang n konstant und verschärft (verkleinert) man das Signifikanzniveau α, so wird die OC-Kurve flacher und reicht mit ihrem Hochpunkt vergleichsweise höher; man vergleiche Figur 1.-8.

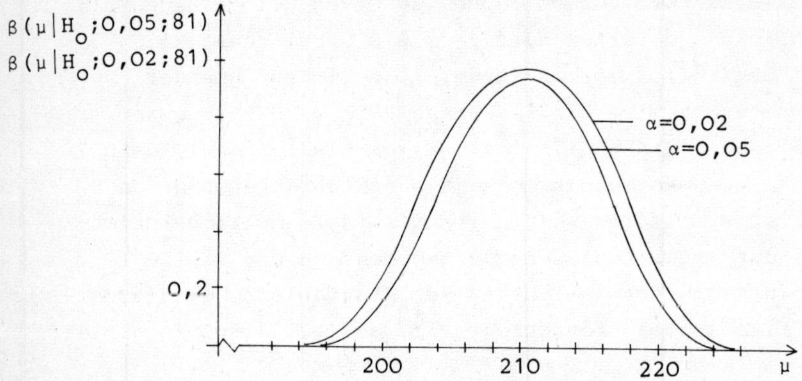

Figur 1.-8

Statt der Wahrscheinlichkeit der Nichtablehnung der Nullhypothese kann auch die Wahrscheinlichkeit der *Ablehnung* derselben in funktionaler Abhängigkeit vom wahren Parameterwert angegeben werden. Wiederum werden dabei H_0, α und n konstant gehalten. Die dabei resultierende Funktion γ, die im bisher betrachteten Beispiel mit $\gamma(\mu|H_0;\alpha;n)$ präzisiert werden kann, heißt *Gütefunktion (Powerfunktion; Teststärkefunktion; Trennschärfefunktion)* des Tests. Da bei der hier zugrundegelegten Situation nur Nichtablehnung oder Ablehnung von H_0 möglich sind, muß für alle Parameterwerte μ die Beziehung

$$\gamma(\mu|H_0;\alpha;n) + \beta(\mu|H_0;\alpha;n) = 1$$

gelten. Die Gütefunktion und die OC-Kurve sind gleichwertige Instrumente zur Charakterisierung der Leistungsfähigkeit eines Tests.

Beispiel 1.-9

Zur OC-Kurve von Beispiel 1.-8 gehört die Gütefunktion

$$\begin{aligned}\gamma(\mu|H_o;\alpha;n) &= 1 - \beta(\mu|H_o;\alpha;n)\\ &= 1 - \Phi(216{,}5|\mu;(\tfrac{10}{3})^2) + \Phi(203{,}5|\mu;(\tfrac{10}{3})^2)\\ &= 1 - \Phi[(216{,}5-\mu)\cdot 0{,}3] + \Phi[(203{,}5-\mu)\cdot 0{,}3]\ .\end{aligned}$$

Bei einseitigen Fragestellungen ergibt sich eine etwas andere Gestalt der OC-Kurve bzw. Gütefunktion. Man vergleiche z.B. *Schaich, Köhle, Schweitzer* und *Wegner* (1982^2), S. 142 ff.

1.5. Beste Teste und gleichmäßige beste Teste

Ausgegangen wird zunächst vom theoretischen Modellfall einer *einfachen* Nullhypothese und einer *einfachen* Alternative. Ein *bester Test (most powerful test)* mit dem Signifikanzniveau α zur Prüfung einer einfachen Nullhypothese gegen eine einfache Alternative liegt vor, *wenn für die ihn definierende kritische Region die Wahrscheinlichkeit eines Fehlers zweiter Art kleinstmöglich ist*. Dieser Definition liegt die Vorstellung zugrunde, daß bei vorgegebenem Wert α die kritische Region so gelegen sein soll, daß, falls H_1 zutrifft, die Wahrscheinlichkeit der Ablehnung von H_o größtmöglich ist. Eine solche Definition ist sinnvoll, weil in Form des Signifikanzniveaus α die Wahrscheinlichkeit des Fehlers erster Art vorgegeben ist.

Eine Möglichkeit, durch eine geeignete kritische Region einen besten Test zu ermitteln, bietet das *Neyman-Pearson-Theorem*. Dieses liefert bei einfacher Nullhypothese und einfacher Alternative die zu verwendende *Prüfvariable*, welcher die Vermittlungsfunktion bei der Angabe der kritischen Region zukommt, und die *Struktur der kritischen Region*. Der Typ der Dichte- oder Wahrscheinlichkeitsfunktion der n unabhängigen Realisationen der Untersuchungsvariablen wird als bekannt vorausgesetzt. Diese Funktion, für welche die Bezeichnung $f_{\tilde{x}}$ verwendet wird, soll hier nur von dem zu prüfenden Parameter abhängen, der hier allgemein mit π bezeichnet wird. Wir bezeichnen mit

$$L_o = L(x_1,\ldots,x_n|\pi_o) = \prod_{i=1}^{n} f_{\tilde{x}}(x_i|\pi_o)$$

die *Likelihoodfunktion* für eine Stichprobe vom Umfang n bei Gültigkeit der Nullhypothese $H_o: \pi = \pi_o$, also die Funktion, welche der Ausprägung $(x_1,\ldots,x_n)$ des Stichprobenvektors $(\tilde{x}_1,\ldots,\tilde{x}_n)$ die Wahrscheinlichkeit bzw. Wahrscheinlichkeitsdichte *unter* H_o zuordnet.
Entsprechend ist

$$L_1 = L(x_1,\ldots,x_n|\pi_1) = \prod_{i=1}^{n} f_{\tilde{x}}(x_i|\pi_1)$$

die Likelihoodfunktion bei Gültigkeit von H_1.

Es gilt *(Theorem von Neyman-Pearson)*: Gibt es eine Untermenge C des Stichprobenraumes S der Größe α, welcher also unter H_o die Wahrscheinlichkeit α zukommt, und eine positive Konstante k mit den Eigenschaften

$$\frac{L_o}{L_1} \le k \qquad \text{für alle } (x_1,\ldots,x_n) \in C$$

$$\frac{L_o}{L_1} \ge k \qquad \text{für alle } (x_1,\ldots,x_n) \in \bar{C} ,$$

dann definiert C einen besten Test der Größe α zur Prüfung der einfachen Nullhypothese H_o gegen die einfache Alternative H_1.

Für stetige Variablen wird dieses Theorem nun bewiesen. Dabei ist zu zeigen, daß bei Gültigkeit der genannten Voraussetzung

$$\int_C \!\!\ldots\!\! \int L(x_1,\ldots,x_n|\pi_1)dx_1\ldots dx_n \ge \int_A \!\!\ldots\!\! \int L(x_1,\ldots,x_n|\pi_1)dx_1\ldots dx_n$$

für alle $A \subset S$ der Größe α ist. Zur Abkürzung schreibt man $\int_C L(\pi_1)$ für den zuerst genannten Ausdruck, analog für andere Integrationsbereiche und Argumente.

Es gilt

$$C = (C \cap A) \cup (C \cap \bar{A})$$

mit

$$(C \cap A) \cap (C \cap \bar{A}) = \emptyset$$

und

$$A = (A \cap C) \cup (A \cap \bar{C})$$

mit

$$(A \cap C) \cap (A \cap \bar{C}) = \emptyset \quad .$$

Daher kann man schreiben:

$$(*) \quad \int_C L(\pi_1) - \int_A L(\pi_1) = \int_{C \cap A} L(\pi_1) + \int_{C \cap \bar{A}} L(\pi_1) - \int_{A \cap C} L(\pi_1) - \int_{A \cap \bar{C}} L(\pi_1) .$$

Nach der Voraussetzung, die dem Theorem zugrundeliegt, gilt

$$L(\pi_1) \geq \frac{1}{k} L(\pi_0)$$

für alle Elemente von C einschließlich der Elemente von $\bar{A} \cap C$.
Dann ist auch

$$\int_{\bar{A} \cap C} L(\pi_1) \geq \frac{1}{k} \int_{\bar{A} \cap C} L(\pi_0) \quad .$$

Entsprechend ist

$$L(\pi_1) \leq \frac{1}{k} L(\pi_0)$$

für alle Elemente aus $\bar{C}$, insbesondere auch für $A \cap \bar{C}$, vorausgesetzt. Damit ist

$$\int_{A \cap \bar{C}} L(\pi_1) \leq \frac{1}{k} \int_{A \cap \bar{C}} L(\pi_0) \quad .$$

Beziehung (*) liefert mit diesen Ungleichungen

$$\int_C L(\pi_1) - \int_A L(\pi_1) \geq \frac{1}{k} \int_{\bar{A} \cap C} L(\pi_0) + \frac{1}{k} \int_{A \cap C} L(\pi_0)$$

$$- \frac{1}{k} \int_{A \cap C} L(\pi_0) - \frac{1}{k} \int_{A \cap \bar{C}} L(\pi_0) = 0 \quad .$$

Für stetige Zufallsvariablen ist das Theorem damit bewiesen.

Beispiel 1.-11

Man betrachtet allgemein, ohne numerische Spezifikation, folgende Testsituation: Die Untersuchungsvariable ist normalverteilt mit bekannter Varianz. Zu prüfen ist die Nullhypothese: $H_0: \mu = \mu_0$ gegen $H_1: \mu = \mu_1$ mit $\mu_1 \neq \mu_0$.

Um das *Neyman-Pearson*-Theorem anzuwenden, geht man wie folgt vor: Man setzt den Quotienten L_0/L_1 unter Berücksichtigung der speziellen Gegebenheiten $\leq$ k. Diese Ungleichung liefert eine bestimmte Teilmenge des Stichprobenraumes. Man ersieht dann, daß für die Komplementärmenge die zweite Ungleichung erfüllt ist und kann feststellen, daß eine beste kritische Region der Größe α gefunden ist:

$$\frac{L_0}{L_1} = \frac{\left(\frac{1}{\sqrt{2\pi}\sigma}\right)^n \exp\{-\frac{1}{2}\sum_i \left(\frac{x_i-\mu_0}{\sigma}\right)^2\}}{\left(\frac{1}{\sqrt{2\pi}\sigma}\right)^n \exp\{-\frac{1}{2}\sum_i \left(\frac{x_i-\mu_1}{\sigma}\right)^2\}}$$

$$= \exp\{-\frac{1}{2\sigma^2}(-2\mu_0 \sum x_i + n\mu_0^2 + 2\mu_1 \sum x_i - n\mu_1^2)\}$$

$$= \exp\{-\frac{n}{2\sigma^2}[2\bar{x}(\mu_1-\mu_0) - (\mu_1^2-\mu_0^2)]\}$$

$$= \exp\{-\frac{n}{2\sigma^2}(\mu_1-\mu_0)[2\bar{x}-(\mu_1+\mu_0)]\} \leq k \ .$$

Man vereinfacht, indem man zu natürlichen Logarithmen übergeht. Die Ungleichung wird damit zu

$$-\frac{n}{2\sigma^2}(\mu_1-\mu_0)[2\bar{x}-(\mu_1+\mu_0)] \leq \ln k \ .$$

a) Ist $\mu_1 > \mu_0$, so resultiert hier die Bedingung

$$-\frac{n}{\sigma^2}\bar{x} + \frac{n}{2\sigma^2}(\mu_1+\mu_0) \leq \frac{\ln k}{\mu_1-\mu_0}$$

oder

$$\bar{x} \geq -\frac{\sigma^2 \ln k}{n(\mu_1-\mu_0)} + \frac{\mu_1+\mu_0}{2} =: c \;.$$

Für eine Region der Konstruktion $C = \{(x_1,\ldots,x_n) | \bar{x} > c\}$ ist also die erste Ungleichung des *Neyman-Pearson*-Lemmas erfüllt. Man erkennt direkt, daß für $\bar{C}$ die Beziehung $L_0/L_1 \geq k$ gilt. Die angegebene Region C ist damit für $\mu_1 > \mu_0$ beste kritische Region. Ist also μ_1 größer als μ_0, so ist die beste kritische Region diejenige, die ein nach rechts unbegrenzter zusammenhängender Teilbereich der Werte der Prüfvariablen $\tilde{\bar{x}}$ festlegt. Dessen numerische Präzisierung muß dann mittels der Nullverteilung von $\tilde{\bar{x}}$ und Beachtung des Signifikanzniveaus α erfolgen.

b) Ist $\mu_1 < \mu_0$, so resultiert entsprechend

$$\bar{x} \leq -\frac{\sigma^2 \ln k}{n(\mu_1-\mu_0)} + \frac{\mu_1+\mu_0}{2} =: c \;,$$

da $\mu_1-\mu_0$ negativ ist.

Das Kriterium des besten Tests führt also hier zu Ablehnungsbereichen, die einseitig und zusammenhängend sind bezüglich des Wertebereiches von $\tilde{\bar{x}}$.

Ist, wie bisher, H_0 einfach, H_1 jedoch zusammengesetzt, so heißt ein Test ein *gleichmäßig bester Test*, wenn die kritische Region beste kritische Region für alle π_1 aus Π_1 ist.

Beispiel 1.-12

Siehe Beispiel 1.-11. Jetzt sei $H_0{:}\mu = \mu_0$ und

a) $H_1{:}\mu > \mu_0$; dann ist, wie aus Beispiel 1.-11 direkt ersichtlich wird, durch $\bar{x} \geq$ const. ein gleichmäßig bester Test definiert;

b) $H_1{:}\mu < \mu_0$; dann ist entsprechend durch $\bar{x} \leq$ const. ein gleichmäßig bester Test definiert;

c) $H_1{:}\mu \neq \mu_0$, H_1 also komplementär; in diesem Falle existiert offenbar kein gleichmäßig bester Test.

Fall c) aus Beispiel 1.-12 betrifft den Fall eines Signifikanztests, also eine sogenannte zweiseitige Fragestellung bei einem Parametertest. Für diesen muß es ein anderes Kriterium als das des gleichmäßig besten Tests geben, welches eine Begründung für die zunächst nur auf Plausibilität aufgebaute Verfahrensweise zu liefern vermag. Dieses ist das Likelihood-Quotienten-Kriterium.

1.6. Likelihood-Quotienten-Teste

Hier wird zugelassen, daß H_o, anders als bisher, zusammengesetzt ist. Die Alternativhypothese H_1 wird als komplementär, also als Gegenhypothese, vorausgesetzt. Die Nullhypothese sei eine Parameterhypothese und beziehe sich nur auf *einen* Parameterwert; die Verteilung der betrachteten Variablen sei $f_{\tilde{x}}$.
Man betrachtet die Likelihoodfunktion

$$L(x_1,\ldots,x_n|\pi) = f_{\tilde{x}}(x_1|\pi)\cdot\ldots\cdot f_{\tilde{x}}(x_n|\pi)$$

und unterscheidet zweierlei Maxima dieser Funktion:

1. Das uneingeschränkte Maximum

$$\max_{\pi\in\Pi} L = \prod_{i=1}^{n} f_{\tilde{x}}(x_i|\hat{\pi})$$

dieser Likelihoodfunktion, bezogen auf alle Parameterwerte π; dabei wird mit $\hat{\pi}$ der Maximum-Likelihood-Schätzwert für π im üblichen Sinn bezeichnet.

2. Das Maximum

$$\max_{\pi\in\Pi_o} L = \prod_{i=1}^{n} f_{\tilde{x}}(x_i|\hat{\pi}_o)$$

der Likelihoodfunktion, bezogen auf die Werte π, soweit sie zu Π_o, dem durch H_o erfaßten Teilbereich von Π, gehören; dabei wird mit $\hat{\pi}_o$ der Maximum-Likelihood-Schätzwert für Π unter der Einschränkung bezeichnet, daß π zu Π_o gehört.

Nun definiert man mit Hilfe dieser beiden Maxima der Likelihoodfunktion deren Quotienten

$$\frac{\max\limits_{\pi\in\Pi_o} L}{\max\limits_{\pi\in\Pi} L} = \prod_{i=1}^{n} \frac{f_{\tilde{x}}(x_i|\hat{\pi}_o)}{f_{\tilde{x}}(x_i|\hat{\pi})} =: \lambda,$$

den sogenannten *Likelihood-Quotienten*. Da im Nenner des Maximum einer Zahlenmenge und im Zähler das Maximum einer Teilmenge derselben steht, muß λ immer zwischen 0 und 1 liegen. Als Funktion der x_i ist λ Ausprägung einer Zufallsvariablen $\tilde{\lambda}$.

Ist nun H_o falsch, dann wird bei einer konkreten Realisierung des Stichprobenvektors der Likelihood-Quotient λ klein. Denn die unter H_o maximale Wahrscheinlichkeit oder Wahrscheinlichkeitsdichte, die zu dieser Realisierung gehört, also der Zähler von λ, ist dann niedrig. Aus dieser Überlegung wird anschaulich klar, daß man eine kritische Region unter Verwendung des Quotienten λ durch die Eingrenzung $0 \leq \lambda \leq k$ festlegen kann. Dabei ist k wieder eine Konstante, die derart zu bestimmen ist, daß ein vorgegebenes Signifikanzniveau α eingehalten wird.

Die Schranke k ist exakt anzugeben, wenn die Verteilung von $\tilde{\lambda}$ ermittelt werden kann. Dies gelingt nur bei speziellen Testproblemen. In den meisten Fällen läßt sich lediglich die asymptotische Verteilung des transformierten Likelihood-Quotienten $-2\ln\tilde{\lambda}$ angeben. Diese asymptotische Verteilung ist in der Regel eine bestimmte χ^2-Verteilung; H_o wird also abgelehnt, falls $-2\ln\lambda$ das entsprechende Quantil der χ^2-Verteilung überschreitet. Zu Einzelheiten vergleiche man beispielsweise *Fahrmeir* und *Hamerle* (1984), S. 76-80, oder *Rao* (1973^2), S. 351.

<u>Beispiel 1.-13</u>

Man geht von $H_o\!:\mu = \mu_o$ und $H_1\!:\mu \neq \mu_o$ aus. Die Alternativhypothese ist also komplementär, wie es sein muß. Wiederum liege eine normalverteilte Variable mit bekannter Varianz vor.

Man erhält hier

$$\max_{\pi\in\Pi} L = (2\pi)^{-n/2} \sigma^{-n} \exp\{-\frac{1}{2\sigma^2}\sum_{i=1}^{n}(x_i-\bar{x})^2\},$$

denn $\overset{\approx}{x}$ ist unter den hier gegebenen Verhältnissen die Maximum-Likelihood-Schätzfunktion für μ.

Da Π_o hier speziell einelementig ist, ist ganz einfach

$$\max_{\pi\in\Pi_o} L = L(x_1,\ldots,x_n|\pi_o) = (2n)^{-n/2} \sigma^{-n} \exp\{-\frac{1}{2\sigma^2}\sum_{i=1}^{n}(x_i-\mu_o)^2\}.$$

Man bildet den Quotienten der beiden Maxima und erhält

$$\lambda = \exp\{-\frac{1}{2\sigma^2}\sum_{i=1}^{n}[(x_i-\mu_o)^2 - (x_i-\bar{x})^2]\}$$

$$= \exp\{-\frac{1}{2\sigma^2}\sum_{i=1}^{n}(x_i^2-2x_i\mu_o+\mu_o^2-x_i^2+2x_i\bar{x}-\bar{x}^2)\}$$

$$= \exp\{-\frac{1}{2\sigma^2}(-2nx\mu_o + n\mu_o^2 + 2n\bar{x}^2-n\bar{x}^2)\}$$

$$= \exp\{-\frac{n}{2\sigma^2}(\mu_o-\bar{x})^2\}.$$

Nach dem Likelihood-Quotienten-Kriterium ist also die kritische Region durch

$$\exp\{-\frac{n}{2\sigma^2}(\mu_o-\bar{x})^2\} \leq k$$

gekennzeichnet. Man logarithmiert und erhält

$$-\frac{n}{2\sigma^2}(\mu_o-\bar{x})^2 \leq \ln k \text{ , also } (\mu_o-\bar{x})^2 \geq -\frac{2\sigma^2}{n}\ln k$$

oder, wobei c eine Konstante ist,

$$|\mu_o-\bar{x}| \geq c,$$

also schließlich

$$C = \{(x_1,\ldots,x_n) \mid \bar{x} \leq \mu_o - c \vee \bar{x} > \mu_o + c\}.$$

Das Likelihood-Quotienten-Kriterium liefert also eine kritische Region, die gerade die Struktur aufweist, welche bei zweiseitigen Fragestellungen in den Anwendungen eingeführt ist.

1.7. Konsistenz und Unverzerrtheit von Testen

H_o sei eine einfache Nullhypothese, H_1 sei eine zunächst als einfach angenommene Alternative. Man geht von einer Folge von Testen aus, zu denen eine Folge $\{C_n\}$ von kritischen Regionen gehört. Dabei bezeichnet n den Stichprobenumfang. Ein Testverfahren heißt *konsistent bezüglich* H_1, wenn die Wahrscheinlichkeit der Ablehnung von H_o, falls H_1 richtig ist, mit $n \to \infty$ gegen 1 geht. Die Wahrscheinlichkeit eines Fehlers zweiter Art geht also mit $n \to \infty$ gegen 0.

Beispiel 1.-14

Siehe Beispiel 1.-8. Die Nullhypothese H_o ist einfach, H_1 sei ebenfalls einfach. Es wird von einer zweiseitigen Fragestellung ausgegangen. Die obere (untere) Grenze des unteren (oberen) Teilablehnungsbereiches ist hier

$$\bar{x}_{a,o} = \mu_o - z(1-\alpha/2)\cdot\frac{\sigma}{\sqrt{n}} \quad \text{bzw.} \quad \bar{x}_{a,u} = \mu_o + z(1-\alpha/2)\cdot\frac{\sigma}{\sqrt{n}} \; .$$

Daher ist die Wahrscheinlichkeit der Ablehnung von H_o, wenn $H_1{:}\mu = \mu_1$ richtig ist,

$$\gamma(\mu_1|\mu_o;\alpha;n) = 1 - \Phi(\mu_o+z(1-\alpha/2)\cdot\frac{\sigma}{\sqrt{n}}|\mu_1;\frac{\sigma^2}{n})$$

$$+ \Phi(\mu_o - z(1-\alpha/2)\cdot\frac{\sigma}{\sqrt{n}}|\mu_1;\frac{\sigma^2}{n})$$

$$= 1 - \Phi[\frac{\mu_o-\mu_1}{\sigma}\sqrt{n}+z(1-\alpha/2)] + \Phi[\frac{\mu_o-\mu_1}{\sigma}\sqrt{n}-z(1-\alpha/2)].$$

Man erhält

$$\text{für } \mu_o > \mu_1: \lim_{n\to\infty} \gamma(\mu_1|\mu_o;\alpha;n) = 1 - 1 + 1 = 1$$

$$\text{für } \mu_o < \mu_1: \lim_{n\to\infty} \gamma(\mu_1|\mu_o;\alpha;n) = 1 - 0 + 0 = 1 \quad .$$

Der Test ist also konsistent.

Ein Test zur Prüfung einer einfachen Nullhypothese heißt *unverzerrt*, wenn die Gütefunktion des Tests an der Stelle π_o ihr Minimum aufweist.

Dieses Kriterium kann man wie folgt erläutern: Ein verzerrter Test wäre gegeben, wenn folgendes möglich wäre: H_o ist falsch; die Wahrscheinlichkeit, daß dann H_o auch abgelehnt wird, ist kleiner als das Signifikanzniveau.

Beispiel 1.-15

Man geht zurück auf das Einführungsbeispiel; die Nullhypothese sei die Punkthypothese $H_o:\mu = \mu_o$. Würde man hier - natürlich wider jede Einsicht - einen einseitigen Ablehnungsbereich ansetzen, dann wäre der Test verzerrt. Dies ersieht man unmittelbar aus der OC-Kurve. Gegen ein solches Verfahren würden natürlich auch noch andere Gesichtspunkte sprechen.

1.8. Testvergleiche

Die Problematik von Testvergleichen wird zunächst durch zwei Vorbemerkungen erläutert.

Damit ein Test in einen Vergleich einbezogen werden kann, müssen die *Anwendungsvoraussetzungen* dieses Tests gegeben sein. Vergleicht man zwei Teste, so sind deren Anwendungsvoraussetzungen meist verschieden. Dann muß ein Vergleich auf der Grundlage der *strengeren* Voraussetzungen vorgenommen werden. Resultiert hier der Test mit den strengeren Voraussetzungen als der vorteilhaftere in bezug auf irgendwelche Eigenschaften, so braucht dies nicht viel zu besagen. Denn der weniger vorteilhafte Test hat dann immer noch den Vorzug, anwendbar zu sein, wenn der Konkurrent mangels gegebener Voraussetzungen ausscheidet. Teste, die unter Mitberücksichtigung der Voraussetzungen generell schlechtere Eigenschaften besitzen als irgendwelche Konkurrenten, werden natürlich von vornherein nicht in Erwägung gezogen.

Für einen Vergleich zweier Teste müssen Spezifikationen bezüglich der Nullhypothese und der Alternativhypothese, der Festlegung der Struktur der kritischen Region sowie des Signifikanzniveaus vorgenommen werden. Dabei ist nicht auszuschließen, daß ein Testvergleich andere Resultate liefert je nach Festlegung dieser Einzelheiten. Dem Stichprobenumfang kommt hierbei eine spezielle Rolle zu.

Als Hauptvergleichskriterium bei statistischen Testen ist die *Wahrscheinlichkeit des Vorkommens eines Fehlers 2. Art* heranzuziehen; diese soll jeweils möglichst klein sein. Die diesbezüglichen Überlegungen werden hier in zwei Schritten entwickelt.

1. Man betrachtet zwei *in bezug auf den Testgegenstand konkurrierende* Teste I und II unter einer ganz speziellen Konstellation: Die Nullhypothese H_o und die Alternative H_1 seien beide einfach, das Signifikanzniveau α sei fest. Außerdem wird ein spezieller Stichprobenumfang n_{II}, der Test II zugrundegelegt werden soll, autonom festgelegt. Man errechnet nun die für Test II zutreffende Wahrscheinlichkeit einer richtigen Entscheidung, falls H_1 richtig ist, also den Wert der Gütefunktion des Tests II an der Stelle π_1. Dann ermittelt man für Test I den Stichprobenumfang n_I, bei welchem unter sonst gleichen Umständen diese Wahrscheinlichkeit den gleichen Wert besitzt. Der Quotient n_{II}/n_I heißt dann *relative Effizienz von Test I bezüglich Test II*. Er kennzeichnet die relative Stärke der beiden Teste für eine ganz spezielle Situation, welche durch H_o, H_1, α und n_{II} gekennzeichnet ist. Ist ein Wert größer als 1, dann ist der Test I in der speziell gegebenen Situation zu bevorzugen.

2. Das Vergleichskriterium der relativen Effizienz zweier Teste hat den Nachteil, auf jeweils ganz spezielle Testgegebenheiten ausgerichtet zu sein. Um dies zu vermeiden, geht man zur asymptotischen relativen Effizienz im Sinne von *Pitman* (1948) ("*Pitman*-Effizienz") über. Dabei geht man aus von konsistenten

Testverfahren I und II. Man bezeichnet als *asymptotische relative Effizienz von Test I bezüglich Test II* den Grenzwert des Verhältnisses n_{II}/n_I (falls er existiert), wenn gleichzeitig $n_{II}\to\infty$ und $\pi_1\to\pi_0$ gehen; dabei ist n_I der für Test I erforderliche Stichprobenumfang, der dieselbe Teststärke liefert wie Test II beim Stichprobenumfang n_{II}. Die asymptotische relative Effizienz ist meist vom Signifikanzniveau unabhängig und ermöglicht daher eine allgemeinere vergleichende Aussage über zwei Teste. Sie hat indessen interpretatorische Grenzen, die zwei Aspekte betreffen und unmittelbar aus ihrer Definition folgen: Die asymptotische relative Effizienz ist als Testvergleichskriterium nur für den Fall "großer" Stichproben brauchbar; eine zuverlässige vergleichende Beurteilung zweier Teste bei kleinen Stichprobenumfängen ist über sie nicht möglich. Außerdem kann die asymptotische relative Effizienz nur für den Fall herangezogen werden, daß π_1 nahe bei π_0 gelegen ist.

1.9. Merkmale und Vorteile verteilungsfreier Prüfverfahren

Zugunsten verteilungsfreier Prüfverfahren spricht zunächst einmal das gewichtige Argument, daß die Voraussetzung normalverteilter Untersuchungsvariablen in den Sozialwissenschaften im weitesten Sinn kaum gerechtfertigt werden kann. Werden trotzdem verteilungsgebundene Standardteste durchgeführt, so gelangt man zu Entscheidungen über Nullhypothesen, deren wahrscheinlichkeitstheoretische Grundlage unkontrolliert bleibt.

Dieses Hauptargument allgemeiner Art zugunsten verteilungsfreier Prüfverfahren erfährt in zweifacher Hinsicht eine Relativierung:

1. Durch eine mehr oder minder starke Robustheit der traditionellen auf normalverteilten Variablen beruhenden Testverfahren. Unter *Robustheit* soll dabei in vorläufiger Definition die *Unempfindlichkeit eines Prüfverfahrens* gegen das Nichtvorhandensein theoretisch zu fordernder Voraussetzungen verstanden werden.

2. Durch mehr oder minder gewichtige *Informationseinbußen*, welche die Verwendung verteilungsfreier Prüfverfahren mit sich bringt, wenn in einer bestimmten Situation auch verteilungsgebundene

Verfahren anwendbar sind.

Zum Abschluß dieses Abschnittes seien ergänzend einige Charakteristika verteilungsgebundener Prüfverfahren genannt, die den zuletzt genannten Gesichtspunkt einbeziehen. Diese Charakteristika sind nicht verbindlich in dem Sinne, daß sie jedes verteilungsungebundene Prüfverfahren aufweisen müssen, sie sind nur typisch für viele dieser Verfahren.

Ein erstes Kennzeichen verteilungsfreier Prüfverfahren betrifft die *Skalierung* der Untersuchungsvariablen. Man benötigt zwar häufig die Voraussetzung einer stetigen Verteilung, was eine metrische Variable impliziert; aber es genügt dann oft, die Ausprägungen in einer *singulären Ordinalskala*, also derart anzuordnen, daß jeder Rangwert genau einmal vergeben wird.

Man vermutet zunächst intuitiv, daß die Verwendung von Rangwertinformation statt Meßinformation eine starke *Einbuße an Information* aus dem Stichprobenbefund zur Folge hat. Eine solche Vermutung ist meist nicht zutreffend; ein Informationsverlust ist zwar gegeben; er erweist sich in vielen Fällen als überraschend gering. Diese Tendenzaussage bezieht sich indessen auf die asymptotische relative Effizienz. Sie ist daher mit den dadurch gegebenen Interpretationsproblemen belastet.

Häufig sind bei verteilungsfreien Testen die Prüfverteilungen *diskrete Verteilungen* und werden über kombinatorische Überlegungen hergeleitet. Daraus ergeben sich einige anwendungstechnische Komplikationen, auf die in Abschnitt 1.11. eingegangen wird.

Die *Normalverteilung* ist auch bei den verteilungsfreien Testen häufig heranzuziehen, vor allem bei großen Stichprobenumfängen. Allerdings ist sie dann nicht als Verteilung der Untersuchungsvariablen relevant, sondern dient in vielen Fällen zur Approximation der Prüfverteilung.

1.10. Einige Bemerkungen zur Robustheit verteilungsgebundener Prüfverfahren

Zunächst wird die obige vorläufige Kennzeichnung der Robustheit eines Testverfahrens verfeinert, und zwar wie folgt: Ein Testverfahren heißt robust gegen eine Abweichung tatsächlicher von erforderlichen methodischen Voraussetzungen, wenn die *tatsächlichen* Wahrscheinlichkeiten für das Vorkommen von Entscheidungsfehlern und *die theoretisch bei gegebenen Voraussetzungen zu ermittelnden Wahrscheinlichkeiten* nicht wesentlich differieren.

Hier sind selbstverständlich immer noch Unexaktheiten enthalten. Wollte man diese ausräumen, so müßte man die *faktisch zutreffende* Gütefunktion der fälschlicherweise theoretisch unterstellten Powerfunktion gegenüberstellen und dann die Divergenz der beiden Funktionen in plausible Maßgrößen überführen.

Eine *allgemeine* Robustheit eines Tests gibt es selbstverständlich nicht. Ein und derselbe Test mag bei unterschiedlichen Gegebenheiten durchaus unterschiedlich robust sein. Im einzelnen kommt es bei der Robustheit auf folgende Faktorengruppen an:

1. Die Art und das Ausmaß der Abweichung der tatsächlich gegebenen Voraussetzungen von den theoretisch erforderlichen, also den "Grad" der Verletzung der Testvoraussetzungen. Zu dieser Faktorengruppe gehört beispielsweise die tatsächliche Verteilung einer Grundgesamtheit, für die eine Normalverteilung vorausgesetzt wird, oder etwa die tatsächlichen unterschiedlichen Werte der Varianzen zweier Grundgesamtheiten, deren Varianzhomogenität vorausgesetzt wird.

2. Die speziellen Testgegebenenheiten, die mit den methodischen Voraussetzungen nichts zu tun haben, etwa: Eigenschaften der zu prüfenden Hypothese; Signifikanzniveau; Stichprobenumfang, der zugrundegelegt ist.

1.11. Generelle technische Probleme der Durchführung von Prüfverfahren bei diskreten Prüfverteilungen

1.11.1. Das Signifikanzniveau bei diskreten Prüfverteilungen

Bei diskreten Prüfverteilungen gibt es das Problem, daß ein

mit einem "glatten" Wert vorgegebenes Signifikanzniveau nicht ohne weiteres exakt eingerichtet werden kann.

Beispiel 1.-16

Aus einer dichotomen Grundgesamtheit, also einer Grundgesamtheit, bei welcher nur zwei Sorten von Elementen unterschieden werden, soll eine uneingeschränkte Zufallsstichprobe vom Umfang $n = 12$ entnommen werden. Mit θ wird der Anteil der einen Sorte von Elementen in der Grundgesamtheit bezeichnet. Zu prüfen ist $H_o: \theta \geq \theta_o = 0{,}5$ bei einem Signifikanzniveau von $\alpha = 0{,}05$.

Ist $\theta = \theta_o = 0{,}5$, so ist die Anzahl $\tilde{x}$ der Elemente der ersten Sorte in der Stichprobe binomialverteilt mit Parametern $n = 12$ und $\theta = 0{,}5$. Die Wahrscheinlichkeits- und die Verteilungsfunktion dieser Nullverteilung sind in Tabelle 1.-2 teilweise registriert.

x	0	1	2	3	
$b_{\tilde{x}}(x\|12;0{,}5)$	0,0002	0,0029	0,0161	0,0537	...
$B_{\tilde{x}}(x\|12;0{,}5)$	0,0002	0,0031	0,0193	0,0730	...

Tabelle 1.-2

Als kritische Regionen stehen, da eine einseitige Fragestellung vorliegt,

$$C_1 = \{(x_1,\ldots,x_{12})\,|\,x = 0,1,2\} \text{ und}$$

$$C_2 = \{(x_1,\ldots,x_{12})\,|\,x = 0,1,2,3\}$$

zur Diskussion. Bei Verwendung von C_1 beträgt das Signifikanzniveau 0,0192 und ist wesentlich kleiner als das vorgegebene; bei Verwendung von C_2 liegt es mit 0,0729 deutlich über 0,05.

In einem solchen Fall werden die Verfahrensweisen des konservativen Testens, der Adjustierung des Signifikanzniveaus und der Randomisierung verwendet.

1. *Konservatives Testen:* Man geht von einem vorgegebenen Signifikanzniveau α zu einem "*natürlichen*" Signifikanzniveau α' über, das möglichst wenig kleiner als α, in jedem Falle aber *nicht größer* als α ist. Die Nullhypothese wird dann mit etwas kleinerer Wahrscheinlichkeit (bzw. Höchstwahrscheinlichkeit bei Bereichshypothesen) abgelehnt als ursprünglich vorgesehen. Diese Vorgehensweise wirkt also im Sinne einer Verstärkung der Tendenz zur Aufrechterhaltung von H_o.

2. *Adjustierung des Signifikanzniveaus:* Vom vorgegebenen Wert α des Signifikanzniveaus geht man zu einem Wert α' über, der möglichst nahe bei α liegt und α *unterschreiten oder überschreiten* darf.

3. *Randomisierung:* Man verwirklicht das vorgegebene Signifikanzniveau α exakt, indem man wie folgt vorgeht: Liegt der vorliegende Wert der Prüfvariablen am Rande der kritischen Region, so wird ein geeignetes ergänzendes Zufallsexperiment durchgeführt, dessen Ausgang entscheidet, ob H_o abgelehnt wird oder nicht. Dieser Fall ist im Beispiel 1.-16 im Fall der Realisierung von $x = 3$ gegeben. Kommt er vor, wird H_o *mit einer bestimmten Wahrscheinlichkeit* abgelehnt bzw. nicht abgelehnt. Für Beispiel 1.-16 beträgt diese Wahrscheinlichkeit, wie man leicht überlegt,

$$\omega = \frac{\alpha - B(2|12;0,5)}{b(3|12;0,5)} = \frac{0,05 - 0,0192}{0,0537} \approx 0,57 \quad .$$

Kommt also $x = 3$ vor, soll H_o mit Wahrscheinlichkeit 57% abgelehnt werden. Man entnimmt einer Zufallszahlentafel beispielsweise eine zweiziffrige Zufallszahl; liegt diese zwischen 00 und 56, wird H_o abgelehnt. Man ersieht, daß hier das Signifikanzniveau genau 5% beträgt:

$$\alpha = B_{\tilde{x}}(2|12;0,5) + b_{\tilde{x}}(3|12;0,5)\cdot\omega \approx 0,0193 + 0,0730\cdot 0,57 \approx 0,05 \quad .$$

Bei zweiseitigen Fragestellungen ist analog zu verfahren; man vergleiche etwa *Schaich, Köhle, Schweitzer* und *Wegner* (1982^2), S. 135-136.

1.11.2. Tabellen diskreter Prüfverteilungen

Als Signifikanzniveau α werden meist Werte zwischen 0,10 und 0,001 verwendet. Bei einseitigen Fragestellungen benötigt man eine kritische Region der Größe α, sonst zwei kritische Teilregionen der jeweiligen Größe $\alpha/2$. Man betrachtet nun den letzteren Fall und geht von einem festen Wert α aus; die Prüfverteilung sei diskret.

Um die drei vorher entwickelten Verfahrensweisen realisieren zu können, benötigt man insgesamt acht Werte, die durch zwei Doppelungleichungen dargestellt werden können. $F_{\tilde{x}}$ bezeichne die Null-Verteilungsfunktion der allgemeinen Prüfvariablen $\tilde{x}$. Man bezeichnet nun mit x_u'' die *kleinste* Ausprägung von $\tilde{x}$, für die unter H_o $F_{\tilde{x}}(x_u'') > \alpha/2$ ist; x_u' ist die nächstniedrigere Ausprägung (falls es sie gibt). Außerdem bezeichnet man mit x_o'' die größte Ausprägung von $\tilde{x}$, für die unter H_o $F_x(x_o'') < 1 - \alpha/2$ ist; x_o' ist die nächsthöhere Ausprägung. Damit gilt also

$$F_{\tilde{x}}(x_u'|H_o) < \alpha/2 < F_{\tilde{x}}(x_u''|H_o)$$

und

$$F_{\tilde{x}}(x_o''|H_o) < 1 - \alpha/2 < F_{\tilde{x}}(x_o'|H_o) \quad .$$

Man benötigt zur Durchführung des Testes eigentlich für ein vorgegebenes α sämtliche acht hier enthaltenen Werte, also x_u', x_u'', x_o'', x_o' und die vier zugehörigen Wahrscheinlichkeiten gemäß Null-Verteilungsfunktion. Die Situation wird in Figur 1.-9 veranschaulicht.

Bei den im Tabellenanhang angegebenen Tabellen diskreter Prüfverteilungen sind die erforderlichen acht Werte nur in Einzelfällen vollständig angegeben. Sie sind in dieser Hinsicht weder vollständig noch einheitlich.

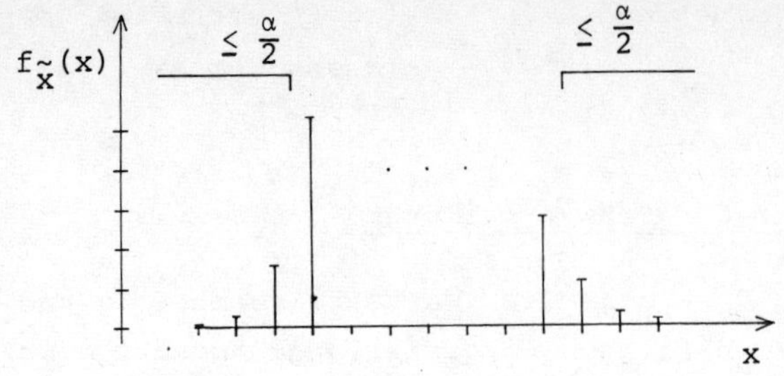

Figur 1.-9

1.11.3. Normalapproximation diskreter Prüfverteilungen

Die Berechnung von Wahrscheinlichkeiten aus diskreten Verteilungen mag im Einzelfall sehr mühsam sein. In solchen Fällen kann unter gewissen die jeweiligen Parameterwerte betreffenden Voraussetzungen die Verteilungsfunktion der gegebenen (diskreten) Variablen durch die Verteilungsfunktion der Normalverteilung approximiert werden. Als Verfahrensregel gilt dabei, daß jeweils gerade diejenige Normalverteilung zu verwenden ist, deren Parameterwerte sich als Erwartungswert und Varianz der vorliegenden diskreten Verteilung ergeben. Einzelheiten zu dieser Approximationsmöglichkeit von diskreten Verteilungen durch die Normalverteilung brauchen hier nicht näher erörtert zu werden. Eine ausführliche Darstellung findet man beispielsweise bei *Schaich* (1977), S. 110 ff.

1.12. Bindungen (Verbundwerte)

Gleiche Beobachtungswerte bei verschiedenen Stichprobenelementen - man nennt sie auch *Verbundwerte* oder *Bindungen (ties)* - können aus verschiedenen Gründen auftreten. Oft führen verhältnismäßig grobe Meßverfahren, welche in manchen Bereichen der Sozialwissenschaften typisch sind, zu übereinstimmenden Meßwerten. Damit ist insbesondere auch dann zu rechnen, wenn fachwissenschaftliche Erwägungen die Annahme rechtfertigen, daß das Untersuchungsmerkmal eine kontinuierliche Variable ist, also alle Beobachtungswerte eigentlich verschieden sein müßten. Außerdem besteht auch die Möglichkeit, daß für ein Untersuchungsmerkmal von vornherein nur wenige Kategorien unterschieden werden und somit vor allem bei größerem Stichprobenumfang Verbundwerte unvermeidlich sind. Insbesondere gilt dies bei nominalskalierten Variablen und für Variablen mit wenigen ordinalen Ausprägungen, beispielsweise Schulnoten. Beim Auftreten von Bindungen, insbesondere unter den hier zuerst beschriebenen Umständen, sind für die meisten verteilungsfreien Prüfverfahren spezielle Verfahrensweisen entwickelt worden.

1.13. Allgemeine Probleme der Anwendung statistischer Teste

Es gibt neben den in diesem Kapitel 1 angeschnittenen speziellen Methodenfragen eine allgemeinere Problematik des Testeinsatzes in den empirisch angelegten Wissenschaften. Diese ist nicht spezifisch für verteilungsfreie Testverfahren, aber, wegen der Vielzahl verfügbarer verteilungsfreier Teste, in diesem Zusammenhang von besonderem Gewicht. Sie umfaßt die Fragen der *Formulierung von Hypothesen*, der *Auswahl des adäquaten Prüfverfahrens* bei mehreren einsetzbaren Testen, der *Fixierung von Wahrscheinlichkeiten für Entscheidungsfehler* und um die Fragen, welche mit der *Datengrundlage* von Testen zusammenhängen. Oft werden diese Probleme überhaupt nicht der statistischen Methodik zugerechnet, obwohl dies nicht gerechtfertigt ist. Denn sie sind von sehr großer Anwendungsbedeutung. Daher werden sie gesondert und systematisch in Kapitel 6 behandelt. Dort bietet sich auch die Möglichkeit, immer wieder auf Befunde aus den Kapiteln 2 bis 5 zurückzugreifen.

2. Verteilungsfreie Prüfverfahren zum Ein-Stichproben-Fall

2.1. Prüfung der Zufälligkeit einer Stichprobenentnahme

Bezüglich der Zufälligkeit einer Stichprobe rekurriert man zunächst auf den bekannten Begriff der uneingeschränkten Zufallsstichprobe und betrachtet die n Stichprobenvariablen $\tilde{x}_1,\ldots,\tilde{x}_n$. Definitionsgemäß liegt (uneingeschränkte) *Zufälligkeit* einer Stichprobe vor, wenn die $\tilde{x}_1,\ldots,\tilde{x}_n$ *stochastisch unabhängig* sind und *identische Verteilungen haben*, welche sämtlich *gleich der Verteilung der Variablen in der Grundgesamtheit* sind.

Wie in konkreten Einzelfällen die Zufälligkeit einer Stichprobe gestört sein kann, wird nun an Beispielen erläutert.

Beispiel 2.-1

a) Einer Massenproduktion von Metallstücken werden sukzessive Elemente entnommen und zu einer Stichprobe zusammengefaßt. Die Produktion hat einen "Gang" in dem Sinne, daß infolge Instabilität der Maschineneinstellung der Erwartungswert der Untersuchungsvariablen im Zeitablauf systematisch vergrößert wird. Die Zufälligkeit der Stichprobenentnahme ist bezüglich beider Komponenten des Begriffes gestört: Weder liegt Identität der Verteilungen noch stochastische Unabhängigkeit vor.

b) Man legt den Schülern einer bestimmten Schulklasse sukzessive eine bestimmte Rechenaufgabe zur Lösung vor. Dabei ergibt sich, daß die ersten Probanden relativ viel größere Mühe hatten, die Aufgabe zu lösen als die späteren. Es wird die Befürchtung geäußert, daß die ersten Probanden mit den weiteren Probanden Kontakt hatten, bevor letztere die Aufgabe zu lösen hatten.

c) Man hat T chronologisch geordnete Werte (Zeitreihenwerte) einer bestimmten Variablen. Es wird die Frage gestellt, ob diese T Werte als unabhängige Realisierungen einer Zufallsvariablen aufgefaßt werden können. Meist ist dies natürlich in der Realität nicht der Fall, weil die Zeitreihenwerte einen Trend, also einen systematischen Bestandteil, oder auch zyklische Komponenten aufweisen.

d) Für gewisse Problemstellungen werden Folgen von Zahlen benötigt, die unabhängige Realisierungen einer über $\{0;\ldots;m-1\}$ rechtecksverteilten Zufallsvariablen mit m möglichen Ausprägungen sein sollen. Sie können durch Computer generiert werden. Wird dabei ein unzulängliches Generierungsgesetz eingegeben, hat die Zahlenfolge nicht die gewünschte Zufälligkeit.

2.1.1. Prüfung der Zufälligkeit mit Hilfe der Anzahl der Runs (der einfache Run-Test)

Man unterstellt eine dichotome Grundgesamtheit, setzt also ein qualitatives Merkmal mit zwei möglichen Ausprägungen voraus. Die Stichprobenvariablen $\tilde{x}_i$ sind in diesem Falle *Indikatorvariablen*, nehmen also nur die Ausprägungen 0 bzw. 1 mit Wahrscheinlichkeiten $1-\theta$ bzw. θ an. Die Indizes i sollen hier speziell die zeitliche Reihenfolge des Anfalls der einzelnen Beobachtungswerte veranschaulichen. Die Nullhypothese H_0 lautet: Die Werte x_i sind Realisationen stochastisch unabhängiger identisch verteilter Indikatorvariablen.

Zur Illustration der Testprozedur beim einfachen Run-Test werden nunmehr zwei Stichprobenbefunde I. und II. mit jeweils n = 20 verglichen; "1" bzw. "0" bezeichnet dabei ein Stichprobenelement mit der Ausprägung 1 bzw. 0 der Indikatorvariablen:

I. 0 0 0 0 0 0 1 0 0 0 0 1 1 1 1 1 1 0 0 1

II. 0 0 1 0 1 0 1 0 1 0 1 0 1 0 1 0 1 0 0 0

Bei I. könnte die Zufälligkeit durch eine Art *Klumpenbildung* gestört gewesen sein: Ist eine 1 (0) aufgetreten, dann könnte die Wahrscheinlichkeit, daß eine 1 (0) nachfolgt, möglicherweise größer gewesen sein. Damit wäre stochastische Abhängigkeit gegeben. Bei II. besteht ebenfalls ein gewisser Anschein für ein stochastische Abhängigkeit: Ist eine 1 (0) aufgetreten, könnte die Wahrscheinlichkeit, daß eine 0 (1) nachfolgt, größer gewesen sein.

Bezüglich des Stichprobenanteils $p = 0{,}4$ der Einsen besteht zwischen I. und II. kein Unterschied.

Ein *Run* (eine *Iteration*) ist im hier gegebenen Zusammenhang eine chronologische Folge gleicher Ausprägungen einer dichotomen Variablen. Selbstverständlich gibt es Runs von Elementen der ersten und der zweiten Ausprägung; also zwei Sorten. Die *Anzahl der Runs beider Sorten* wird bei einem speziellen Stichprobenbefund hier mit r bezeichnet. Bei obigen Beispielen I. bzw. II. ist $r = 6$ bzw. $r = 17$.

Wie man vorgeht, um H_0 zu überprüfen, ist nun anschaulich klar. Man ermittelt - bei *gegebenem* Wert p - die Nullverteilung von $\tilde{r}$ und verwirft H_0, wenn r sehr groß oder sehr klein ausfällt. Gegen welche Art der Abweichung von der Zufälligkeit dieser *einfache Run-Test* sensitiv bzw. nicht sensitiv ist, wird später erörtert.

Zunächst wird die Menge der möglichen Ausprägungen der Prüfvariablen $\tilde{r}$ ermittelt. Dazu geht man von einem bestimmten Stichprobenumfang n aus und von einer gegebenen Anzahl $n_1 = n \cdot p$ von Elementen der ersten Sorte; natürlich ist $n_1 > 0$ vorauszusetzen.

Zunächst gilt offenbar $r \geq 2$; der Fall $r = 2$ liegt vor, wenn erst alle Elemente der einen, dann alle Elemente der anderen Sorte auftreten.

Bezüglich der größtmöglichen Anzahl von Runs werden zwei Fälle unterschieden: Ist

$$n_1 = n - n_1 \quad ,$$

also n gerade und $p = 0{,}5$, so können maximal

$$n_1 + (n - n_1) = n$$

Runs entstehen. Ist $n_1 \neq n - n_1$, also $p \neq 0{,}5$, so können maximal $2[\min(n_1, n-n_1)] + 1$ Runs entstehen, wie man sich leicht überlegt.

Die Menge der möglichen Werte der Prüfvariablen $\tilde{r}$ ist also

für $n_1 = n-n_1$: $\{r \mid r \in \mathbb{N};\ 2 \leq r \leq n\}$

für $n_1 \neq n-n_1$: $\{r \mid r \in \mathbb{N};\ 2 \leq r \leq 2\,[\min(n_1, n-n_1)] + 1\}$.

Die Nullverteilung der Prüfvariablen $\tilde{r}$ wird nun in sechs Schritten hergeleitet.

1. Ist die Stichprobenentnahme zufällig, so muß jede Anordnung von n Elementen, von denen n_1 zur ersten, der Rest zur zweiten Sorte gehören, *gleich wahrscheinlich* sein; Elemente innerhalb der ersten bzw. innerhalb der zweiten Sorte werden selbstverständlich nicht unterschieden. Die Anzahl der möglichen verschiedenen Anordnungen ist hier die Anzahl der *Kombinationen*, also

$$\binom{n}{n_1} = \frac{n!}{n_1!\,(n-n_1)!} \quad .$$

Man ersieht dies wie folgt: Eine Stichprobe kann als Folge von n wohl unterschiedenen Plätzen aufgefaßt werden; $\binom{n}{n_1}$ ist die Anzahl der Möglichkeiten, aus n Plätzen n_1 Plätze zum Zweck der Besetzung mit einem Element der ersten Sorte herauszugreifen.

2. Die Anzahl der verschiedenen Möglichkeiten, a gleiche Kugeln in b ($b \leq a$) unterscheidbare Kästchen dergestalt aufzuteilen, daß kein Kästchen leer ist, beträgt $\binom{a-1}{b-1}$. Man erkennt dies unmittelbar anhand der Figur 2.-1, welche den Fall $a = 8$; $b = 3$ betrifft.

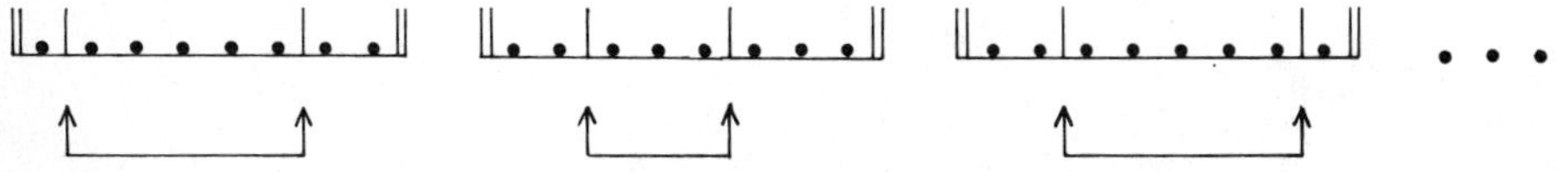

Figur 2.-1

Zwischen den a Kugeln bestehen a-1 Trennwände; zwischen zwei Kugeln kann nicht mehr als eine Trennwand eingezogen werden, sonst ist ein entstehendes Kästchen leer. Setzt man b-1 Trennwände ein, so entstehen dadurch b Kästchen. Die behauptete Anzahl ergibt sich als Anzahl der Möglichkeiten, aus a-1 Zwischenräumen b-1 zum Zwecke des Einsetzens einer Trennwand auszuwählen.

3. Die Anzahl der Runs von Elementen der ersten (zweiten) Sorte sei r_1 (r_2), so daß also $r = r_1 + r_2$ ist. Damit die n_1 Elemente der ersten Sorte in der Stichprobe gerade r_1 Runs bilden, müssen die n_1 nicht unterscheidbaren Elemente in r_1 Kästchen aufgeteilt werden; die Anzahl der verschiedenen Möglichkeiten beträgt hier $\binom{n_1-1}{r_1-1}$. Analog ist $\binom{n-n_1-1}{r_2-1}$ die Anzahl der Möglichkeiten, aus $n-n_1$ Elementen der zweiten Sorte r_2 Runs zu bilden.

4. Die Gesamtzahl der verschiedenen Möglichkeiten, r_1 Runs von Elementen der ersten Sorte und r_2 Runs von Elementen der zweiten Sorte zu bekommen, ermittelt man durch eine Unterscheidung von drei Fällen:

a) $r_1 = r_2$, r also gerade; der erste Run und der letzte Run umfassen in diesem Falle Elemente verschiedener Sorten;

b) $r_1 = r_2 + 1$; zu Beginn und am Ende befindet sich je ein Run von Elementen der ersten Sorte;

c) $r_1 = r_2 - 1$; zu Beginn und am Ende befindet sich je ein Run von Elementen der zweiten Sorte.

Zu a): Die Anzahl der verschiedenen Möglichkeiten, r_1 Runs der ersten Sorte und r_2 Runs der zweiten Sorte zu bekommen, beträgt hier

$$\binom{n_1-1}{r_1-1}\binom{n-n_1-1}{r_2-1} \cdot 2 \quad .$$

Denn es kann sein, daß die Folge der Runs mit einem Run von Elementen der ersten Sorte beginnt (und einem Run von Elementen der zweiten Sorte aufhört) *oder umgekehrt;* daher ist der Faktor 2 aufzunehmen.

Zu b): Die Anzahl der verschiedenen Möglichkeiten ist hier

$$\binom{n_1-1}{r_1-1} \cdot \binom{n-n_1-1}{r_2-1} \cdot 1 \quad .$$

c) Analoges gilt auch für den Fall $r_1 = r_2 - 1$.

5. Unter Bezugnahme auf die klassische Wahrscheinlichkeitskonzeption kann man die *verbundene* Wahrscheinlichkeitsfunktion des Zufallsvektors $\underline{\tilde{r}} = (\tilde{r}_1, \tilde{r}_2)$ für den Fall der Gültigkeit von H_o wie folgt angeben:

$$f_{\underline{\tilde{r}}}(r_1,r_2) = \begin{cases} \dfrac{c\binom{n_1-1}{r_1-1}\binom{n-n_1-1}{r_2-1}}{\binom{n}{n_1}} & \text{für } r_1=1,\ldots,n_1 \wedge r_2=1,\ldots,n-n_1-1 \text{ und } r_1 = r_2 \text{ oder } r_1 = r_2+1 \quad r_1 = r_2 - 1 \\ & \text{mit } c = \begin{cases} 2 & \text{für } r_1 = r_2 \\ 1 & \text{für } r_1 \neq r_2 \end{cases} \\ 0 \text{ sonst} & \end{cases}$$

Diese Funktion kann gemäß Figur 2.-2 graphisch veranschaulicht werden, wobei speziell n = 10 und n_1 = 5 zugrundegelegt wurde.

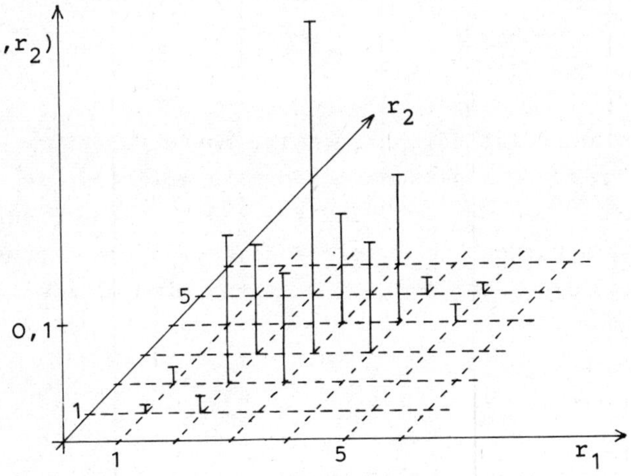

Figur 2.-2

6. Da man mit Hilfe der Prüfvariablen $\tilde{r} = \tilde{r}_1 + \tilde{r}_2$, also der Anzahl der Runs beider Sorten, testet, muß deren Nullverteilung aus der Verteilung des Zufallsvektors $\underline{\tilde{r}} = (\tilde{r}_1, \tilde{r}_2)$ gewonnen werden. Hierzu geht man von einem bestimmten r aus dem Wertebereich von $\tilde{r}$ aus. Ist r gerade, also $r_1 = r_2 = r/2$, dann gilt für die Nullwahrscheinlichkeit

$$W(\tilde{r}=r|H_o) = f_{\tilde{r}}(r) = \frac{2\binom{n_1-1}{r/2-1}\binom{n-n_1-1}{r/2-1}}{\binom{n}{n_1}}$$

Ist r ungerade, so kann dies durch $r_1 = (r+1)/2$ und $r_2 = (r-1)/2$ oder durch $r_1 = (r-1)/2$ und $r_2 = (r+1)/2$ zustandekommen. Die Wahrscheinlichkeiten für diese beiden unvereinbaren Ereignisse sind zu addieren. Hierdurch ergibt sich für ungerades r

$$W(\tilde{r}=r|H_o) = f_{\tilde{r}}(r) = \frac{\binom{n_1-1}{(r-1)/2}\binom{n-n_1-1}{(r-3)/2} + \binom{n_1-1}{(r-3)/2}\binom{n_2-1}{(r-1)/2}}{\binom{n}{n_1}}$$

Damit ist die Null-Wahrscheinlichkeitsfunktion von $\tilde{r}$ für $r=2,\ldots,n$ vollständig gekennzeichnet.

Der Wert n_1 geht als Konstante ein, obwohl er auch als Realisation einer Zufallsvariablen verstanden werden kann. Die angegebene Verteilung ist daher eine bezüglich des zufälligen Ereignisses $\{\tilde{n}_1 = n_1\}$ *bedingte* Verteilung.

Die Nullverteilung von $\tilde{r}$ ist für alternative Werte von n und $n-n_1$ in einer für Prüfzwecke geeigneten Form tabelliert. Die Originaltabelle findet man bei *Swed* und *Eisenhart* (1943); sehr ausführliche Tabellen wurden bei *Owen* (1962), S. 373-382, publiziert. Eine knappere Ausführung ist im Anhang als *Tabelle VIII* angegeben.

Tabelliert sind in Tabelle VIII die unteren bzw. oberen *kritischen* Werte, also die größten Werte im unteren Teil des Ablehnungsbereiches bzw. die kleinsten Werte im oberen Teil des Ablehnungsbereiches, und zwar für ein Signifikanzniveau von $\alpha = 0{,}05$ zweiseitig bzw. $\alpha = 0{,}025$ einseitig, jeweils bei konservativem Testen. Die Tabelle erfaßt nur Werte bis $n_1 = 20$ bzw. $n-n_1 = 20$; daher sind sämtliche möglichen Wertepaare $(n_1;n-n_1)$ nur bis zu einem Stichprobenumfang von n = 22 enthalten. Die Tabellenwerte für die Paare $(n_1;n-n_1)$ und $(n-n_1;n_1)$ sind jeweils identisch. In Tabelle VIII frei gebliebene Felder kennzeichnen den Fall, daß bei konservativem Testen und einem Signifikanzniveau von $\alpha = 0{,}05$ zweiseitig bzw. $\alpha = 0{,}025$ einseitig die kritische Region bzw. Teilregion die leere Menge ist.

Unter H_0 gilt, wie bei Tabelle VIII vermerkt wurde,

$$E\tilde{r} = 1 + \frac{2n_1(n-n_1)}{n} \quad \text{und var } \tilde{r} = \frac{2n_1(n-n_1)[2n_1(n-n_1)-n]}{n^2(n-1)} \quad .$$

Die erste dieser beiden Beziehungen wird nun bewiesen; einen Beweis für den zweiten Ausdruck findet man bei *Wald* und *Wolfowitz* (1940). Man definiert Indikatorvariablen $\tilde{v}_i (2 \leq i \leq n)$ wie folgt: $\tilde{v}_i$ nehme den Wert 1 an, wenn das i-te Stichprobenelement zu einer anderen Sorte gehört als das (i-1)-te; sonst nehme $\tilde{v}_i$ den Wert 0 an. Unter H_0 ist dann

$$W(\tilde{v}_i=1) = \frac{n_1(n-n_1)\cdot 2}{n(n-1)}$$

$(2 \leq i \leq n)$. Stellt man sich nämlich die Elemente der Stichprobe als individuell unterscheidbar vor, dann gibt es

n(n-1)-viele verschiedene Möglichkeiten, zwei aufeinanderfolgende Plätze in der Stichprobe zu besetzen;

$2\cdot n_1\cdot(n_1-1)$-viele verschiedene Möglichkeiten, diese beiden Plätze mit verschiedenen Elementen zu besetzen.

Damit wird

$$E\tilde{v}_i = \frac{n_1(n-n_1)\cdot 2}{n(n-1)}$$

$(2 \leq i \leq n)$. Nun ist allgemein

$$\tilde{r} = 1 + \sum_{i=2}^{n} \tilde{v}_i \ ;$$

die Anzahl der Runs ist immer gleich 1 plus Anzahl der Wechsel (Übergänge) zu der anderen Sorte, wie man sich leicht überlegt. Daher gilt

$$E\tilde{r} = 1 + \sum_{i=2}^{n} E\tilde{v}_i = 1 + \frac{2n_1(n-n_1)}{n} \quad .$$

Man kann zeigen, daß unter H_o

$$\frac{\tilde{r} - 1 - \dfrac{2n_1(n-n_1)}{n}}{\left[\dfrac{2n_1(n-n_1)[2n_1(n-n_1)-n]}{n^2(n-1)}\right]^{\frac{1}{2}}}$$

für $n \to \infty$ und $n_1/n \to \lambda > 0$ asymptotisch standardnormalverteilt ist. Die Normalapproximation der Prüfverteilung ist für $n_1 > 20$ ausreichend genau. Dabei soll die *Stetigkeitskorrektur* berücksichtigt werden (vgl. z.B. *Schaich*, *Köhle*, *Schweitzer* und *Wegner* (1979^2), S. 156 ff.).

Bei ordinalen oder metrisch skalierten Variablen dichotomisiert man die Beobachtungswerte mit Hilfe eines Stichprobenquantils. Die Dichtotomisierung kann grundsätzlich bei jedem Quantil erfolgen. Indessen liegt besonders nahe, mit Hilfe des Stichprobenmedians zu dichotomisieren. Kommt dieser einfach oder mehrfach selbst als Stichprobenwert vor, wird er jeweils unberücksichtigt gelassen.

Mit dem nachfolgenden Beispiel 2.-2 wird der Frage nachgegangen, gegen welche Arten von Störung der Zufälligkeit der einfache Run-Test reagiert.

<u>Beispiel 2.-2</u>

Eine Stichprobe vom Umfang $n = 28$ hat $n_1 = 14$ Elemente der ersten Sorte geliefert. Die Nullhypothese H_o : Zufälligkeit der Stichprobenentnahme ist gemäß Tabelle VIII beim Signifikanzniveau $\alpha = 0{,}05$ zweiseitig und konservativem Testen abzulehnen, wenn $r \leq 9$ oder $r \geq 21$ resultierte.

a) Die "Stichprobe" wurde systematisch wie folgt gewonnen: Erst wurden absichtsvoll 14 Elemente der ersten, dann 14 Elemente der zweiten Sorte entnommen. H_0 wird *richtigerweise abgelehnt*, weil r = 2 resultiert.

b) Die Stichprobe wurde systematisch wie folgt gewonnen: Erst wurde ein Element der ersten Sorte, dann ein Element der zweiten Sorte, ..., etc., entnommen. H_0 wird *richtigerweise abgelehnt*, weil r = 28 resultiert.

c) Die Stichprobe wurde systematisch wie folgt gewonnen: Erst wurden zwei Elemente der ersten Sorte, dann zwei Elemente der zweiten Sorte, ..., etc., entnommen. Nunmehr resultiert r = 14; H_0 wird *fälschlicherweise nicht abgelehnt*.

d) Die Stichprobe wurde systematisch wie folgt gewonnen: Erst wurden drei Elemente der ersten Sorte, dann drei Elemente der zweiten Sorte, ..., etc., schließlich zwei Elemente der ersten, dann zwei Elemente der zweiten Sorte entnommen. H_0 wird wieder *fälschlicherweise nicht abgelehnt*, da r = 10 ist.

Es werden also nur diejenigen Arten der Störung von Zufälligkeit aufgedeckt, die zu extremen Anzahlen von Runs führen; andere Störungen bleiben beim einfach Run-Test unerkannt.

Der einfache Run-Test kann im Zwei-Stichproben-Fall bei unabhängigen Stichproben (vgl. Kapitel 3) auch zur Prüfung einer Nullhypothese H_0: $F_{\tilde{x}_1}(x) = F_{\tilde{x}_2}(x)$ über die Homogenität der Verteilungen zweier (stetiger) Variabler verwendet werden. Man bildet dazu die zusammengefaßte (gepoolte) Stichprobe und verwertet jeweils die Runs von Beobachtungen aus derselben Grundgesamtheit. Man vergleiche etwa *Conover* (1971), S. 350 oder *Büning* und *Trenkler* (1978), S. 130.

Von *Barton* und *David* (1957) wurde eine Verallgemeinerung des einfachen Run-Tests entwickelt, bei welcher mehr als zwei Sorten von Elementen unterschieden werden.

2.1.2. Prüfung der Zufälligkeit mit Hilfe der Anzahl der Runs Up or Down

Man setzt voraus, daß n Realisierungen einer metrischen Variablen vorliegen. Die Meßgenauigkeit muß so sein, daß alle Variablenwerte in der Stichprobe verschieden sind.

Die Definition eines *Runs Up or Down* ist am einfachsten an Hand eines Beispiels zu erläutern: Es seien die n = 10 Stichprobenwerte

27,6; 27,8; 27,3; 29,8; 32,4; 22,6; 27,4; 27,2; 27,1; 27,0
+ - + + - + - - -

in chronologischer Reihenfolge gegeben. Geht man zu den Vorzeichen der Differenzen aufeinanderfolgender Werte über, so lassen sich einfache Runs von Zeichen "+" und "-" unterscheiden. Dementsprechend kann man einen Run Up or Down als eine *Folge gleicher Vorzeichen von Differenzen chronologisch aufeinanderfolgender Variablenwerte auffassen.* Die Anzahl $\tilde{r}^*$ der Runs Up or Down ist hier Prüfvariable.

Ist ein *Trend* in dem Sinne vorhanden, daß die Beobachtungswerte sukzessive immer größer bzw. immer kleiner werden, dann wird $r^* = 1$. In einem solchen Falle führt die Nichtzufälligkeit der Stichprobe zu einer extrem niedrigen Anzahl von Runs Up or Down. Weisen die Variablenwerte dagegen ein systematisches Auf und Ab auf, so wird r^* sehr groß, im Extremfall erhält man $r^* = n-1$.

Die Verteilung von $\tilde{r}^*$ ist unter H_0 grundsätzlich anders zu gewinnen als die Verteilung von $\tilde{r}$. Beim einfachen Run-Test ist die Wahrscheinlichkeit für alle Plätze in der Stichprobe jeweils dieselbe, ein Element der ersten bzw. der zweiten Sorte zu erhalten. Hier ist dies anders: Bekommt man an i-ter Stelle einen besonders niedrigen Variablenwert, so ist unter H_0 die Wahrscheinlichkeit sehr groß, "+" zu bekommen, also an (i+1)-ter Stelle einen Wert x_{i+1}, der größer als x_i ist. Entsprechendes gilt umgekehrt, wenn x_i vergleichsweise groß ist.

Zur Vereinfachung der Überlegungen ersetzt man nun jeden originären Merkmalswert x_i $(1 \leq i \leq n)$ durch dessen *Rang* in der Folge der geordneten Merkmalswerte, also im obigen Veranschaulichungsbeispiel durch die Ränge

7 8 5 9 10 1 6 4 3 2 .

Man bezeichnet mit $f_{\tilde{r}^*}(r^*|n)$ die A-priori-Verteilung der Zufallsvariablen $\tilde{r}^*$ bei gegebenem Stichprobenumfang n unter H_o, also die Nullverteilung von $\tilde{r}^*$ unter Beachtung des Informationsstandes *vor* der Stichprobenentnahme.

Mit dieser Bezeichnungsweise gilt

a) für n = 3: $f_{\tilde{r}^*}(1|3) = \frac{1}{3}$; $f_{\tilde{r}^*}(2|3) = \frac{2}{3}$;

man enumeriert die verschiedenen möglichen Anordnungen der Rangzahlen 1,2,3, welche zu $r^* = 1$ bzw. $r^* = 2$ führen, wie folgt:

(1;2;3); (3;2;1) liefern $r^* = 1$;

(1;3;2); (2;1;3); (3;1;2); (2;3;1) liefern $r^* = 2$;

die angegebenen Wahrscheinlichkeiten ergeben sich nach dem Symmetrieprinzip;

b) für n = 4: $f_{\tilde{r}^*}(1|4) = \frac{1}{12}$; $f_{\tilde{r}^*}(2|4) = \frac{1}{2}$; $f_{\tilde{r}^*}(3|4) = \frac{5}{12}$;

man zählt die verschiedenen möglichen Anordnungen der Rangzahlen 1,2,3,4, welche zu $r^* = 1$ bzw. $r^* = 2$ bzw. $r^* = 3$ führen, wie folgt auf:

(1;2;3;4); (4;3;2;1) liefern $r^* = 1$;

(1;2;4;3); (1;3;4;2); (2;3;4;1); (4;3;1;2); (4;2;1;3); (3;2;1;4); (1;4;3;2); (2;4;3;1); (3;4;2;1); (4;1;2;3); (3;1;2;4); (2;1;3;4) liefern $r^* = 2$;

(1;3;2;4); (1;4;2;3); (4;2;3;1); (4;1;3;2); (3;1;4;2); (3;2;4;1); (2;3;1;4); (2;4;1;3); (3;4;1;2); (2;1;4;3); liefern $r^* = 3$.

Allgemein läßt sich folgende Rekursivbeziehung zur Nullverteilung der Prüfvariablen $\tilde{r}^*$ angeben (einen Beweis findet man etwa bei *Bradley* (1968), S. 272 ff.):

$$f_{\tilde{r}^*}(r^*|n) = \frac{r^* f_{\tilde{r}^*}(r^*|n-1) + 2 f_{\tilde{r}}^*(r^*-1|n-1) + (n-r^*) f_{\tilde{r}^*}(r^*-2|n-1)}{n} .$$

Mit dieser und den zuvor errechneten Anfangswerten kann man für Testzwecke geeignete Tabellen entwickeln.

In *Tabelle IX* sind für Stichprobenumfänge zwischen 10 und 25 und ein Signifikanzniveau von $\alpha = 0{,}05$ (zweiseitige Fragestellung) die größten bzw. kleinsten Werte r^* verzeichnet, die bei konservativem Testen dem unteren bzw. oberen Teil der kritischen Region zugehören (vgl. *Edgington* (1961)).

Bei großen Stichprobenumfängen kann man wieder eine Normalapproximation der Prüfverteilung verwenden: Unter H_o ist $\tilde{r}^*$ approximativ normalverteilt nach

$$N[\frac{1}{3}(2n-1);\ \frac{1}{90}(16n-29)] \ ;$$

bei der Anwendung dieser Approximation ist wieder die Stetigkeitskorrektur zu berücksichtigen.

Kommen *gleiche Variablenwerte (Verbundwerte) in direkter Aufeinanderfolge* vor, was sich durch Meßungenauigkeiten ergeben kann, so geht man wie folgt vor: Man setzt zwischen die gleichen Werte ein "+", dann ein "-" und ermittelt jeweils den Wert r^*. Ist er in beiden Fällen kritisch (nicht kritisch), wird H_o abgelehnt (nicht abgelehnt); ist er im einen Falle kritisch, im anderen nicht, wird man hingegen H_o nicht ablehnen, wenn man dem Prinzip des konservativen Testens folgt.

Die Frage, gegen welche Alternativen dieser zweite Run-Test sensitiv ist, wird wiederum am einfachsten mit Hilfe von Beispielen veranschaulicht.

Beispiel 2.-3

Es sei $n = 11$. Bei einem Signifikanzniveau von $\alpha = 0{,}05$ und konservativem Testen ist H_o abzulehnen (vgl. Tabelle IX), falls $r^* \leq 4$ oder $r^* \geq 10$ resultiert. In Figur 2.-3 werden graphisch einige Serien von Stichprobenwerten x_i veranschaulicht, von denen die ersten beiden zur Ablehnung, die letzteren nicht zur Ablehnung führen. Man erkennt, daß dieser Test empfindlich ist gegen monotone Trends, welche nicht durch zyklische Komponenten verwischt werden, auch gegen zyklische Entwicklungen mit großer "Phasenlänge", nicht jedoch gegen eine Störung der Zufälligkeit durch einen Trend bei zusätzlicher zyklischer Komponente mit kleiner Phasenlänge. Auch hier gibt es also einen großen Bereich von Störungen der Zufälligkeit, auf welche dieser Test nicht reagieren kann.

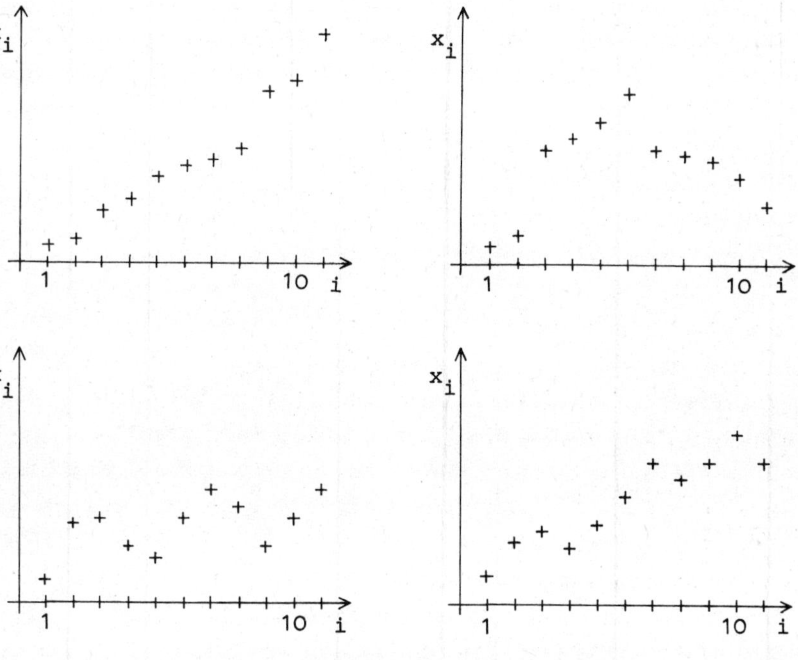

Figur 2.-3

2.1.3. Ergänzende Bemerkungen

Neben den beiden hier dargestellten Zufälligkeitstesten gibt es noch weitere ähnlich angelegte Teste, etwa solche, bei welchen als Prüfvariable die Länge des *längsten* Runs im Sinne des einfachen Run-Tests oder im Sinne des Testes auf der Grundlage von Runs Up or Down verwendet werden. Jeder dieser Teste ist sensitiv auf eine spezielle nicht leicht eingrenzbare Klasse von Störungen. Dieser Umstand macht eigentlich erforderlich, daß man bei der Auswahl eines bestimmten Zufälligkeitstestes vor allem die *Art der Zufälligkeitsstörung* in Betracht zieht, die vorliegen könnte. Allerdings sind solche Informationen häufig nicht verfügbar oder unsicher.

Wie später im einzelnen begründet wird (vgl. Abschnitt 6.4.3.), ist es nicht korrekt, in einem solchen Falle *mehrere* Zufälligkeitsteste auf *denselben* Datensatz anzuwenden und H_o abzulehnen, wenn mindestens einer dieser Teste Ablehnung ergibt. Zumindest wäre dies eine Prozedur, deren Signifikanzniveau unkontrolliert ist. Unproblematisch ist die Situation dann, wenn jeweils ein neuer (Teil-) Stichprobenbefund herangezogen wird; denn damit würden stochastisch unabhängige Prüfvariablen realisiert.

Ein bevorzugter Einsatzbereich von Zufälligkeitstesten ist die Prüfung der "Echtheit" von maschinell erzeugten Pseudo-Zufallszahlen, welche als Realisierungen einer im Intervall [0;1] rechtecksverteilten Zufallsvariablen verarbeitet werden sollen. *Tabelle VII* ist ein Ausschnitt aus einem Verzeichnis solcher Zahlen, der aus *Owen* (1962), S. 520, entnommen wurde. Eine Übersicht über solche Teste findet man bei *Ruff* (1977) S. 13-36, einen Überblick über Methoden zur Generierung von Pseudo-Zufallszahlen bei *Jöhnk* (1969) und bei *Köcher, Matt, Oertel* und *Schneeweiß* (1972). Da Pseudo-Zufallszahlen maschinell bequem erzeugt werden können, besteht hier kein Problem der Beschaffung einer ausreichenden Datengrundlage. Daher kann hier auch ein paralleler Einsatz mehrerer Teste erfolgen, wobei jeweils neue Folgen von Pseudo-Zufallszahlen zu verwerten sind.

2.2. Anpassungsteste zum Ein-Stichproben-Fall

2.2.1. Normalitäts-"Teste" im Wahrscheinlichkeitsnetz

Ein *einfaches normales Wahrscheinlichkeitsnetz* ist ein Koordinatensystem, bei welchem die Ordinatenachse derart transformiert (verzerrt) ist, daß die *Verteilungskurve einer Normalverteilung zu einer Geraden* wird. Ein solches Netz heißt einfach, weil die Abszisse gleichmäßig geteilt ist. Es gibt auch ein normales Wahrscheinlichkeitsnetz mit logarithmisch geteilter Abszisse, das jedoch hier nicht behandelt wird.

Die Konstruktion des einfachen normalen Wahrscheinlichkeitsnetzes kann graphisch auf zwei Arten veranschaulicht werden. Man geht jeweils von einer Normalverteilung $N(\mu;\sigma^2)$ der Variablen $\tilde{x}$ aus.

1. Man zeichnet im (x,z)-Koordinatensystem die Gerade

$$z = \frac{x - \mu}{\sigma} ,$$

welche die Standardtransformation der Variablen $\tilde{x}$ ausdrückt. Nun ersetzt man die (gleichmäßig geteilte) z-Achse durch eine neue Ordinatenachse, bei welcher auf dem Niveau z jeweils der Wert $\Phi_{\tilde{z}}(z)$ der Verteilungsfunktion der Standardnormalverteilung (vgl. Tabelle I) steht (vgl. Figur 2.-4; dort ist $N(4;2^2)$ berücksichtigt).

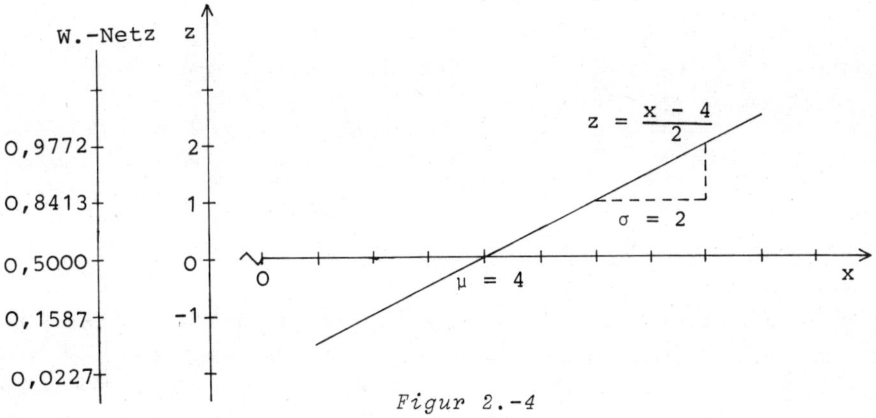

Figur 2.-4

Man erkennt, daß im normalen Wahrscheinlichkeitsnetz *jede* Verteilungsfunktion einer normalverteilten Variablen linearisiert wird.

2. Man kann die Entstehung des einfachen normalen Wahrscheinlichkeitsnetzes auch gemäß Figur 2.-5 veranschaulichen. Die Verteilungskurve der Standardnormalverteilung wird zu der eingezeichneten Geraden linearisiert.

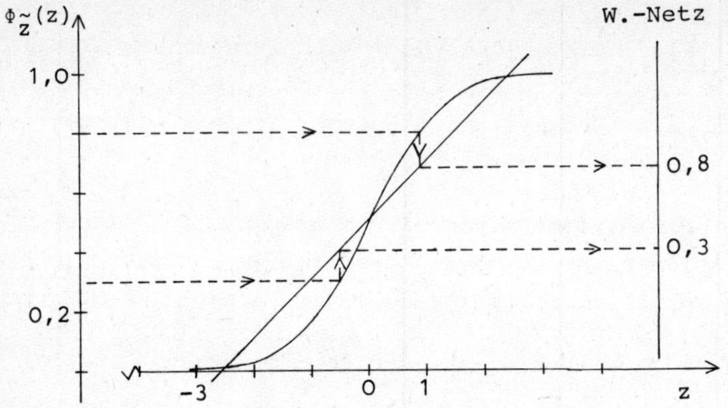

Figur 2.-5

Will man die Verteilungsfunktion einer Verteilung $N(\mu;\sigma^2)$ im Wahrscheinlichkeitsnetz zeichnen, so beachtet man, daß zu ihr die Punkte (μ;0,5000); ($\mu-\sigma$;0,1587); ($\mu+\sigma$;0,8413); ($\mu-2\sigma$;0,0227); ($\mu+2\sigma$;0,9773) gehören. Man verbindet zwei dieser Punkte geradlinig. Je größer σ ist, umso kleiner ist die Steigung der Geraden. Ist bei zwei Normalverteilungen μ gleich und σ verschieden, schneiden sich die Geraden im Punkt (μ;0,5000). Verteilungen mit gleichem Wert σ und verschiedenem μ werden durch parallele Geraden repräsentiert.

Das normale Wahrscheinlichkeitsnetz wird häufig, vor allem in der technischen Statistik, in einer Weise verwendet, die als Prüfung einer Hypothese interpretierbar ist. Dieses Verfahren kann indessen nicht als korrektes Prüfverfahren im Sinne der Theorie der Hypothesenprüfung gelten, allenfalls als eine Art "Freihandmethode", bei welcher eine Kontrolle über Fehlerwahrscheinlichkeiten nicht erfolgt.

Ausgangspunkt ist die relative Summenfunktion der Stichprobe. Sind $x_1,...,x_n$ die Beobachtungswerte aus einer uneingeschränkten Zufallsstichprobe und bezeichnet $x_{[i]}$ den i-t-kleinsten dieser Beobachtungswerte, so ist diese durch

$$s_n^*(x) = \begin{cases} 0 \text{ für } x < x_{[1]} \\ \frac{i}{n} \text{ für } x_{[i]} \leq x < x_{[i+1]} \quad (i=1,\ldots,n-1) \\ 1 \text{ sonst} \end{cases}$$

gegeben. Die Punkte $(x_{[1]};1/n);\ldots;(x_{[n-1]};(n-1)/n)$, die auf dieser relativen Summenfunktion liegen, werden in ein normales Wahrscheinlichkeitsnetz eingezeichnet. Ergibt sich nach *subjektiver visueller* Einschätzung ein ungefähr linearer Verlauf der Punkteserie, dann wird dies als Beleg für die Hypothese angesehen, die realisierte Variable sei normalverteilt.

Bei diesem Vorgehen handelt es sich also um eine Prüfung der Nullhypothese: *die Variable ist normalverteilt*, bei welcher keine Parameterspezifikation erfolgt.Ein "ungefähr linearer Verlauf" der Punkteserie kann nicht ohne weiteres näher spezifiziert werden. Der Stichprobenumfang fließt in eine solche Einschätzung überhaupt nicht ein. Überdies werden Abweichungen einzelner Punkte vom linearen Verlauf in den unteren und oberen Randbereichen des Wahrscheinlichkeitsnetzes vergleichsweise stark, im

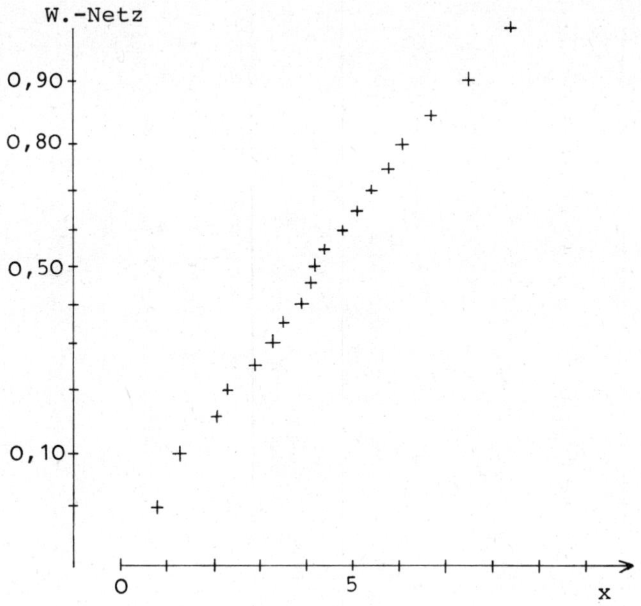

Figur 2.-6

mittleren Bereich nur wenig registriert, wie sich aus der Konstruktion des Wahrscheinlichkeitsnetzes ergibt. Der größte Variablenwert kann nicht gezeichnet werden. Immerhin hat dieses inferiore Verfahren der Normalitätsprüfung den Vorteil einer sehr großen Anschaulichkeit für sich.

Beispiel 2.-4

Von einer Variablen liegen die n = 20 Realisierungen 2,1; 4,2; 0,8; 6,1; 6,7; 3,3; 3,9; 4,1; 8,4; 2,3; 1,3; 5,1; 5,4; 4,4; 4,8; 7,5; 2,9; 5,8; 9,0; 3,5 vor. Zeichnet man die 19 Punkte (0,8; 0,05);...;(8,4;0,95) in das einfache normale Wahrscheinlichkeitsnetz ein, so ergibt sich ein etwa linearer Verlauf der Punkteserie, wie aus Figur 2.-6 ersichtlich wird.

Liegt der Stichprobenbefund in Form einer klassierten Häufigkeitsverteilung vor und bezeichnen x_j^o (j=1,...,m) die Klassenobergrenzen und p_j die relativen Klassenhäufigkeiten, somit also die

$$P_j = \sum_{\nu=1}^{j} p_\nu$$

die kumulierten relativen Häufigkeiten, die zu den x_j^o gehören, so kann man die Punkte $(x_j^o;P_j)$ für j = 1,...,m-1 ins Wahrscheinlichkeitsnetz einzeichnen und analog verfahren.

Beispiel 2.-5

Die n = 400 Beobachtungswerte einer Untersuchungsvariablen lieferten die klassierte Häufigkeitsverteilung, die in Tabelle 2.-1 verzeichnet ist. Wie aus Figur 2.-7 ersichtlich wird, kann ein ungefähr linearer Verlauf der Punkteserie nicht unterstellt werden. Man wird also die Hypothese der Normalität der Variablen nicht aufrechterhalten. Der ungefähr

Klasse	n_j	p_j	P_j
bis 20	24	0,060	0,060
über 20 bis 30	46	0,115	0,175
über 30 bis 40	36	0,090	0,265
über 40 bis 50	32	0,080	0,345
über 50 bis 60	24	0,060	0,405
über 60 bis 70	14	0,035	0,440
über 70 bis 80	18	0,045	0,485
über 80 bis 90	26	0,065	0,550
über 90 bis 100	24	0,060	0,610
über 100 bis 110	26	0,065	0,675
über 110 bis 120	22	0,055	0,730
über 120 bis 130	28	0,070	0,800
über 130 bis 140	44	0,110	0,910
über 140 bis 150	16	0,040	0,950
über 150	20	0,050	1,000

Tabelle 2.-1

lineare Verlauf der Punkteserie im unteren und oberen Bereich sowie die Krümmung im Zentralbereich mögen zu der Vermutung Anlaß geben, die Stichprobe entstamme einer Mischung zweier Normalverteilungen.

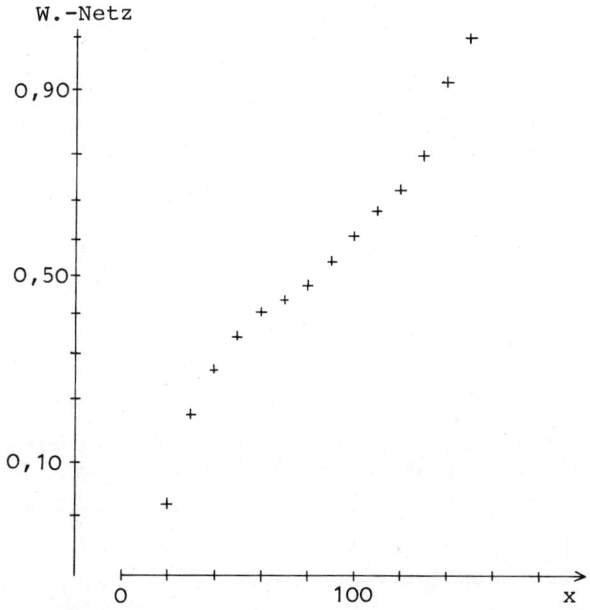

Figur 2.-7

Das Wahrscheinlichkeitsnetz kann mit Gewinn vor allem dann herangezogen werden, wenn ein empirischer Befund veranschaulicht werden soll oder wenn weiter unten behandelte theoretisch einwandfreie Verfahren zur Normalitätsprüfung zu veranschaulichen sind.

2.2.2. Prüfung von Verteilungshypothesen auf der Grundlage der Theorie der Positionsstichprobenfunktionen*)

Diese Klasse von Anpassungstesten bedarf einiger theoretischer Vorüberlegungen. Vorausgesetzt wird, daß die Untersuchungsvariable eine *stetige* Verteilung mit der Dichtefunktion $f_{\tilde{x}}(x)$

*) Die Abschnitte 2.2.2. bis 2.2.5. beruhen zu wesentlichen Teilen auf *Schaich, E.*: Zwei mehrschrittige Anpassungsteste. Allgemeines Statistisches Archiv, Wiesbaden, 66 (1982),2, 141-163.

und der Verteilungsfunktion $F_{\tilde{x}}(x)$ hat. Die Dichtefunktion des i-ten Positionsstichprobenwertes $x_{[i]}$, also des i-t-kleinsten Beobachtungswertes in der Stichprobe, ist

$$f_{\tilde{x}_{[i]}}(x_{[i]}) = \frac{n!}{(i-1)!(n-i)!} \left[F_{\tilde{x}}(x_{[i]})\right]^{i-1} f_{\tilde{x}}(x_{[i]}) \left[1-F_{\tilde{x}}(x_{[i]})\right]^{n-i}$$

(vgl. *Gibbons* (1971, S. 27-28)). Ist $f_{\tilde{x}}(x)$ die Rechtecksverteilung über dem Intervall (0;1), so ergibt sich speziell

$$f_{\tilde{x}_{[i]}}(x_{[i]}) = \begin{cases} \frac{n!}{(i-1)!(n-i)!} x_{[i]}^{i-1}(1-x_{[i]})^{n-i} & \text{für } 0 < x_{[i]} < 1 \\ 0 \text{ sonst} & \end{cases}$$

also die Dichtefunktion der *Betaverteilung* mit Parametern i und n-i+1. Dieser letztere speziellere Befund hat eine Bedeutung, welche keineswegs speziell auf den Fall einer Rechtecksverteilung beschränkt ist: Hat die stetige Zufallsvariable $\tilde{x}$ die Verteilungsfunktion $F_{\tilde{x}}(x)$, so ist die transformierte Zufallsvariable $\tilde{y} = F_{\tilde{x}}(x)$ über dem Intervall (0;1) rechtecksverteilt (vgl. z.B. *Gibbons* (1971), S. 23). Deshalb ist $\tilde{y}_i = F_{\tilde{x}}(x_{[i]})$ betaverteilt. Realisiert man also eine stetige Zufallsvariable n-mal unabhängig, dann ist der dem (i-1)-t-kleinsten Beobachtungswert zugeordnete Wert $\tilde{y}_i$ der Verteilungsfunktion betaverteilt mit expliziten Parametern i und n-i+1.

Mit diesen Überlegungen kann man eine Hypothese H_0: $F_{\tilde{x}}(x) = F_0(x)$ über eine *stetige Verteilung einer Variablen mit voller Parameterspezifikation* wie folgt prüfen: Man legt ein bestimmtes i *autonom* fest als Rangnummer, deren Positionsstichprobenwert zur Prüfung eingesetzt werden soll. Vom in der Stichprobe vorgefundenen Wert $x_{[i]}$ geht man zu $y_{0,i} = F_0(x_{[i]})$ über, also zum Wert der behaupteten Verteilungsfunktion an der Stelle $x_{[i]}$. Man lehnt die Verteilungshypothese H_0 beim Signifikanzniveau α ab, wenn

$$y_{o,i} < \beta(\alpha/2|i;n-i+1) \quad \text{oder} \quad y_{o,i} > \beta(1-\alpha/2|i;n-i+1)$$

resultiert. Sonst wird H_o beibehalten. Dabei ist $\beta(p|a;b)$ das p-Quantil der Betaverteilung mit Parametern (a;b). Die für diesen Test benötigten Quantile von Betaverteilungen können Tabellen entnommen werden, etwa *Pearson* (1956), *Harter* (1964), S. 163-245, oder *Pearson* und *Hartley* I (1976[3]), S. 150-167. Eine gekürzte Tabelle zur Klasse der Betaverteilungen ist *Tabelle X*. Die Verteilungshypothese wird bei diesem Test, der bei *Schaich* (1982) als *OS-Test* bezeichnet wird, durch die autonome Festlegung der Ordnungsnummer i auf eine enge Teilaussage reduziert. In den Anwendungen fällt es oft extrem schwer, eine sachliche Begründung für die autonome Auswahl eines bestimmten Wertes i zu finden. Daher liegt die Versuchung besonders nahe, diesen Test für alle i durchzuführen. Die Kombination von OS-Testen für *alle* Positionswerte in einer Stichprobe ist jedoch grundlegenden theoretischen Einwänden ausgesetzt, auf welche in Abschnitt 2.2.4. eingegangen wird.

Beispiel 2.-6

Von einer stetigen Variablen liegen die n = 8 (geordneten) Beobachtungswerte 0,3; 0,8; 0,9; 1,5; 1,6; 2,5; 4,5; 6,3 vor. Mit Hilfe des fünftkleinsten Beobachtungswertes 1,6 soll beim Signifikanzniveau $\alpha = 0{,}05$ die Hypothese geprüft werden, die Variable sei exponentialverteilt mit explizitem Parameter $\lambda = 2$, habe also die Verteilungsfunktion

$$F_o(x) = \begin{cases} 1 - e^{-2x} & \text{für } x > 0 \\ 0 & \text{sonst} \end{cases} .$$

Zunächst ist

$$y_{o,5} = F_o(x_{[5]}) = 1 - e^{-2\cdot 1{,}6} \approx 0{,}9592 .$$

Man entnimmt Tabelle X die Werte $\beta(0{,}025|5;4) \approx 0{,}24$ und

$\beta(0{,}975|5;4) \approx 0{,}84$. Wegen $y_{0,5} > \beta(0{,}975|5;4)$ ist H_o beim Signifikanzniveau 0,05 abzulehnen.

2.2.3. Prüfung von Verteilungshypothesen mit Hilfe von Binomialtesten

Nun wird davon ausgegangen, daß, wie in Abschnitt 2.2.2., eine voll spezifizierte Verteilungshypothese H_o: $F_{\tilde{x}}(x) = F_o(x)$ zu prüfen ist, jedoch der Stichprobenbefund in Form einer *klassierten Häufigkeitsverteilung* vorliegt. Es sei, wie in Abschnitt 2.2.1., n_j die absolute Häufigkeit in der j-ten Klasse (j = 1,...,m) sowie

$$N_j = \sum_{\nu=1}^{j} n_\nu.$$

die kumulierte absolute Häufigkeit, die zur Obergrenze x_j^o der j-ten Klasse gehört. Die Klassenbildung sei autonom vorgegeben. Wie beim OS-Test reduziert man die Verteilungshypothese, und zwar in diesem Falle auf die Behauptung: x_j^o ist das Quantil der Ordnung $\theta_{o,j} = F_o(x_j^o)$ der behaupteten Verteilung, also der Variablenwert, bei welchem die Verteilungsfunktion den Wert $\theta_{o,j}$ aufweist. Dabei ist j autonom festzulegen.

Bei Gültigkeit von H_o ist die Zufallsvariable $\tilde{N}_j$ binomialverteilt mit Parametern n und $\theta_{o,j}$. Nach bekannten Verfahrensweisen, die auf die Binomialverteilung zurückführen und daher oft als *Binomialteste* bezeichnet werden, kann die Verteilungshypothese folgendermaßen geprüft werden: H_o wird abgelehnt, wenn

$$B(N_j|n;F_o(x_j^o)) < \alpha/2 \quad \text{oder} \quad B(N_j|n;F_o(x_j^o)) > 1-\alpha/2$$

ist. Dabei bezeichnet $B(x|n;\theta)$ den Wert der Verteilungsfunktion der Binomialverteilung mit Parametern n und θ an der Stelle x. Bei dieser Verfahrensweise bildet das Prinzip des konservativen Testens (vgl. Abschnitt 1.11.1.) die Grundlage. Etwas anders wäre die Prüfvorschrift zu formulieren, falls man beabsichtigt, eine Adjustierung des Signifikanzniveaus oder eine Randomisierung durchzuführen.

Unter gewissen in den Anwendungen häufig gegebenen Voraussetzungen kann man von der Möglichkeit der Normalapproximation der Prüfverteilung Gebrauch machen. Eine oft genannte Bedingung für diese Approximationsmöglichkeit ist, formuliert für den vorliegenden Sachzusammenhang,

$$n \geq \frac{9}{\theta_{o,j}(1-\theta_{o,j})} \quad .$$

Beim Einsatz dieser Approximation kann man das Prüfverfahren, das bei *Schaich* (1982) als *Q-Test* bezeichnet wird, wie folgt durchführen: Ergibt sich

$$N_j < n\theta_{o,j} - 0{,}5 - z(1-\alpha/2)\cdot\sqrt{n\theta_{o,j}(1-\theta_{o,j})}$$

oder

$$N_j > n\theta_{o,j} + 0{,}5 + z(1-\alpha/2)\cdot\sqrt{n\theta_{o,j}(1-\theta_{o,j})} \;,$$

dann wird H_o beim Signifikanzniveau α abgelehnt.

Eine autonome Festlegung eines bestimmten Wertes j und damit einer bestimmten Klassenobergrenze x_j^o verursacht in den Anwendungen ähnliche Schwierigkeiten wie die autonome Auswahl eines bestimmten Wertes i in Abschnitt 2.2.2. Eine Kombination von Q-Testen für alle Klassenobergrenzen ist jedoch, wie in Abschnitt 2.2.5. deutlich werden wird, nicht statthaft.

<u>Beispiel 2.-7</u>

Eine Zufallsstichprobe vom Umfang n = 200 lieferte eine klassierte Häufigkeitsverteilung, die in Tabelle 2.-2 verzeichnet ist. Zu prüfen ist beim Signifikanzniveau α = 0,05 die Hypothese, die Variable sei normalverteilt nach $N(400;200^2)$. Dabei sei die Obergrenze der Klasse 5 heranzuziehen.

Klasse	j	n_j	N_j
bis 200	1	20	20
über 200 bis 300	2	28	48
über 300 bis 400	3	33	81
über 400 bis 450	4	38	119
über 450 bis 500	5	43	162
über 500 bis 600	6	14	176
über 600 bis 700	7	12	188
über 700	8	12	200

Tabelle 2.-2

Hier ist

$\theta_{0,5} = F_o(x_5^\sigma) = \Phi_{\tilde{x}}(500|400;200^2)$

$= \Phi_{\tilde{z}}(0,5) = 0,6915.$

Da

$$n = 200 > \frac{9}{0,6915 \cdot 0,3085} \approx 42$$

gilt, ist die Möglichkeit des Einsatzes der Normalapproximation der hier eigentlich heranzuziehenden Binomialverteilung mit Parametern 200 und 0,6915 bequem gegeben.

Wegen

$$N_5 = 162 > 200 \cdot 0,6915 + 0,5 + 1.96 \cdot \sqrt{200 \cdot 0,6915 \cdot 0,3085}$$
$$\approx 138,30 + 0,5 + 1,96 \cdot 6,53 \approx 151,60$$

ist H_o beim Signifikanzniveau $\alpha = 0,05$ abzulehnen.

2.2.4. Mehrschrittige Prüfung von Verteilungshypothesen mit Hilfe von Positionsstichprobenfunktionen

Der in Abschnitt 2.2.2. behandelte OS-Anpassungstest auf der Grundlage der Theorie der Positionsstichprobenfunktionen wird häufig zu einer *OS-Testprozedur* erweitert, die folgendermaßen charakterisiert werden kann: Man prüft die Verteilungshypothese $H_o: F_{\tilde{x}}(x) = F_o(x)$ anhand *sämtlicher* geordneter Beobachtungswerte $x_{[i]}$ mit Hilfe des jeweils zugehörigen Wertes $F_o(x_{[i]})$ der behaupteten Verteilungsfunktion und der jeweils zu verwendenden Betaverteilung mit Parametern i und n-i+1 als Prüfverteilung und legt jeweils das Signifikanzniveau α zugrunde. Gibt es unter den n Werten $F_o(x_{[i]})$ *einen kritischen Wert*, dann wird H_o abgelehnt. Diese Testprozedur geht beispielsweise in den *Auswertungsblock für Gaußisch (normal) verteilte Werte nach Rempel-Paßmann* des *Ausschusses für wirtschaftliche Fertigung e.V.* ein, der den Spezialfall der Normalitätsprüfung betrifft. Sie wird auch bei *Klein* (1954) und *Henning* und *Wartmann* (1957;1958) diskutiert.

Wie bei *Schaich* (1982), S. 145, im einzelnen gezeigt wird, ist diese OS-Testprozedur insoferne methodisch nicht korrekt, als eigentlich ein *simultanes Testproblem* vorliegt, bei welchem nicht die Nullverteilungen der einzelnen eindimensionalen Prüfvariablen $F_o(\tilde{x}_{[i]})$ gesondert zu verwerten sind, sondern deren *verbundene* Verteilung zu beachten ist. Daher bleibt auch das Signifikanzniveau α^* der OS-Testprozedur insgesamt unbekannt. Es kann zwar durch

$$\alpha \leqq \alpha^* \leqq \min\,(n\cdot\alpha;1)$$

eingegrenzt werden. Doch ist zu befürchten, daß es im Einzelfall sehr viel größer als α ist. Die Wahrscheinlichkeit eines Fehler erster Art bleibt also bei dieser Prozedur außerhalb der Kontrolle des Anwenders.

Indessen besteht die Möglichkeit, einen korrekten mehrschrittigen Test zur Prüfung einer voll spezifizierten Verteilungshypothese über eine stetige Zufallsvariable anzuwenden. Dabei liegt folgender Gedanke zugrunde: Von der behaupteten Verteilung $F_o(x)$ wird in einem mehrschrittigen Verfahren jeweils zu einer *kupierten* behaupteten Verteilung übergegangen. Diese sukzessive kupierten Verteilungen werden sukzessive mit Hilfe einer jeweiligen Prüfvariablen geprüft. Die Stellen, an denen kupiert wird, sind die in der Stichprobe vorgekommenen Positionsstichprobenwerte $x_{[i]}$.

Als Prüfvariable fungiert beim i-ten Schritt die Zufallsvariable $\tilde{y}_{o,i} = F_o(\tilde{x}_{[i]})$, also der Wert der behaupteten Verteilung beim i-ten Positionsstichprobenwert. Für i = 1 wird deren unbedingte Verteilung, für i = 2,...,n deren *bedingte* Verteilung bei gegebenem Positionswert $x_{[i-1]}$ herangezogen. Einzelheiten zur theoretischen Grundlegung findet man bei *Schaich* (1982), S. 146-151. Die Durchführung dieses mehrschrittigen Testes macht erforderlich, daß der Anwender für jedes i einen Wert $\alpha_i (i = 1,...,n)$, also eine Art Teil-Signifikanzniveau, festlegt derart, daß sich das von ihm fixierte Signifikanzniveau α^* aus

$$\alpha^* = 1 - \prod_{i=1}^{n} (1-\alpha_i)$$

ergibt. Er hat damit in einem bestimmten Sinne die Möglichkeit, den Test in verschiedenen Wertebereichen der Untersuchungsvariablen *verschieden sensitiv* in bezug auf einen α-Fehler, also eine fälschliche Ablehnung der Nullhypothese, zu gestalten. Allerdings mag er durch diese Möglichkeit häufig überfordert werden. Im Zweifel liegt es nahe, von einem vorgegebenen Signifikanzniveau α^* auszugehen, also

$$\alpha_i = 1 - \sqrt[n]{1-\alpha^*}$$

zu setzen.

Die Prüfvorschrift für diesen *mehrschrittigen OS-Test* lautet, wenn man $y_{o,o} = 0$ setzt, wie folgt: Man berechnet sukzessive, beginnend mit i = 1, die Grenzen

$$g_{ui} = 1 - (1-y_{o,i-1}) \sqrt[n-i+1]{1-\frac{\alpha_i}{2}}$$

und

$$g_{oi} = 1 - (1-y_{o,i-1}) \sqrt[n-i+1]{\frac{\alpha_i}{2}}$$

des jeweiligen Ablehnungsbereiches bezüglich der jeweiligen Prüfvariablen $y_{o,i}$. Findet man ein i mit $y_{o,i} < g_{ui}$ oder $y_{o,i} > g_{oi}$, dann ist die Verteilungshypothese $H_o: F_{\tilde{x}}(x) = F_o(x)$ beim Signifikanzniveau α^* abzulehnen.

Beispiel 2.-8

i	$x_{[i]}$	$\frac{x_{[i]}-20}{5}$	$y_{o,i}$	g_{ui}	g_{oi}
1	11,3	-1,74	0,0409	0,0013	0,2832
2	12,1	-1,58	0,0571	0,0410	0,3245
3	17,2	-0,56	0,2877	0,0572	0,3487
4	17,9	-0,42	0,3372	0,2878	0,5186
5	19,0	-0,20	0,4207	0,3373	0,5629
6	19,2	-0,16	0,4364	0,4207	0,6284
7	20,5	+0,10	0,5398	0,4364	0,6498
8	21,4	0,28	0,6103	0,5398	0,7243
9	21,5	0,30	0,6179	0,6103	0,7763
10	21,7	0,34	0,6331	0,6179	0,7914
11	21,9	0,38	0,6480	0,6331	0,8115
12	22,2	0,44	0,6700	0,6480	0,8321
13	22,3	0,46	0,6772	0,6701	0,8565
14	27,8	1,56	0,9406	0,6772	0,8753
15	29,5	1,90	0,9713		
16	32,5	2,50	0,9938		
17	33,1	2,62	0,9956		
18	33,5	2,70	0,9965		
19	35,0	3,00	0,9987		
20	36,0	3,20	0,9993		

Tabelle 2.-3

Von einer Variablen $\tilde{x}$ liegen die n=20 Beobachtungswerte vor, welche in der zweiten Spalte von Tabelle 2.-3 angegeben sind. Zu prüfen ist die Hypothese H_o: $\tilde{x}$ ist verteilt nach $N(20;5^2)$. Das Signifikanzniveau soll bei $\alpha_1 = \ldots = \alpha_{20}$ insgesamt mit $\alpha^* = 0{,}05$ bemessen werden.
Man ermittelt zunächst $\alpha_i = 1 - \sqrt[20]{0{,}95} \approx 0{,}002561$; die Testdurchführung wird in Tabelle 2.-3 skizziert. Bei i = 14 wird ersichtlich, daß H_o beim Signifikanzniveau $\alpha^* = 0{,}05$ abzulehnen ist.

2.2.5. Mehrschrittige Prüfung von Verteilungshypothesen mit Hilfe von kumulierten Häufigkeiten

Auch der in Abschnitt 2.2.3. behandelte Q-Anpassungstest wird häufig zu einer *Q-Testprozedur* erweitert, die wie folgt vonstatten geht: Man prüft die Verteilungshypothese $H_o: F_{\tilde{x}}(x) = F_o(x)$ anhand *sämtlicher* - mit Ausnahme gegebenenfalls der letzten - kumulierter Klassenhäufigkeiten N_j, die zu den Klassenobergrenzen x_j^o gehören. Die Werte N_j werden also jeweils über einen Binomialtest mit den Werten $n\theta_{o,j} = nF_o(x_j^o)$, die bei Gültigkeit von H_o zu erwarten sind, verglichen. Dabei wird für jedes j das Signifikanzniveau α zugrundegelegt und, wenn möglich, die Normalapproximation der eigentlich heranzuziehenden Binomialverteilung eingesetzt. Die Entscheidung wird analog zum Vorgehen in Abschnitt 2.2.4. folgendermaßen geregelt: *Gibt es* unter den m bzw.

m-1 kumulierten Häufigkeiten N_j *einen kritischen Wert*, dann wird H_o abgelehnt. Diese *Q-Testprozedur* ist wiederum im *Auswertungsblock für Gaußisch (normal) verteilte Werte nach Rempel-Paßmann* des *Ausschusses für wirtschaftliche Fertigung e.V.* für den Spezialfall der Normalitätsprüfung enthalten und wird auch bei *Stange* (1970), S. 226, für diesen Spezialfall ausführlich erörtert. Die Bedenken, die gegen diese Q-Testprozedur geltend zu machen sind, entsprechen den in Abschnitt 2.2.4. formulierten Einwänden gegen die OS-Prozedur: Das Signifikanzniveau der Gesamtprozedur bleibt unkontrolliert.

Auch in diesem Fall kann ein korrekter mehrschrittiger Q-Test eingesetzt werden. Er ist im einzelnen bei *Schaich* (1982), S. 151-154, hergeleitet. Prüfvariablen sind die jeweiligen Klassenhäufigkeiten $\tilde{n}_j$. Dabei wird die Tatsache verwertet, daß die Zufallsvariablen $\tilde{n}_j$ (j = 2,...,m-1) unter H_o: $F_{\tilde{x}}(x) = F_o(x)$ bei Kenntnis der Häufigkeiten $n_1,\dots,n_{j-1}$ jeweils bestimmte (bedingte) Binomialverteilungen haben. Zusätzlich wird beachtet, daß die erste Zufallsvariable $\tilde{n}_1$ unter H_o binomialverteilt ist mit Paramtern n und $\theta_{o,1} = F_o(x_1^o)$. Analog ist es auch hier nötig, daß der Anwender für jedes j einen Wert α_j (j = 1,...,m bzw. j = 1,...,m-1) derart festlegt, daß sich das von ihm fixierte Signifikanzniveau α^* aus

$$\alpha^* = 1 - \prod_j (1-\alpha_j)$$

ergibt. In der Regel wird man wieder

$$\alpha_j = 1 - \sqrt[m]{1-\alpha^*}$$

bzw.

$$\alpha_j = 1 - \sqrt[m-1]{1-\alpha^*}$$

setzen, also von gleichen Werten α_j ausgehen.

Die Prüfvorschrift für diesen *mehrschrittigen Q-Test* lautet, wenn man zusätzlich $N_o = 0$ und $\theta_{o,o} = 0$ setzt, wie folgt: Man berechnet sukzessive, beginnend mit j = 1, die Werte

$$B(n_j | n-N_{j-1}; \theta^*_{o,j})$$

der Binomialverteilungen mit den Parametern

$$n-N_{j-1} = \sum_{\nu=j}^{m} n_\nu$$

und

$$\theta^*_{o,j} = \frac{\theta_{o,j} - \theta_{o,j-1}}{1 - \theta_{o,j-1}} ,$$

die hier jeweils als Prüfverteilungen fungieren. Resultiert für irgendein j

$$B(n_j | n-N_{j-1}; \theta^*_{o,j}) < \alpha_i/2 \quad \text{oder} \quad B(n_j | n-N_{j-1}; \theta^*_{o,j}) > 1-\alpha_i/2,$$

dann ist $H_o: F_{\tilde{x}}(x) = F_o(x)$ abzulehnen. Hierbei ist wiederum (vgl. Abschnitt 2.2.3.) das Prinzip des konservativen Testens zugrundegelegt.

Man wird auch hier nach Möglichkeit bei allen Schritten mit der Normalapproximation der Binomialverteilung arbeiten. Ist sie beim j-ten Schritt zulässig, weil

$$n - N_{j-1} \geq \frac{9}{\theta^*_{o,j} \cdot (1 - \theta^*_{o,j})}$$

gilt, dann ist jeweils zu überprüfen, ob

$$n_j < g_{uj} = (n-N_{j-1})\theta^*_{o,j} - 0,5 - z(1-\alpha_j/2)\sqrt{(n-N_{j-1})\theta^*_{o,j}(1-\theta^*_{o,j})}$$

oder

$$n_j > g_{oj} = (n-N_{j-1})\theta^*_{o,j} + 0,5 + z(1-\alpha_j/2)\sqrt{(n-N_{j-1})\theta^*_{o,j}(1-\theta^*_{o,j})}$$

gilt. Gibt es ein j mit $n_j < g_{uj}$ oder $n_j > g_{oj}$, dann ist H_o beim Signifikanzniveau α^* abzulehnen.

<u>Beispiel 2.-9</u>

Von einer Variablen liegen n = 400 unabhängige Realisierungen vor, welche in Form einer Häufigkeitsverteilung mit m = 8 Klassen in Tabelle 2.-4 verzeichnet sind. Zu prüfen ist die Hypothese H_o:$\tilde{x}$ ist stetig rechtecksverteilt im Intervall 20,0 bis 36,0. Das Signifikanzniveau soll bei $\alpha_1 = \ldots = \alpha_7$ insgesamt mit $\alpha^* = 0{,}10$ angesetzt werden.

j	x_j^o	n_j	$n-N_{j-1}$	$\theta_{o,1}$	$\theta^*_{o,j}$	g_{uj}	g_{oj}
1	22,0	41	400	0,125	0,1250	35,1	64,9
2	24,0	58	359	0,250	0,1429	36,4	66,2
3	26,0	67	301	0,375	0,1667	35,6	64,7
4	28,0	61	234	0,500	0,2000		
5	30,0	56	173	0,625	0,2500		
6	32,0	52	117	0,750	0,3333		
7	34,0	36	65	0,875	0,5000		
8	36,0	29	29	1,000	-		

Tabelle 2.-4

Man ermittelt hier

$$\alpha_j = 1 - \sqrt[7]{0{,}90} \approx 0{,}0149;$$

die Testdurchführung ist in Tabelle 2.-4 skizziert. Bei j = 3 wird ersichtlich, daß H_o abzulehnen ist.

2.2.6. <u>Der *Kolmogorov-Smirnov*-Ein-Stichproben-Test</u>

Man geht erneut von einer voll spezifizierten Verteilungshypothese $H_o:F_{\tilde{x}}(x) = F_o(x)$ aus, die sich auf eine stetige Zufallsvariable $\tilde{x}$ bezieht. Der Stichprobenbefund bestehe aus n Urwerten, welche in die relativierte Summenfunktion $s_n^*(x)$ eingebracht werden, die bereits in Abschnitt 2.2.1. angegeben wurde. Beim *Kolmogorov-Smirnov-Test* werden die Divergenzen zwischen den Funktionen $F_o(x)$ und $s_n^*(x)$ über die Prüfvariable

$$\tilde{d}_n = \sup_x |F_o(x) - \tilde{s}_n^*(x)|$$

erfaßt und für die Prüfung von H_o ausgewertet. Die Prüfvariable ist die *größte (supremale)* vorkommende, ohne Berücksichtigung des Vorzeichens gemessene *Ordinatendifferenz*, wenn man empirische relative Summenkurve und Verteilungskurve gemäß H_o in ein Diagramm einzeichnet. Die Ausprägung d_n dieser Zufallsvariablen wird für einen Spezialfall, bei welchem $F_o(x)$ die Verteilungsfunktion der Rechtecksverteilung im Intervall (0;1) ist und die relativierte Summenfunktion aus n = 10 Urwerten gewonnen wurde, in Figur 2.-8 veranschaulicht.

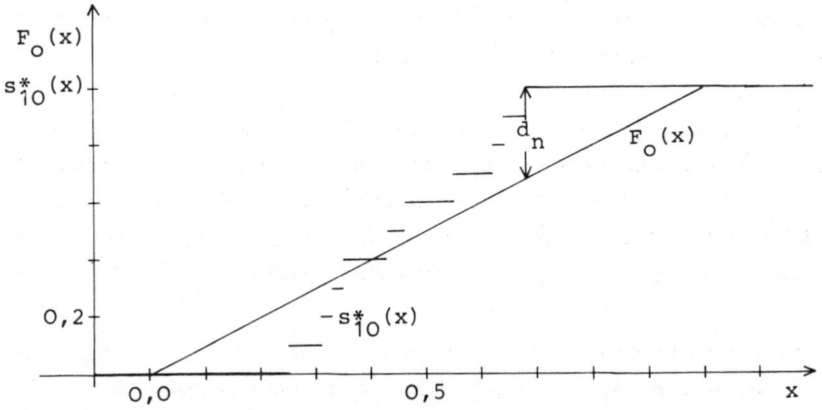

Figur 2.-8

Es ist anschaulich klar, daß H_o dann abzulehnen ist, wenn d_n einen besonders großen Wert aufweist. Kennt man die Nullverteilung der Prüfvariablen $\tilde{d}_n$, so bieten sich alternativ zwei Verfahren der technischen Testdurchführung an, bei welchen jeweils das $(1-\alpha)$-Quantil $d_n(1-\alpha)$ der Prüfverteilung verwertet wird:

1. Man legt um die Null-Verteilungskurve $F_o(x)$ einen "Streifen" mit der vertikalen Ausdehnung $2 \cdot d_n(1-\alpha)$, der also durch die Kurven

$$F_o(x) + d_n(1-\alpha) \text{ und } F_o(x) - d_n(1-\alpha)$$

begrenzt wird; verläßt die empirische relative Summenkurve irgendwo diesen Streifen, ist H_o beim Signifikanzniveau α abzulehnen.

2. Man legt um die empirische relative Summenkurve einen solchen Streifen, der dann durch die Kurven

$$s_n^*(x) + d_n(1-\alpha) \quad \text{und} \quad s_n^*(x) - d_n(1-\alpha)$$

begrenzt ist; verläßt die behauptete Verteilungskurve irgendwo diesen Streifen, ist H_o beim Signifikanzniveau α abzulehnen.

Man überlegt leicht, daß d_n immer unmittelbar vor oder an einer der Stellen $x_{[i]}$ realisiert wird, also unmittelbar vor oder bei einem Beobachtungswert, der wirklich vorgekommen ist. Zu beachten ist, daß hier die Werte $s_n^*(x)$, insbesondere also die $s_n^*(x_{[i]})$, den Werten $F_o(x)$, insbesondere den jeweiligen $F_o(x_{[i]})$, gegenübergestellt werden. Bei der Prüfung von Verteilungshypothesen auf der Grundlage der Theorie der Positionsstichprobenfunktionen (vgl. Abschnitte 2.2.2. und 2.2.4.) werden hingegen die $F_o(x_{[i]})$ den $\alpha/2$- und $(1-\alpha/2)$- Quantilen der (unbedingten bzw. bedingten) Nullverteilungen *dieser Werte selbst* gegenüberstellt.

Eine Herleitung der Nullverteilung von $\tilde{d}_n$ muß hier entfallen. Diese Nullverteilung ist bei gegebenem n dieselbe, gleichgültig, welche behauptete Verteilungsfunktion vorliegt. Man beweist dies vorab und kann dann die Nullverteilung von $\tilde{d}_n$ für eine besonders bequeme Verteilung $F_o(x)$, etwa die Rechtecksverteilung im Intervall (O;1), ermitteln. Der Beweisgang ist etwa bei *van der Waerden* (1971[3]), S. 67-71, oder bei *Gibbons* (1971), S. 75-83, zu finden.

Die Nullverteilung von d_n ist eine *stetige* Verteilung. Geeignete Quantile dieser Verteilung sind für gängige niedrige Stichprobenumfänge in *Tabelle XI* ausgewiesen, welche dem Tabellenband von *Owen* (1962), S. 424, entnommen wurde. Dabei sind die üblichen Werte des Signifikanzniveaus α berücksichtigt. Angegeben ist also in Tabelle XI das $(1-\alpha)$-Quantil $d_n(1-\alpha)$ der Nullverteilung von $\tilde{d}_n$, dessen *Überschreitung* durch den Stichprobenwert d_n beim Signifikanzniveau α zur Ablehnung von H_o führt. Für große Stichprobenumfänge können Näherungen für die kritischen Werte angegeben werden, welche ebenfalls in Tabelle XI aufgenommen wurden. Sie gehen auf *Kolmogorov* und *Smirnov* zurück, sind beispielsweise bei *Fisz* (1980[10]), S. 459-461, hergeleitet und bei *Conover* (1971), S. 397, angegeben.

In den Anwendungen kommen meist Verteilungshypothesen der bisher in diesem Abschnitt behandelten Form $H_o: F_{\tilde{x}}(x) = F_o(x)$ vor. In Ausnahmefällen ist eine Verteilungshypothese $H_o: F_{\tilde{x}}(x) \leq F_o(x)$ bzw. $H_o: F_{\tilde{x}}(x) \geq F_o(x)$ zu prüfen, welche also besagt, daß die Verteilungsfunktion überall nicht über bzw. überall nicht unter der Funktion $F_o(x)$ liegt; man spricht dann von einem *einseitigen* Anpassungstest. Zu verwenden ist in solchen Fällen die Prüfvariable

$$\tilde{d}_n' = \sup_x (\tilde{s}_n^*(x) - F_o(x))$$

bzw.

$$\tilde{d}_n'' = \sup_x (F_o(x) - \tilde{s}_n^*(x)).$$

H_o ist abzulehnen, wenn d_n' bzw. d_n'' einen bestimmten kritischen Wert überschreitet. Die benötigten kritischen Werte für einen solchen einseitigen Anpassungstest können ebenfalls Tabelle XI entnommen werden.

Der *Kolmogorov-Smirnov*-Ein-Stichproben-Test kann in der geschilderten Weise grundsätzlich auch angewendet werden, wenn die behauptete Verteilung *diskret* ist. Das Verfahren ist dann *konservativ* in dem Sinne, daß das Signifikanzniveau tatsächlich *höchstens so groß* ist wie der verwendete Wert α.

Beispiel 2.-10

Von einer stetigen Variablen liegen die n = 20 geordneten Realisierungen 1,29; 1,51; 2,78; 3,01; 3,12; 3,38; 3,51; 3,81; 3,99; 4,12; 4,21; 4,38; 4,49; 4,62; 4,68; 4,90; 5,01; 5,21; 5,28; 5,71 vor. Zu prüfen ist die Hypothese H_o: Die realisierte Variable ist normalverteilt mit Erwartungswert 5 und Varianz 2^2 beim Signifikanzniveau $\alpha = 0{,}05$. Aus Tabelle XI entnimmt man $d_{20}(1-0{,}05) = 0{,}294$. In Figur 2.-9 sind die behauptete Verteilungsfunktion $\Phi_{\tilde{x}}(x|5;2^2)$ sowie die Funktionen $\Phi_{\tilde{x}}(x|5;2^2) + 0{,}294$ und $\Phi_{\tilde{x}}(x|5;2^2) - 0{,}294$ gezeichnet. Die Funktion $s_{20}^*(x)$ befindet sich bei x = 5,3 deutlich außerhalb des durch die letzteren beiden Funktionen gebildeten Streifens. Also ist H_o abzulehnen.

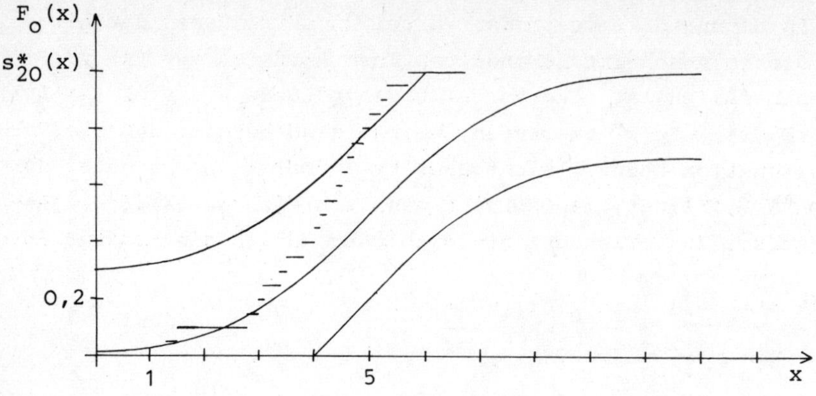

Figur 2.-9

2.2.7. Der χ^2-Ein-Stichproben-Test

Anders als sämtliche bisher behandelte Anpassungsteste zum Ein-Stichproben-Fall müssen beim χ^2-Test weder eine stetige Zufallsvariable noch eine volle Spezifikation der Verteilungshypothese vorausgesetzt werden. Das bedeutet, daß mit diesem Test beispielsweise geprüft werden können:
Die Hypothese, eine bestimmte Folge dreistelliger Zahlen sei eine Folge von Realisierungen einer auf der Zahlenmenge {000;...;999} gleichverteilten *diskreten* Zufallsvariablen; die Hypothese, ein bestimmter Würfel sei echt, die resultierenden Augenzahlen gehorchten also einer *diskreten* Gleichverteilung über den ersten sechs natürlichen Zahlen; die Hypothese, eine Grundgesamtheit sei in fünf Teilgesamtheiten gegliedert, zu denen jeweils bestimmte Anteile (Quoten) gehören; die Hypothese, eine bestimmte Variable sei normalverteilt *mit welchen Parametern auch immer*.

Betrifft die Verteilungshypothese eine stetige Verteilung, dann muß für die Durchführung des χ^2-Tests eine geeignete Klassenbildung vorgenommen werden. In jedem Falle müssen m Kategorien oder Klassen vorliegen, denen - bei voll spezifizierter Verteilungshypothese - gemäß H_o ein Anteil bzw. eine Wahrscheinlichkeit θ_j^o $(j = 1,\ldots,m)$ zukommt. Auf diese m Werte θ_j^o wird gegebenenfalls eine Verteilungshypothese H_o vergröbert.

Ist n der Stichprobenumfang, so sind - bei voll spezifizierter Verteilungshypothese - in der j-ten Kategorie oder Klasse $n\theta_j^o$ Stichprobenelemente zu erwarten. Diesen (nicht notwendigerweise ganzzahligen) *erwarteten* Häufigkeiten stehen die in der Stichprobe *beobachteten* Häufigkeiten n_j gegenüber, welche Ausprägungen von Zufallsvariablen $\tilde{n}_j$ sind. Die beobachteten und die erwarteten Häufigkeiten werden in die Prüfvariable

$$\tilde{v} = \sum_{j=1}^{m} \frac{(\tilde{n}_j - n\theta_j^o)^2}{n\theta_j^o}$$

des χ^2-Testes eingebracht, welche in spezieller Weise die Unterschiede zwischen behaupteter und in der Stichprobe aufgetretener Verteilung erfaßt. Diese Prüfvariable ist unter H_o für $n \to \infty$ asymptotisch χ^2-verteilt mit m-1 Freiheitsgraden. Einen Beweis hierfür findet man etwa bei *Fisz* (1980[10]), S. 508-510, oder bei *Cramér* (1946), S. 417-419. Die Prüfvariable ist nichtnegativ und nimmt einen hohen Wert an, wenn behauptete und aufgetretene Verteilung stark divergieren. Plausibel ist daher, daß H_o abzulehnen ist, wenn $\tilde{v}$ einen zureichend hohen Wert annimmt. In diesem Sinne ist auch der χ^2-Test, wie der *Kolmogorov-Smirnov*-Test, einseitig.

Liegt eine nicht voll spezifizierte Verteilungshypothese vor, werden also nicht alle Parameter der Verteilung durch die Nullhypothese festgelegt, so müssen Schätzungen dieser Parameter erfolgen. Diese Schätzungen werden dann bei der Durchführung des Testes verarbeitet und liefern *geschätzte* Anteile $\hat{\theta}_j^o$ der einzelnen Klassen bei Gültigkeit von H_o. Der Wert der Prüfvariablen hat dann also die Form

$$v^* = \sum_{j=1}^{m} \frac{(n_j - n\hat{\theta}_j^o)^2}{n\hat{\theta}_j^o} \quad .$$

Hierbei ist die Frage zu beantworten, nach welchem Verfahren die Schätzwerte $\hat{\theta}_j^o$ zu gewinnen sind. Nach *Cramér* (1946), S. 424-434, kann festgestellt werden: Werden die $\hat{\theta}_j^o$ nach der *Maximum-Likelihood-Methode* (vgl. z.B. *Schaich, Köhle, Schweitzer* und *Wegner* (1982^2), S. 79-83) *aus den gruppierten Daten* gewonnen, dann ist die Prüfvariable $\tilde{v}*$ unter H_o asymptotisch χ^2-verteilt mit m-1-w Freiheitsgraden; w ist dabei die Anzahl der (unabhängigen) Parameter, die durch H_o nicht festgelegt sind. Dasselbe gilt angenähert dann, wenn die durch H_o nicht fixierten Parameter durch die χ^2-*Minimum-Methode* (vgl. z.B. *Hogg* und *Craig* (1978^4), S. 273-274) geschätzt werden (vgl. *Cramér* (1946), S. 424-426). Sowohl die Anwendung der Maximum-Likelihood-Methode als auch der χ^2-Minimum-Methode führt meist zu erheblichen rechentechnischen Problemen. In den Anwendungen wird daher häufig so verfahren, daß Maximum-Likelihood-Schätzungen *aus ungruppierten Daten* zur Berechnung der $\hat{\theta}_j^o$ verwendet werden. Ist also etwa H_o: die Beobachtungsvariable ist normalverteilt - mit welchen Parametern auch immer - zu prüfen, so werden dem unklassierten Stichprobenbefund Maximum-Likelihood-Schätzungen für den Erwartungswert und die Varianz entnommen. Die erwarteten Häufigkeiten $n\hat{\theta}_j^o$ der einzelnen Klassen werden auf der Grundlage dieser Schätzungen ermittelt. Als Prüfverteilung wird die χ^2-Verteilung mit m-3 Freiheitsgraden herangezogen. In solchen Fällen ist die Prüfvariable $\tilde{v}*$ *nicht* asymptotisch χ^2-verteilt; es gilt

$$W(\tilde{v}* > \chi^2(1-\alpha;m-1-w)) > \alpha$$

(vgl. *Chernoff* und *Lehmann* (1954)). Die geschilderte Verfahrensweise der Praxis ist *antikonservativ* in dem Sinne, daß das Signifikanzniveau tatsächlich immer größer ist als der vorgegebene Wert α; die Wahrscheinlichkeit für einen Fehler 1. Art ist also nicht eigentlich unter Kontrolle.

Für die Anwendung des χ^2-Tests sind folgende Fragen besonders bedeutsam: In welcher Weise muß der Tatsache Rechnung getragen werden, daß die Prüfvariable *nur asymptotisch* χ^2-verteilt ist? Wie sind - insbesondere bei stetigen behaupteten Verteilungen - die *Klassen* für Zwecke des χ^2-Tests *zu bilden*? Ausführliche Erörterungen dieser Problemstellungen findet man bei *Cochran* (1952) sowie *Beier-Küchler* und *Neumann* (1970).

Nach *Cochran* (1952),S. 328-329, kann die Annäherung der nur asymptotisch gültigen χ^2_{m-1}-Verteilung an die faktisch vorhandene Nullverteilung dann als zureichend eingestuft werden, wenn zu einem vorab festgelegten Signifikanzniveau von 0,05 ein faktischer Wert zwischen 0,04 und 0,06 gehört, bzw., wenn zu einem vorab festgelegten Signifikanzniveau von 0,01 ein faktischer Wert zwischen 0,007 und 0,015 gehört. Dies ist natürlich eine subjektive Festlegung.

Betrachtet man den Einsatz des χ^2-Tests für den Fall der Prüfung einer Hypothese über eine *glockenförmige* Verteilung wie etwa der Normalverteilung, dann kommt es hierbei vor allem auf die erwarteten Häufigkeiten in den beiden Randklassen an, welche in der Regel klein sind. Bei einem Signifikanzniveau von 5% darf nach *Cochran eine* der erwarteten Häufigkeiten einen kleinen Wert ab 0,5 aufwärts annehmen; die anderen sollten mindestens 5 betragen. Für ein Signifikanzniveau von 1% gilt dies ebenfalls, allerdings nur, wenn die Anzahl der gebildeten Klassen wenigstens 8 beträgt. Bei einem Signifikanzniveau von 5% dürfen zwei der erwarteten Häufigkeiten einen Wert ab 1 aufwärts haben. *Cochran* stellt überdies fest (1952),S. 329, daß eine Verfahrensweise, sicherheitshalber alle erwarteten Häufigkeiten durch Klassenzusammenlegung mit mindestens 5 oder gar mindestens 10 anzusetzen, nicht sinnvoll ist. Denn dadurch gehen unnötigerweise Chancen verloren, die Verteilungshypothese abzulehnen, weil wesentliche Beiträge zum Wert der Prüfvariablen in der Regel von den Randklassen stammen.

Die Frage der Klassenbildung zerfällt in die Teilfragen der Festlegung einer richtigen Anzahl von Klassen und der richtigen *Abgrenzung* derselben. Beide Teilprobleme müssen unabhängig von einem vorliegenden Stichprobenbefund gelöst werden.

Üblich ist, daß man bei einer Verteilungshypothese eine Anzahl von 10 bis 25 Klassen hat, welche, abgesehen von offenen Randklassen, gleich breit sind. Die Festlegung der Klassen ist dabei natürlich nicht ganz ohne Willkür. In Arbeiten von *Mann* und *Wald* (1942) und *Gumbel* (1943) wird - ohne eigentliche theoretische Begründung - empfohlen, diese so zu situieren, daß ihnen *gleiche*

Wahrscheinlichkeiten und damit auch gleiche erwartete Häufigkeiten zukommen. Dies ist natürlich nur bei voll spezifizierter Verteilungshypothese einzurichten. Hat man also etwa 10 Klassen zu bilden und eine Normalverteilungshypothese zu prüfen, so sind die Dezile $x(0,1);\ldots;x(0,9)$ der behaupteten Normalverteilung als Klassengrenzen zu verwenden.

Von *Mann* und *Wald* wird zur Frage der Festlegung der optimalen Klassenanzahl der Ausdruck

$$m_{opt} = 4\left[\frac{2(n-1)^2}{c^2}\right]^{\frac{1}{5}}$$

angegeben. Dabei wird $n \geq 200$ vorausgesetzt. Das Optimalitätskriterium, das Grundlage dieser Beziehung ist, besteht in der Maximierung der Teststärke in dem Bereich, in welchem diese etwa 0,5 beträgt. Mit c wird das $(1-\alpha)$-Quantil der Standardnormalverteilung bezeichnet. Für ein Signifikanzniveau von $\alpha = 0{,}05$ erhält man mit dieser Formel bei $n = 200$ die Klassenzahl $m = 31$ und den Wert $m = 78$ bei $n = 2000$; die Klassenanzahl wird also bei großem Stichprobenumfang sehr hoch, wenn man diese Beziehung verwertet.

Von *Cochran* (1952) und insbesondere von *Beier-Küchler* und *Neumann* (1970) werden diese Überlegungen in Frage gestellt. Die beiden letzteren Autoren geben hingegen folgende Empfehlung: Bei einem Signifikanzniveau von $\alpha = 0{,}05$ und einer Klasseneinteilung nach dem Prinzip gleicher Wahrscheinlichkeiten ist eine Anzahl von 16 Klassen vorteilhaft; eine zu hohe Klassenanzahl ist nachteilig. Sie zeigen überdies, daß die optimale Klasseneinteilung für den χ^2-Test in der Regel nicht diejenige ist, die auf dem Prinzip der Gleichwahrscheinlichkeit beruht. Allerdings ist die optimale Klassenbildung nur mit Methoden der dynamischen Optimierung zu bestimmen. Für die Anwendungen ist dies in der Regel zu aufwendig.

<u>Beispiel 2.-11</u>

Zu prüfen ist beim Signifikanzniveau $\alpha = 0{,}05$ die Hypothese, eine bestimmte Untersuchungsvariable $\tilde{x}$ sei normalverteilt mit Erwartungswert 200 und Varianz 10^2. Vorab werden $m = 16$ Klassen nach dem Prinzip der gleichen Wahrscheinlichkeiten gebildet;

jeder Klasse soll also eine Wahrscheinlichkeit unter H_o von 0,0625 zukommen; die Klassengrenzen wurden mit Hilfe einer sehr ausführlichen Tabelle von Quantilen der Normalverteilung (vgl. z.B. *Büning* und *Trenkler* (1978), S. 358-360; Tabelle XVII ist für diesen Zweck nicht ausführlich genug) gewonnen; sie sind in der zweiten Nachkommastelle gerundet. Der Befund aus einer Stichprobe vom Umfang n = 200 ist in Tabelle 2.-5 verzeichnet.

Klasse	Häufigkeit n_j
bis 184,66	12
über 184,66 bis 188,50	15
über 188,50 bis 191,13	20
über 191,13 bis 193,26	18
über 193,26 bis 195,11	17
über 195,11 bis 196,81	19
über 196,81 bis 198,43	13
über 198,43 bis 200,00	12
über 200,00 bis 201,57	11
über 201,57 bis 203,19	11
über 203,19 bis 204,89	10
über 204,89 bis 206,74	10
über 206,74 bis 208,87	7
über 208,87 bis 211,50	9
über 211,50 bis 215,34	8
über 215,34	8

Tabelle 2.-5

Man berechnet

$$v = \sum_{j=1}^{16} \frac{(n_j - n\theta_j^o)^2}{n\theta_j^o}$$

$$= \frac{(12-12,5)^2}{12,5} + \ldots + \frac{(8-12,5)^2}{12,5}$$

$$= \frac{256,0}{12,5} = 20,48 .$$

Der Vergleich dieses Wertes mit dem 0,95-Quantil 25,00 der χ^2-Verteilung mit m - 1 = 15 Freiheitsgraden ergibt, daß H_o nicht abzulehnen ist.

2.2.8. Vergleichende Betrachtung der beschriebenen Anpassungsteste

Neben den beschriebenen Anpassungstesten gibt es weitere Verfahren, die jedoch hier nicht erörtert werden. Man vergleiche die Übersicht bei *Pearson* und *Hartley II* (1976), S. 117-123, speziell auch die Übersicht über Normalitätsteste S. 36-40, den Überblick bei *Büning* und *Trenkler* (1978), S. 100-103, und die spezieller ausgerichteten vergleichenden Untersuchungen von *Stephens* (1974) und *Dickmann* (1977).

2.2.8.1. Zunächst werden hier speziell der *Kolmogorov-Smirnov*-Test und der χ^2-Test einander gegenübergestellt. Der Vergleich erfolgt anhand von *anwendungsbezogenen* und von *methodisch-*

theoretischen Kriterien; in der Praxis spielen die anwendungsbezogenen Kriterien die größere Rolle. Spezialuntersuchungen stammen von *Massey* (1951 a), von *Birnbaum* (1952) und von *Goodman* (1954).

Grundsätzlich ist festzustellen, daß der χ^2-Test aufgrund der Konstruktion seiner Prüfvariablen auf Divergenzen zwischen beobachteten und erwarteten *nicht kumulierten* Häufigkeiten reagiert. Hingegen ist die Prüfvariable des *Kolmogorov-Smirnov*-Tests auf *kumulierte* Häufigkeiten ausgerichtet. Vereinfacht ausgedrückt bedeutet dies folgendes: Die χ^2-Prüfvariable erfaßt *lokale* Unterschiede zwischen beobachteten und erwarteten Häufigkeiten; bei der *Kolmogorov-Smirnov*-Prüfvariablen können über die Kumulierung Skontrationen (Aufrechnungen) von sukzessive vorkommenden vergleichsweise niedrigen und vergleichsweise hohen beobachteten Häufigkeiten erfolgen. Im Einzelfall ist natürlich bei Anwendungen schwer zu sagen, welche Perspektive die plausiblere ist.

Bezüglich der erforderlichen Voraussetzungen kann festgestellt werden, daß der *Kolmogorov-Smirnov*-Test, anders als der χ^2-Test, auch bei kleinen Stichprobenumfängen eingesetzt werden kann. Die Konkurrenz der beiden Teste erstreckt sich also zunächst nur auf große Stichproben. Umgekehrt setzt der *Kolmogorov-Smirnov*-Test zunächst eine *stetige* (metrische) Untersuchungsvariable voraus und ist bei ordinal oder nur nominal skalierten Variablen nicht verwendbar. Bei solchen Untersuchungsvariablen kann also nur der χ^2-Test verwendet werden. Allerdings kann man zeigen (vgl. *Noether* (1967), S. 17-18), daß die Anwendung des *Kolmogorov-Smirnov*-Tests in der dargelegten Weise auch bei einer diskreten behaupteten Verteilung möglich ist. Sie wirkt sich *konservativ* in dem Sinne aus, daß das Signifikanzniveau tatsächlich kleiner ist als der verarbeitete Wert α. Für die Verwendung klassierter Daten, welche nur eine Näherung für die relativierte Stichproben-Summenfunktion liefern, kann Ähnliches gesagt werden. Ein Nachteil des *Kolmogorov-Smirnov*-Testes ist wiederum, daß er nur zur Prüfung von Verteilungshypothesen mit voller Spezifikation taugt. Bei Verteilungshypothesen ohne volle Spezifikation muß daher in jedem Falle auf den χ^2-Test zurückgegriffen werden.

Hingegen ermöglicht der *Kolmogorov-Smirnov*-Test auch die Prüfung von einseitigen Verteilungshypothesen der Art

$$H_o: F_{\tilde{x}}(x) \leq F_o(x) \quad \text{oder} \quad H_o: F_{\tilde{x}}(x) \geq F_o(x)$$

(vgl. Abschnitt 2.2.6.), wozu der χ^2-Test nicht in der Lage ist. Im übrigen vermeidet man mit diesem Test auch die Probleme der Klassenbildung sowie der Einrichtung ausreichend hoher erwarteter Häufigkeiten, die bei der Anwendung des χ^2-Tests im Vordergrund stehen und keine ganz eindeutigen Lösungen haben. Andererseits bietet der χ^2-Test auch, anders als der *Kolmogorov-Smirnov*-Test, die Möglichkeit der Prüfung einer Verteilungshypothese über eine *mehrdimensionale* Variable; hierauf wird indessen hier nicht eingegangen.

Bezüglich theoretischer Vergleichskriterien läßt sich sagen, daß beide Teste *konsistent* sind (*Massey* (1950); *Neyman* (1949)); man vergleiche Abschnitt 1.7. Der *Kolmogorov-Smirnov*-Test ist indessen ein *verzerrter* Test im Sinne der Festlegung in Abschnitt 1.7. Eine vergleichende Einschätzung von Teststärken ist bei Anpassungstesten ganz besonders schwierig, weil es auf die tatsächlich vorliegende alternative Verteilung entscheidend ankommt.

2.2.8.2. Bezieht man nun auch den mehrschrittigen OS-Test und den mehrschrittigen Q-Test in die Vergleichsüberlegungen ein, so wird die Situation noch unübersichtlicher. Es liegt nahe (vgl. *Schaich* (1982), S. 156-160), den mehrschrittigen OS-Test in die Nähe des *Kolmogorov-Smirnov*-Testes und den mehrschrittigen Q-Test in die Nähe des χ^2-Testes zu rücken. Denn die beiden ersten Teste sind eher auf kleine, die beiden anderen jeweils auf große Stichproben ausgerichtet. Daher werden im nächsten Schritt der *Kolmogorov-Smirnov*-Test und der mehrschrittige OS-Test miteinander verglichen. Anschließend erfolgt der Vergleich des χ^2-Tests mit dem mehrschrittigen Q-Test.

Es lassen sich leicht Zahlenbeispiele angeben (vgl. *Schaich* (1982), S. 156-159), bei welchen der *Kolmogorov-Smirnov*-Test, anders als der mehrschrittige OS-Test, nicht zur Ablehnung führt.

Grundsätzlich rührt dies daher, daß der *Kolmogorov-Smirnov*-Test auf *kumulierte Häufigkeiten*, der mehrschrittige OS-Test jedoch auf *Abstände zwischen aufeinanderfolgenden Positionsstichprobenwerten* ausgerichtet ist. Ein sehr großer Abstand zwischen zwei aufeinanderfolgenden Stichprobenwerten $x_{[i]}$ und $x_{[i+1]}$ führt beim mehrschrittigen OS-Test zur Ablehnung von H_o, gleichgültig, welche Positionswerte vorausgegangen sind. Beim *Kolmogorov-Smirnov*-Test wirken sich diese Werte hingegen aus. Bewirkt die Gestalt der empirischen relativierten Summenfunktion bis zum Wert $x_{[i]}$ nicht die Ablehnung durch den *Kolmogorov-Smirnov*-Test und hat diese in $x_{[i]}$, verglichen mit $F_o(x_{[i]})$, ein nicht zu hohes Ordinatenniveau, dann bewirkt auch ein extrem kleiner Abstand zwischen $x_{[i]}$ und $x_{[i+1]}$ kaum die Ablehnung durch diesen letzteren Test. Dies wird wieder durch die Kumulierung bewirkt. Dagegen kann der mehrschrittige OS-Test bei entsprechenden Zahlenverhältnissen sehr wohl zur Ablehnung führen.

In den Figuren 2.-10 und 2.-11 sind ohne volle numerische Konkretisierung zwei Testsituationen durch die gemäß H_o behauptete Verteilung (eine Normalverteilung bzw. eine Rechtecksverteilung), den durch die *Kolmogorov-Smirnov*-Prüfvariable bestimmten Nichtablehnungsbereich um die behauptete Verteilungsfunktion (durch gestrichelte Kurven gekennzeichnet) und die empirische relativierte Summenfunktion (jeweils n = 16) veranschaulicht. Die in Figur 2.-10 erkennbare extrem große Entfernung zwischen dem zwölften und dem 13. Positionswert führt zur Ablehnung von H_o bei Einsatz des OS-Tests, nicht jedoch bei Verwendung des *Kolmogorov-Smirnov*-Tests. In Figur 2.-11 ist eine extrem niedrige Entfernung zwischen dem achten und dem neunten Positionswert zu erkennen. Sie bewirkt ebenfalls Ablehnung von H_o bei Verwendung des OS-Tests und Nichtablehnung bei Verwendung des *Kolmogorov-Smirnov*-Tests.

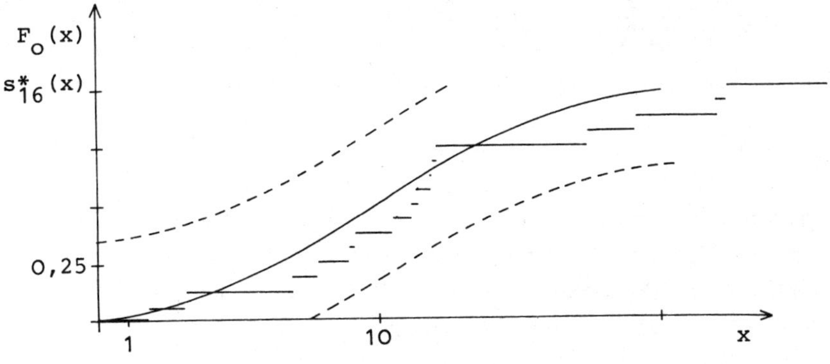

Figur 2.-10

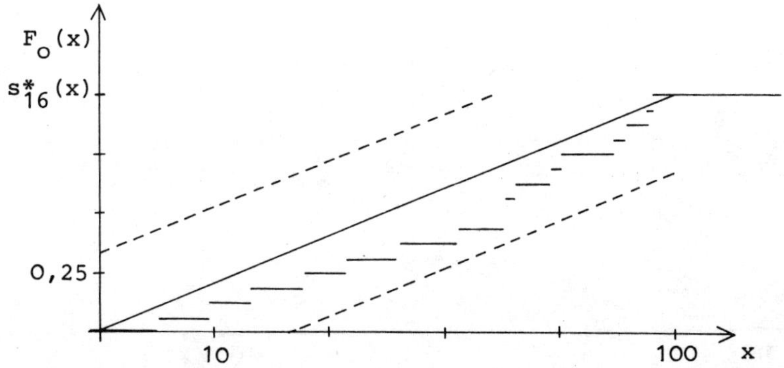

Figur 2.-11

Sind die ersten Positionsstichprobenwerte $x_{[1]},\ldots,x_{[i]}$, verglichen mit $F_o(x)$, relativ hoch und weisen auch hohe Abstände auf, dann mag der *Kolmogorov-Smirnov*-Test an der Stelle $x_{[i]}$ die Ablehnung von H_o ergeben, da $s^*_n(x_{[i]})$ sehr viel kleiner als $F_o(x_{[i]})$ ausfällt. Der mehrschrittige OS-Test braucht hingegen nicht zur Verwerfung zu führen, weil die Abstände zwischen den einzelnen Positionswerten allein jeweils nicht allzu extrem sein mögen und eine Kumulierung nicht stattfindet. Sind die ersten Positionsstichprobenwerte $x_{[1]},\ldots,x_{[i]}$, verglichen mit $F_o(x)$, vergleichsweise niedrig und weisen sie auch relativ kleine Abstände auf, dann kann ebenfalls der *Kolmogorov-Smirnov*-

Test an einer Abszissenstelle $x_{[i]}$ die Ablehnung von H_o ergeben, weil $s_n^*(x_{[i]})$ sehr viel größer als $F_o(x_{[i]})$ ausfällt. Der mehrschrittige OS-Test braucht hingegen nicht zur Verwerfung zu führen, weil die Abstände zwischen den einzelnen Positionswerten zwar klein, aber nicht extrem klein sein mögen.

In den Figuren 2.-12 und 2.-13 sind zwei Testsituationen ohne volle numerische Konkretisierung veranschaulicht, bei welchen jeweils der *Kolmogorov-Smirnov*-Test, nicht jedoch der mehrschrittige OS-Test, zur Ablehnung führt.

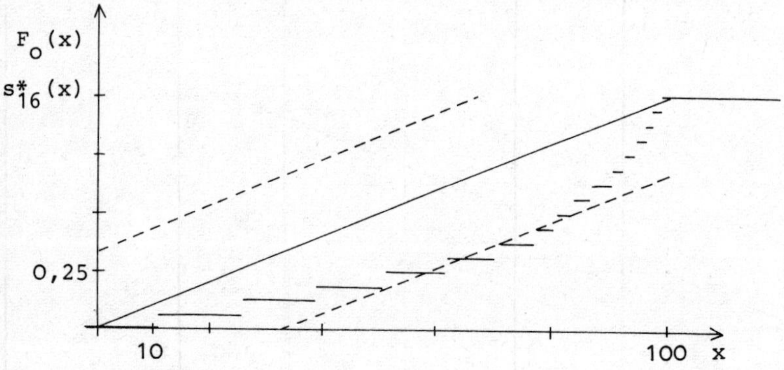

Figur 2.-12

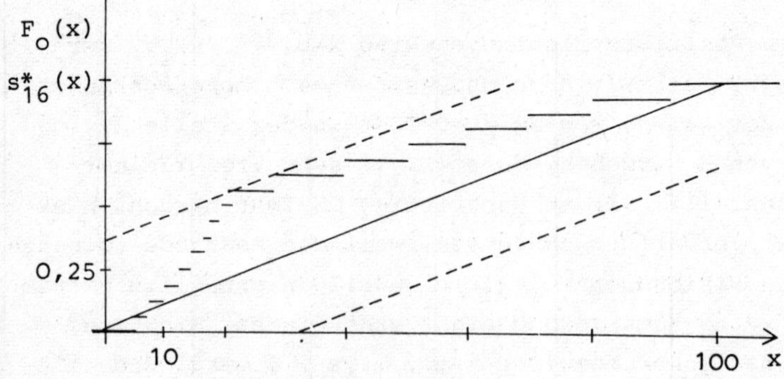

Figur 2.-13

Einzelheiten zu den hier skizzierten Beispielen findet man in der bereits zitierten Arbeit von *Schaich* (1982). Die vergleichenden Überlegungen zum mehrschrittigen OS-Test und zum *Kolmogorov-Smirnov*-Test lassen folgende vorläufige Feststellung zu: Der mehrschrittige OS-Test ist vor allem sensitiv gegen *lokale* Abweichungen der empirischen von der behaupteten Verteilung; der *Kolmogorov-Smirnov*-Test ist hingegen auf *globale* Divergenzen ausgerichtet. Lokale Divergenzen in diesem Sinne können beispielsweise vorliegen, wenn bei einer Normalitätsprüfung tatsächlich eine Mischverteilung mit deutlich getrennten Gipfeln vorliegt, bei welchen Lokalisation und Variabilität jedoch nicht allzu sehr von den Werten der behaupteten Verteilung abweichen.

2.2.8.3. Zu einem Vergleich des mehrschrittigen Q-Tests und des χ^2-Tests können analoge Feststellungen getroffen werden: Beim χ^2-Test resultiert eine Ablehnung von H_0 dadurch, daß die beobachteten und die unter H_0 zu erwartenden (nicht kumulierten) Häufigkeiten für alle Klassen *insgesamt* in einem bestimmten Mindestausmaß divergieren. Beim mehrschrittigen Q-Test ergibt sich Ablehnung vor allem dann, wenn die beobachtete (nicht kumulierte) Häufigkeit *einer* Klasse extrem niedrig oder extrem hoch ist. Der Q-Test ist also, ähnlich wie der mehrschrittige OS-Test, gegen *lokale* Diskrepanzen zwischen Wahrscheinlichkeiten gemäß behaupteter Verteilung und beobachteten relativen Häufigkeiten empfindlich. Beide Teste sind auf nicht kumulierte Häufigkeiten ausgerichtet.

2.2.8.4. Die hier verglichenen Anpassungsteste sind offenkundig gegen verschiedene Alternativen zur Nullhypothese unterschiedlich sensitiv. Die jeweilige Menge von Alternativen, gegen welche diese Teste empfindlich sind, kann nicht präzise eingegrenzt werden. Die in der Praxis übliche Durchführung eines Anpassungstestes als Signifikanztest, also, im Sinne von *Fisz* (1980[10]), S. 495, als Test, bei welchem es nur um die Gültigkeit der Nullhypothese, nicht um irgendwelche vermuteten Alternativen geht, sollte vermieden werden. Denn je nachdem, welchen Test man einsetzt, mag das Testresultat verschieden sein. Ein Anwender sollte daher stets bemüht sein, beim Einsatz eines Anpassungstestes eine Alternativenmenge einzugrenzen und auf diese die Auswahl eines Anpassungstestes auszurichten.

2.3. Lokalisationsteste zum Ein-Stichproben-Fall

2.3.1. Der Vorzeichentest für Quantile, insbesondere den Median

Mit $x(\theta)$ wird hier wieder allgemein das Quantil der Ordnung θ der Variablen $\tilde{x}$ bezeichnet. Die Untersuchungsvariable wird als *stetig* vorausgesetzt. In diesem Fall gibt es zu jeder Zahl θ mit $0 < \theta < 1$ mindestens einen Wert $x(\theta)$ mit $F(x(\theta)) = \theta$. Ist die Verteilungsfunktion streng monoton, so ist $x(\theta)$ eindeutig bestimmt. Zur Kennzeichnung der Lokalisation einer Verteilung kann neben ihrem Erwartungswert auch ihr Median $x(0{,}5)$ oder ein anderes Quantil herangezogen werden. Bei der Prüfung des θ-Quantils einer Verteilung liegt die Nullhypothese H_o: $x(\theta) = \delta_o$ zugrunde.

Die methodische Grundlage des Vorzeichentests, der eine Variante des *Binomialtests* ist, wurde in Abschnitt 2.2.3. ausführlich dargelegt. Allerdings wurde dort nicht θ autonom vorgegeben. Vielmehr ergab sich die Ordnung des zu prüfenden Quantils durch Festlegung einer Klassenobergrenze x_j^{o}, von welcher zu $F_o(x_j^{o})$ übergegangen wurde. Ist H_o: $x(\theta) = \delta_o$ richtig, so ist die Zufallsvariable $\tilde{n}_1$: Anzahl der Beobachtungswerte, die unter δ_o liegen, binomialverteilt mit Parametern n und θ; da eine stetige Variable vorausgesetzt wurde, kann für jeden Wert zweifelsfrei festgestellt werden, ob er unter δ_o liegt oder nicht. Technisch kann man so vorgehen, daß man die *Anzahl der negativen Vorzeichen*, die bei den Differenzen $x_i - \delta_o$ vorkommen, abzählt; dies erklärt die Bezeichnung Vorzeichentest. H_o wird also (vgl. Abschnitt 2.2.3.) beim Signifikanzniveau α abgelehnt, wenn

$$B(n_1|n;\theta) < \alpha/2 \text{ oder } B(n_1|n;\theta) > 1 - \alpha/2$$

resultiert. Falls die erforderlichen Bedingungen zutreffen, ist wiederum die Normalapproximation der Binomialverteilung verwendbar. Für die Prüfung eines Medians bei kleineren Stichprobenumfängen ($n \leq 25$) kann *Tabelle XII* herangezogen werden, welche dem Tabellenband von *Owen* (1962), S. 265-272, entnommen wurde.

Beispiel 2.-12

Es wird behauptet, der Median der Verteilung einer bestimmten stetigen Variablen betrage $x_o(0,5) = 40,0$. Eine Stichprobe vom Umfang $n = 50$ lieferte $n_1 = 19$ Beobachtungswerte unter 40,0. Die genannte Hypothese soll beim Signifikanzniveau $\alpha = 0,05$ geprüft werden. Unter Verwendung der Normalapproximation der Binomialverteilung mit Parametern 0,5 und 50 und Beachtung der Stetigkeitskorrektur (vgl. Abschnitt 1.11.3.) ermittelt man

$$B(19|50;0,5) \approx \Phi_{\tilde{x}}(19,5|25;12,5)$$

$$\approx \Phi_{\tilde{z}}(-1,56) \approx 0,059 \nless 0,025;$$

H_o ist also nicht abzulehnen.

Die Voraussetzung, es liege eine stetige Untersuchungsvariable vor, bewirkt, daß Beobachtungswerte, welche mit dem behaupteten Medianwert identisch sind, eigentlich nicht vorkommen dürfen. Dennoch sind solche Fälle in der Praxis nicht auszuschließen, weil es gelegentlich an der erforderlichen Meßgenauigkeit fehlt. In der Regel werden solche Beobachtungswerte einfach *unbeachtet* gelassen; der Stichprobenumfang wird entsprechend herabgesetzt. Es besteht die Möglichkeit, im Sinne des *konservativen Testens* (vgl. Abschnitt 1.11.1.) Alternativrechnungen durchzuführen und solche Beobachtungswerte dann derart zu verrechnen, daß sie die Tendenz zur Aufrechterhaltung von H_o fördern.

2.3.2. Der Vorzeichen-Rang-Test von *Wilcoxon* zur Prüfung des Medians (Erwartungswertes) einer symmetrischen Verteilung

Weiß man von einer Untersuchungsvariablen, daß sie *stetig* und *symmetrisch* verteilt ist, dann kann man den Vorzeichen-Rang-Test von *Wilcoxon* als einen leistungsfähigeren Test zur Medianprüfung verwenden. Bei ihm werden *Rangwertinformationen* verarbeitet.

Die Nullhypothese ist wieder $H_o: x(0,5) = \delta_o$. Man geht von den Beobachtungswerten x_i über zu den Rängen $rg(|x_i - \delta_o|)$, also den Ordnungsnummern der Beträge ihrer Differenzen vom behaupteten Wert δ_o. Als Prüfvariable wird die *Summe* $\tilde{t}_+$ *der aus po-*

sitiven Differenzen $x_i - \delta_o$ *resultierenden Ränge* $rg(|x_i - \delta_o|)$ verwendet. Die Nullhypothese ist abzulehnen, wenn t_+ vergleichsweise sehr niedrig oder sehr hoch ausfällt; Näheres ergibt sich aus der Nullverteilung.

Führt man die Indikatorvariablen

$$\tilde{z}_{[i]} = \begin{cases} 1, & \text{falls die Differenz, deren absoluter Wert den Rang i hat, positiv ist} \\ 0 & \text{sonst} \end{cases}$$

(i = 1,...,n) ein, so kann man

$$\tilde{t}_+ = \sum_{i=1}^{n} i \cdot \tilde{z}_{[i]}$$

setzen. Die Nullverteilung von $\tilde{t}_+$ ist in für Testzwecke geeigneter tabellarischer Form verfügbar. In *Tabelle XIII*, welche dem Buch von *Bradley* (1968), S. 315-316, entnommen wurde, sind die Stichprobenumfänge zwischen 5 und 30 und verschiedene gängige Signifikanzniveaus berücksichtigt. Angegeben sind die Ausprägungen von $\tilde{t}_+$, für welche der Wert der Null-Verteilungsfunktion möglichst weniger *unter* dem halben Signifikanzniveau liegt (zweiseitige Fragestellung), sowie die nächsthöheren Ausprägungen; außerdem sind die beiden zugehörigen Wahrscheinlichkeitswerte genannt. Man kann daher mit dieser Tabelle das Prinzip des konservativen Testens anwenden oder eine Adjustierung des Signifikanzniveaus oder eine Randomisierung vornehmen. Die Prüfvariable $\tilde{t}_+$ hat als Menge möglicher Werte die ganzen Zahlen zwischen 0 und n(n+1)/2. Wie man leicht überlegt, ist die Nullverteilung von $\tilde{t}_+$ *symmetrisch*; es gilt also unter H_o

$$W(\tilde{t}_+=0) = W(\tilde{t}_+ = \tfrac{1}{2}n(n+1))$$

$$W(\tilde{t}_+=1) = W(\tilde{t}_+ = \tfrac{1}{2}n(n+1)-1)$$

$$\vdots \qquad\qquad \vdots$$

und allgemein

$$W(\tilde{t}_+=\nu) = W(\tilde{t}_+ = \tfrac{1}{2}n(n+1)-\nu),$$

wobei ν eine nichtnegative ganze Zahl ist. Diese Symmetrieeigenschaft ist bei der Durchführung des Tests gegebenenfalls zu berücksichtigen. Man ersieht, daß unter H_o

$$E\tilde{t}_+ = \frac{1}{4}n(n+1)$$

ist; außerdem kann man

$$\text{var } \tilde{t}_+ = \frac{1}{24}n(n+1)(2n+1)$$

errechnen. Mit diesen Kenngrößen ist die Nullverteilung von $\tilde{t}_+$ bei großem n approximativ normalverteilt.

Für n = 4 soll nunmehr die Nullverteilung von $\tilde{t}_+$ exemplarisch ermittelt werden. Zunächst gibt es $2^n = 2^4 = 16$ Möglichkeiten, den n Stichprobenelementen das Vorzeichen "+" oder das Vorzeichen "-" zuzuordnen. Mit der klassischen (*Laplace*schen) Wahrscheinlichkeitsauffassung gilt unter $H_o:x(0,5) = \delta_o$ für einen möglichen Wert t_+

$$W(\tilde{t}_+=t_+) = \frac{\lambda(t_+)}{2^4} ;$$

dabei ist $\lambda(t_+)$ die Anzahl der Möglichkeiten, den ersten 4 natürlichen Zahlen (Rängen) Zeichen "+" und "-" derart zuzuordnen, daß die Summe der positiven Ränge gerade t_+ ist. Diese Möglichkeiten sind für n = 4 in Tabelle 2.-6 dargestellt.

Verzeichnis der Ränge mit positivem Vorzeichen	zugehörige Ausprägung von $\tilde{t}_+$	Verzeichnis der Ränge mit positivem Vorzeichen	zugehörige Ausprägung von $\tilde{t}_+$
1;2;3;4	10	2;3	5
1;2;3	6	2;4	6
1;2;4	7	3;4	7
1;3;4	8	1	1
2;3;4	9	2	2
1;2	3	3	3
1;3	4	4	4
1;4	5	-	0

Tabelle 2.-6

Aus Tabelle 2.-6 entnimmt man die Null-Wahrscheinlichkeitsfunktion von $\tilde{t}_+$, welche in Tabelle 2.-7 registriert ist. Dabei wird auch ihre Symmetrie ersichtlich.

t_+	0	1	2	3	4	5	6	7	8	9	10
$W(\tilde{t}_+=t_+)$	$\frac{1}{16}$	$\frac{1}{16}$	$\frac{1}{16}$	$\frac{1}{8}$	$\frac{1}{8}$	$\frac{1}{8}$	$\frac{1}{8}$	$\frac{1}{8}$	$\frac{1}{16}$	$\frac{1}{16}$	$\frac{1}{16}$

Tabelle 2.-7

Auf entsprechende Weise ist die Nullverteilung von $\tilde{t}_+$ bei anderen Stichprobenumfängen zu ermitteln.

Beispiel 2.-13

Eine Variable, welche stetig symmetrisch verteilt ist, wurde $n = 10$-mal beobachtet. Dabei resultierten die Beobachtungswerte 16,8; 22,5; 27,3; 19,9; 21,5; 18,2; 25,4; 20,3; 22,6; 18,7. Zu prüfen ist beim Signifikanzniveau $\alpha = 0{,}05$ die Hypothese $H_0: x(0{,}5) = 20{,}0$.

Die Ermittlung des Wertes $t_+ = 38$ der Prüfvariablen erfolgt in Tabelle 2.-8. Mit Tabelle XIII und der Symmetrieeigenschaft der Nullverteilung von $\tilde{t}_+$ findet man für den Fall, daß H_0 zutrifft $W(\tilde{t}_+ \geq 46) = W(\tilde{t}_+ \leq 9) = 0{,}0322$. Daher ist H_0 nicht abzulehnen.

x_i	16,8	22,5	27,3	19,9	21,5	18,2	25,4	20,3	22,6	18,7
$x_i - 20{,}0$	-3,2	+2,5	+7,3	-0,1	+1,5	-1,8	+5,4	+0,3	+2,6	-1,3
$\|x_i - 20{,}0\|$	3,2	2,5	7,3	0,1	1,5	1,8	5,4	0,3	2,6	1,3
$rg(\|x_i - 20{,}0\|)$		6	10		4		9	2	7	

Tabelle 2.-8

Ergibt sich beim Vorzeichen-Rang-Test ein Beobachtungswert, der mit dem behaupteten Median zusammenfällt, so kann wie beim Vorzeichentest verfahren werden. Kommen zwei gleiche Werte $|x_i - \delta_0|$ vor, so ist dies bei der Berechnung des Wertes der Prüfvariablen dann unerheblich, wenn $(x_i - \delta_0)$ in beiden Fällen dasselbe Vorzeichen hat. Sind die Vorzeichen verschieden, dann kann der Durchschnitt der beiden Ränge verwendet werden. Alternativ zu dieser Verfahrensweise kann auch dem Prinzip des konservativen Testens gefolgt werden, indem zunächst *beide* denkbare Rangzuordnungen verrechnet werden. Ergibt sich wenigstens bei einer die Nichtablehnung von H_0, dann wird diese Hypothese nicht abgelehnt. Bei mehr als zwei gleichen Werten $|x_i - \delta_0|$ kann analog verfahren werden.

2.3.3. Vorzeichentest und Vorzeichen-Rang-Test im Zwei-Stichproben-Fall (verbundene Stichproben)

Die beiden beschriebenen Teste können auch beim Zwei-Stichproben-Fall (verbundene Stichproben) eingesetzt werden. Liegen n Wertepaare $(x_i;y_i)$ vor, so geht man über zu den n Differenzen $x_i - y_i$. Ist die Hypothese zu überprüfen, daß der Median der Differenz der beiden Variablen m_0 ist - häufig ist der Spezialfall $m_0 = 0$ gegeben - , so kann man dies auf der Grundlage der Prüfvariablen Anzahl der positiven Differenzen $x_i - y_i$ in völliger Entsprechung zum Vorzeichentest prüfen, falls die beiden Variablen stetig sind.

Ist, was bei Anwendungen häufig der Fall sein dürfte, zusätzlich die Voraussetzungen gerechtfertigt, die Variable Differenz sei *symmetrisch verteilt*, so kann auch der Vorzeichen-Rang-Test analog eingesetzt werden. Die Prüfvariable ist dann die *Summe der aus positiven Differenzen* $(x_i - y_i - m_o)$ *resultierenden Ränge* $rg(|x_i - y_i - m_o|)$.

2.3.4. Vergleich von Vorzeichentest, Vorzeichen-Rang-Test und t-Test

Liegt eine normalverteilte Variable vor, so sind der Vorzeichen-Test, der Vorzeichen-Rang-Test und der t-Test unmittelbare Konkurrenten. Denn die Variable ist stetig und symmetrisch verteilt.

Man kann zeigen (vgl. z.B. *Gibbons* (1971), S. 281-284), daß die asymptotische relative Effizienz (vgl. Abschnitt 1.8.) des Vorzeichentests in bezug auf den t-Test $2/\pi \approx 0{,}637$ beträgt, falls die Variable normalverteilt ist. Die asymptotische relative Effizienz des Vorzeichen-Rang-Tests bezüglich des t-Tests ist bei Normalverteiltheit $3/\pi \approx 0{,}955$. Für große Stichproben und für den Fall, daß sich der wahre Median und der behauptete Median nicht sehr unterscheiden, ist also der Vorzeichen-Rang-Test vergleichsweise erstaunlich effizient.

Man kann darüber hinaus zeigen, daß bei symmetrischer Verteilung der Variablen der Vorzeichen-Rang-Test von *Wilcoxon* eine asymptotische relative Effizienz bezüglich des t-Tests hat, welche 0,864 nicht unterschreitet und im Einzelfall auch weit über 1 liegen kann (*Hodges* und *Lehmann* (1956)). Liegt speziell eine *rechtecksverteilte* Variable vor, so ist die asymptotische relative Effizienz des Vorzeichen-Rang-Tests bezüglich des t-Tests 1, diejenige des Vorzeichentests gegenüber dem t-Test hingegen nur 1/3. Ist die Untersuchungsvariable $\tilde{x}$ *doppelexponentialverteilt*, hat sie also eine Dichtefunktion

$$f_{\tilde{x}}(x) = \frac{1}{2} \lambda e^{-\lambda |x-\theta|}$$

mit den beiden expliziten Parametern λ und Θ, so ist (vgl. *Gibbons* (1971), S. 283-284) die asymptotische relative Effizienz des Vorzeichen-Rang-Tests bezüglich des t-Tests 3/2, diejenige des Vorzeichen-Tests bezüglich des t-Tests sogar 2.

Man erkennt aus diesen Befunden, daß die beiden hier dargelegten verteilungsfreien Lokalisationsteste dann, wenn keine Normalverteiltheit gegeben ist, in der Regel vorzuziehen sind. Dies dürfte insbesondere auch bei kleinen Stichproben gelten.

3. Verteilungsfreie Prüfverfahren zum Zwei-Stichproben-Fall bei unabhängigen Stichproben

3.1. Verschiedene Anwendungsmodelle zum Zwei-Stichproben-Fall bei unabhängigen Stichproben

In den Sozialwissenschaften gibt es verschiedene Modelle für empirische Vorgehensweisen, die *jeweils* methodisch zum Zwei-Stichproben-Fall bei unabhängigen Stichproben (vgl. dessen allgemeine Kennzeichnung in Abschnitt 1.1.2.) führen. Sie werden zunächst erläutert.

Modell 1: Beim ersten Modell vergleicht man die Wirkung von zwei *Behandlungsarten (Treatments)*. Man denke etwa an die Verabreichung eines Medikaments in verschiedenen Dosierungen oder an den Einsatz von zwei verschiedenen Unterrichtsmethoden. Hier wird der Grundgesamtheit zunächst eine Zufallsstichprobe vom Umfang $n = n_1 + n_2$ entnommen; von den ausgewählten Individuen oder Objekten werden zufällig n_1 Elemente Treatment 1 und n_2 Elemente Treatment 2 zugewiesen. Auf diese Weise entstehen zwei unabhängige Stichproben vom Umfang n_1 bzw. n_2, bei denen jeweils die in Frage stehende Untersuchungsvariable gemessen wird. Ein besonders häufiger Spezialfall ist der Vergleich einer *Versuchsgruppe* und einer *Kontrollgruppe*. Dabei soll die Wirkung einer bestimmten Behandlung im Vergleich mit Nichtbehandlung untersucht werden. Man unterwirft eine Versuchsgruppe von n_1 Personen oder Objekten der Behandlung, während die Kontrollgruppe von n_2 Personen oder Objekten kein Treatment oder eine Scheinbehandlung erfährt; letztere kann beispielsweise in der Verabreichung eines Scheinmedikaments (Placebos) bestehen.

Die *künstliche* Herbeiführung von bestimmten Merkmalen bei Einheiten aus einer Grundgesamtheit, die für Modell 1 typisch ist, kennzeichnet das *Experiment* in den Sozialwissenschaften. Werden die Versuchsbedingungen in einen relativ natürlichen Ablauf eingebaut, spricht man von *Feldexperiment;* ein *Laborexperiment* liegt hingegen vor, wenn die Versuchsbedingungen eigens konstruiert werden mußten.

Modell 2: Die Untersuchungsvariable wird bei je einer Stichprobe von Einheiten aus zwei Grundgesamtheiten gemessen, denen die Stichprobenelemente *fest zugeordnet* sind. Es ist nicht möglich, die Einheiten nach Auswahl der Stichprobe auf die beiden Kategorien zufällig aufzuteilen.

Man denke etwa an eine Prüfung der Hypothese: Personen mit höherer Schulbildung erzielen höhere Intelligenzwerte im Bereich der verbalen Intelligenz als Personen mit einer einfachen Schulbildung. Eine "Behandlungsart" liegt hier nicht vor. Vielmehr gibt es von vornherein *zwei* Grundgesamtheiten (*Subpopulationen*), denen jeweils getrennt eine Stichprobe vom Umfang n_1 bzw. n_2 zu entnehmen ist. Die Resultate der beiden Stichproben sind dann zu vergleichen. Dieses zweite Modell ist für weite Bereiche der *differentiellen* Psychologie kennzeichnend.

Modell 3: Bei bestimmten Untersuchungsvorhaben, welche eigentlich Modell 2 entsprechen, ist es oft zweckmäßig, der *übergeordneten*, aus zwei Subpopulationen bestehenden Grundgesamtheit eine Stichprobe vom Umfang n zu entnehmen; die Umfänge n_1 bzw. n_2 der beiden (Teil-) Stichproben fallen dabei als Realisierungen von Zufallsvariablen an. So würde es bei dem zu Modell 2 skizzierten Beispiel möglich sein, aus der übergeordneten Grundgesamtheit eine Stichprobe von n Personen zu entnehmen und diese nach Maßgabe ihrer Schulbildung auf zwei Stichproben vom Umfang n_1 bzw. n_2 mit $n = n_1 + n_2$ aufzuteilen.

Daß in diesem Falle n_1 und n_2 Realisierungen von Zufallsvariablen $\tilde{n}_1$ und $\tilde{n}_2$ sind, bringt keine methodischen oder interpretatorischen Komplikationen mit sich: Die Prüfung von Hypothesen zum Vergleich der beiden Grundgesamtheiten erfolgt bedingt in bezug auf das Eintreten des Ereignisses $\{\tilde{n}_1=n_1\}$.

Die nachfolgend zu behandelnden Prüfverfahren im Zwei-Stichproben-Fall bei unabhängigen Stichproben sind bei jeder der drei empirischen Vorgehensweisen einsetzbar. Bei der Interpretation von Resultaten ist natürlich dem zugrundeliegenden Modell Rechnung zu tragen. Für den k-Stichproben-Fall bei unabhängigen

Stichproben, der Gegenstand von Kapitel 5 ist, gilt Entsprechendes.

3.2. Verteilungsfreier Lokalisationsvergleich bei zwei unabhängigen Stichproben

In der "klassischen" normalverteilungsorientierten Statistik erfolgt der Lokalisationsvergleich bei zwei unabhängigen Stichproben mit Hilfe des *t-Tests im Zwei-Stichproben-Fall.* Die Nullhypothese ist bei zweiseitiger Fragestellung H_o: $\mu_1 - \mu_2 = \delta_o$. Sie besagt, daß sich die *Erwartungswerte* in den beiden Grundgesamtheiten um δ_o unterscheiden. Häufig liegt der Spezialfall $\delta_o = 0$ vor.

Die methodischen Voraussetzungen, welche gemacht werden müssen, sind beim t-Test folgende:

1. Die beiden Variablen seien *normalverteilt;*
2. Die *Varianzen* der beiden Variablen seien *gleich,* es gelte also $\sigma_1^2 = \sigma_2^2$; diese Voraussetzung kann abgeschwächt werden auf die Voraussetzung eines *bekannten* Varianzverhältnisses $\gamma = \sigma_1^2/\sigma_2^2$.

Für den Fall der Varianzhomogenität erfolgt die Prüfung der Nullhypothese mit Hilfe der Prüfvariablen

$$\tilde{t} = \frac{\tilde{\bar{x}}_1 - \tilde{\bar{x}}_2 - \delta_o}{\tilde{s}\sqrt{\frac{1}{n_1} + \frac{1}{n_2}}} \quad ,$$

bei welcher $\tilde{\bar{x}}_1$ bzw. $\tilde{\bar{x}}_2$ das arithmetische Mittel aus der ersten bzw. zweiten Stichprobe kennzeichnet und

$$\tilde{s}^2 = \frac{(n_1-1)\tilde{s}_1^2 + (n_2-1)\tilde{s}_2^2}{n_1 + n_2 - 2}$$

ein gewogener Durchschnitt der beiden Stichprobenvarianzen $\tilde{s}_1^2$ und $\tilde{s}_2^2$ ist. Diese Prüfvariable ist unter H_o t-verteilt mit

$n_1 + n_2 - 2$ Freiheitsgraden.

3.2.1. Der *Wilcoxon-Mann-Whitney*-Test

3.2.1.1. Methodische Voraussetzungen und Nullhypothese

Beim *Wilcoxon-Mann-Whitney*-Test (vgl. *Wilcoxon* (1945) und *Mann* und *Whitney* (1947)) sind nur folgende methodische Voraussetzungen erforderlich:

1. Die beiden Variablen seien *stetig* verteilt;
2. die Verteilungen der beiden Variablen seien *identisch bis auf den Lageparameter;* die Varianzhomogenität der beiden Verteilungen ist in dieser Voraussetzung enthalten.

Bezeichnet man mit $F_{\tilde{x}_1}$ bzw. $F_{\tilde{x}_2}$ die Verteilungsfunktionen der beiden Variablen und mit λ eine Konstante, dann besagt die zweite Voraussetzung, daß

$$F_{\tilde{x}_2}(x) = F_{\tilde{x}_1}(x - \lambda)$$

für alle x gelten muß, daß also die beiden Verteilungsfunktionen durch *Parallelverschiebung ineinander übergeführt werden können.* In der angloamerikanischen Literatur wird in diesem Falle häufig vom *shift model* (vgl. etwa *Bickel* und *Doksum* (1976), S. 352; *Lehmann* (1975), S. 66) gesprochen. Diese Situation wird in Figur 3.-1 veranschaulicht.

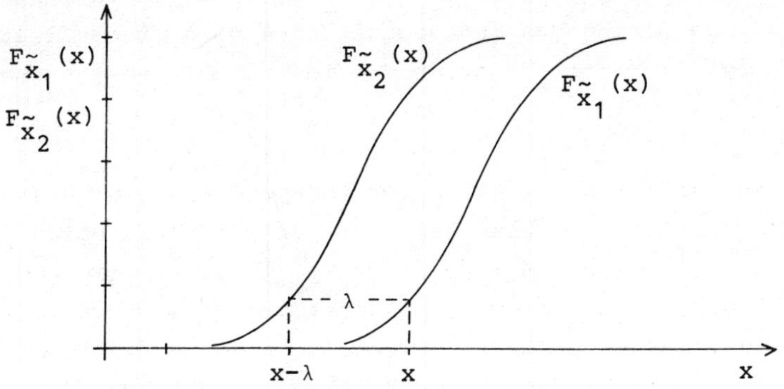

Figur 3.-1

Die Nullhypothese hat bei einer zweiseitigen Fragestellung die Formulierung H_o: $\lambda = \lambda_o$. Der Spezialfall $\lambda_o = 0$, der besagt, daß die *Lokalisation der beiden Verteilungen gleich ist*, steht in den Anwendungen meist im Vordergrund.

Gerade beim *Wilcoxon-Mann-Whitney*-Test wird die Abgrenzung zwischen *Testvoraussetzungen* und *Testgegenstand* (vgl. Abschnitt 6.2.) in den Anwendungen oft etwas anders vorgenommen als soeben dargelegt: Die zweite genannte Testvoraussetzung wird in den Prüfgegenstand aufgenommen, und zwar deshalb, weil in einem Anwendungsfall keine Evidenz dafür vorhanden ist, daß sie wirklich gerechtfertigt ist. Dann ist - bei zweiseitiger Fragestellung - H_o: $F_{\tilde{x}_2}(x) = F_{\tilde{x}_1}(x - \lambda_o)$ die Nullhypothese; sie besagt, daß die beiden Verteilungsfunktionen mit Hilfe eines Verschiebeparameters, dessen Wert mit λ_o behauptet wird, ineinander übergeführt werden können. Für $\lambda_o = 0$ besagt H_o speziell, daß die beiden Verteilungen *identisch* sind. Der *Wilcoxon-Mann-Whitney*-Test ist, wenn eine solche Umgliederung der zweiten Testvoraussetzung in den Testgegenstand erfolgt, ein Test zum *Vergleich zweier Verteilungen insgesamt* und tritt in Konkurrenz zu den in Abschnitt 3.5. zu behandelnden Testen. Entsprechendes kann auch zum *Fisher-Yates*-Test (vgl. Abschnitt 3.2.2.) und zum X-Test von *van der Waerden* (vgl. Abschnitt 3.2.3.) festgestellt werden. Zu den allgemeinen theoretischen Grundlagen der Aufnahme methodischer Testvoraussetzungen in den Testgegenstand und zur Durchführung von Testen als sogenannte *Omnibus-Teste* (Teste mit umfassenderem Gegenstand als ursprünglich beabsichtigt) wird auf Abschnitt 6.2. verwiesen. Die Durchführung eines Testes wird durch eine Erweiterung des Testgegenstandes nicht beeinflußt; allerdings ist die Interpretation des Testresultates geeignet zu modifizieren.

Im letzteren Falle eines erweiterten Testgegenstandes und für $\lambda_o = 0$ kann die Nullhypothese bei *einseitiger* Fragestellung mit H_o: $F_{\tilde{x}_2}(x) \geq F_{\tilde{x}_1}(x)$ bzw. H_o: $F_{\tilde{x}_2}(x) \leq F_{\tilde{x}_1}(x)$ gekennzeichnet werden. Sie besagt, daß die Verteilungsfunktion der zweiten Variablen *nirgends unter* bzw. *nirgends über* der Verteilungsfunktion der ersten Variablen verläuft. Man formuliert die Nullhypothese in diesem Fall oft wie folgt: Die zweite Variable ist *stochastisch nicht kleiner* bzw. *stochastisch nicht größer* als die erste Variable.

3.2.1.2. Die Prüfvariable *(Wilcoxon*sche Variante)

Der *Wilcoxon-Mann-Whitney*-Test erfolgt mit Hilfe einer Prüfvariablen, welche bei der *Wilcoxon*schen Variante als *Summe der Ränge der Einheiten aus der einen (ersten) Stichprobe innerhalb der zusammengefaßten (gepoolten) Stichprobe* umschrieben werden kann. Aus später ersichtlich werdenden technischen Gründen wird die eine (erste) Stichprobe so festgelegt, daß $n_1 \leq n_2$ ist; dies bedeutet keine Einschränkung. Bezeichnet man mit $rg(x_{1i})$ $(i=1,...,n_1)$ bzw. $rg(x_{2j})$ $(j=1,...,n_2)$ den Rang des Variablenwertes x_{1i} bzw. x_{2j} *in der gepoolten Stichprobe*, dann ist also

$$\tilde{t}_w = \sum_{i=1}^{n_1} rg(\tilde{x}_{1i})$$

die *Wilcoxon*sche Prüfvariable des *Wilcoxon-Mann-Whitney*-Tests. Da stetige Variablen vorausgesetzt sind, können gleiche Variablenwerte (vorerst) ausgeschlossen werden.

Beispiel 3.-1

Aus zwei unabhängigen Stichproben vom Umfang $n_1 = 4$ bzw. $n_2 = 5$ liegen Variablenwerte vor, aus welchen der Wert $t_w = 15$ der *Wilcoxon*schen Prüfvariablen gemäß Tabelle 3.-1 berechnet wird.

i bzw. j	1	2	3	4	1	2	3	4	5
x_{1i} bzw. x_{2j}	10,5	11,6	8,9	13,5	14,6	13,6	12,6	10,9	11,0
$rg(x_{1i})$ bzw. $rg(x_{2j})$	2	5	1	7	9	8	6	3	4

Tabelle 3.-1

Der Bereich möglicher Werte der Prüfvariablen $\tilde{t}_w$ ist leicht eingrenzbar: Liegen die n_1 Variablenwerte aus der ersten Stichprobe *sämtlich unter dem kleinsten Variablenwert aus der zweiten Stichprobe*, dann ist

$$t_w = \frac{1}{2}n_1(n_1 + 1) \quad ,$$

also die Summe der ersten n_1 natürlichen Zahlen. Liegen die n_1 Variablenwerte aus der ersten Stichprobe *sämtlich über dem größten Variablenwert aus der zweiten Stichprobe*, dann ist

$$t_w = \frac{1}{2}(n_1 + n_2)(n_1 + n_2 + 1) - \frac{1}{2}n_2(n_2 + 1) \quad ,$$

also die Summe der natürlichen Zahlen $n_2+1,\ldots,n_1+n_2$.

3.2.1.3. Die *Mann-Whitney*sche Prüfvariable

Als Prüfvariable des *Wilcoxon-Mann-Whitney*-Tests kann auch (*Mann-Whitney*sche Variante) die *Anzahl möglicher Paare von Werten aus der ersten bzw. zweiten Stichprobe mit der Eigenschaft, daß der erste Wert größer ist als der zweite*, verwendet werden. Will man den Wert dieser Prüfvariablen $\tilde{u}$ ermitteln, so hat man also alle $n_1 \cdot n_2$ Paare von Werten aus der ersten bzw. zweiten Stichprobe zu bilden und auszuzählen, wie oft der erste Wert den zweiten übersteigt. Man definiert Indikatorvariablen $\tilde{u}_{ij}$ ($i=1,\ldots,n_1; j=1,\ldots,n_2$) wie folgt:

$$\tilde{u}_{ij} = \begin{cases} 1, \text{ falls } x_{1i} > x_{2j} \\ 0 \text{ sonst} \end{cases} \quad .$$

Dann kann für die Prüfvariable nach *Mann-Whitney*

$$\tilde{u} = \sum_i \sum_j \tilde{u}_{ij}$$

geschrieben werden. Der Wert u wird oft auch als *Anzahl der Inversionen* bezeichnet.

Für die beiden Prüfvariablen nach *Mann-Whitney* bzw. *Wilcoxon* gilt die einfache Beziehung

$$\tilde{u} = \tilde{t}_w - \frac{1}{2}n_1(n_1 + 1) \quad ;$$

die *Mann-Whitney*sche Prüfvariable ist also gleich der *Wilcoxon*schen Prüfvariablen, vermindert um eine Konstante. Man ersieht, daß beide Prüfvariablen gleichwertig sein müssen.

Um diese Beziehung zu beweisen, schreibt man $x_{[k]}$ mit $k = 1,\ldots, n_1+n_2$ für den k-t-kleinsten Beobachtungswert in der gepoolten Stichprobe. Außerdem sei k_i $(i=1,\ldots,n_1)$ der i-t-kleinste Rangwert, der einem Wert aus der ersten Stichprobe zugeordnet ist; $k_1,\ldots,k_{n_1}$ mit $k_1<\ldots< k_{n_1}$ sind also die Ränge, welche Werten aus der ersten Stichprobe zugewiesen sind. Nun "produziert" der Wert $x_{[k_i]}$ gerade $(k_i-1) - (i-1) = k_i-i$ Inversionen, also Fälle $x_{1i} > x_{2j}$, denn so viele Werte aus der zweiten Stichprobe liegen nach Größe vor $x_{[k_i]}$. Man ersieht dies leicht wie folgt: Vor $x_{[k_i]}$ liegen insgesamt k_i-1 Werte; davon stammen $i-1$ aus der ersten Stichprobe und müssen daher bei der Zählung der Inversionen unberücksichtigt bleiben. Die Gesamtanzahl der Inversionen ist damit

$$\tilde{u} = \sum_{i=1}^{n_1} (\tilde{k}_i - i) = \sum_{i=1}^{n_1} \tilde{k}_i - \sum_{i=1}^{n_1} i = \tilde{t}_w - \frac{1}{2}n_1(n_1 + 1) \quad .$$

<u>Beispiel 3.-2</u>

Man vergleiche Beispiel 3.-1. Man ordnet die $n_1 + n_2$ Beobachtungswerte nach Größe und registriert (in Tabelle 3.-2 durch Unterstreichung), ob der Beobachtungswert aus der ersten Stichprobe stammt.

k	$k_1=1$	$k_2=2$	3	4	$k_3=5$	6	$k_4=7$	8	9
$x_{[k]}$	<u>8,9</u>	<u>10,5</u>	10,9	11,0	<u>11,6</u>	12,6	<u>13,5</u>	13,6	14,6

Tabelle 3.-2

Hier erbringen $x_{[1]}$ und $x_{[2]}$ keine Inversionen; $x_{[5]} = 11{,}6$ liefert zwei, $x_{[7]} = 13{,}5$ liefert drei Inversionen. Denn vor $x_{[5]}$ liegen zwei, vor $x_{[7]}$ drei Werte aus der zweiten Stichprobe. Somit ist $u = 5$. Mit $t_w = 15$ (vgl. Beispiel 3.-1) und $n_1 = 4$ ergibt sich auch

$$u = t_w - \frac{1}{2}n_1(n_1 + 1) = 15 - 10 = 5 \quad ,$$

wie es sein muß.

Beachtet man den Bereich möglicher Werte von $\tilde{t}_w$ und die Beziehung zwischen $\tilde{u}$ und $\tilde{t}_w$, so erkennt man, daß $\tilde{u}$ die ganzen Zahlen zwischen 0 und

$$\frac{1}{2}(n_1 + n_2)(n_1 + n_2 + 1) - \frac{1}{2}n_2(n_2 + 1) \; \frac{1}{2}n_1(n_1 + 1) = n_1 n_2$$

als mögliche Werte annehmen kann.

Tabellen zur Anwendung des *Wilcoxon-Mann-Whitney*-Tests sind meist auf die *Mann-Whitney*sche Prüfvariable $\tilde{u}$ ausgerichtet. Hingegen ist die Ermittlung der Ausprägung der Prüfvariablen nach *Wilcoxon* in der Regel bequemer.

3.2.1.4. Zur Nullverteilung der Prüfvariablen des *Wilcoxon-Mann-Whitney*-Tests

Zugrundegelegt wird die Nullhypothese in der *spezielleren* Variante $H_0{:}\lambda = \lambda_0 = 0$ (zweiseitige Fragestellung). Ist λ_0 eine von 0 verschiedene Konstante, dann transformiert man die Werte x_{2j} nach $x_{2j} - \lambda_0$ und verfährt mit den transformierten Werten so, wie in Abschnitt 3.2.1.5. beschrieben wird.

a) Trifft H_0 zu, sind damit also die Verteilungsfunktionen $F_{\tilde{x}_1}(x)$ und $F_{\tilde{x}_2}(x)$ identisch, so haben alle $n_1 + n_2$ Elemente dieselbe Chance, einen bestimmten Rang in der Gesamtstichprobe einzunehmen. Dies bedeutet, daß für einen bestimmten Beobachtungswert alle Rangzahlen gleich wahrscheinlich sind: Die Wahrscheinlichkeit dafür, daß ein bestimmter Beobachtungswert einen bestimmten Rang einnehmen wird, ist $1/(n_1+n_2)$.

Damit ergibt sich für den Erwartungswert des Ranges eines beliebigen Beobachtungswertes x_k $(k=1,\ldots,n_1+n_2)$:

$$E\,rg(\tilde{x}_k) = \sum_{k=1}^{n_1+n_2} k\cdot\frac{1}{(n_1 + n_2)} = \frac{1}{2}(n_1 + n_2)(n_1 + n_2 + 1)\cdot\frac{1}{(n_1 + n_2)}$$

$$= \frac{1}{2}(n_1 + n_2 + 1)$$

Damit ergibt sich für den Erwartungswert der *Wilcoxon*schen Prüfvariablen, falls H_o zutrifft,

$$E\tilde{t}_w = \sum_{i=1}^{n_1} E\,rg(\tilde{x}_{1i}) = n_1\cdot E\,rg(\tilde{x}_k)$$

$$= \frac{1}{2}n_1(n_1 + n_2 + 1) \quad .$$

Für die Nullverteilung von $\tilde{u}$ erhält man damit

$$E\tilde{u} = \frac{1}{2}n_1(n_1 + n_2 + 1) - \frac{1}{2}n_1(n_1 + 1)$$

$$= \frac{1}{2}n_1n_2 \quad .$$

Mit wesentlich größerem Rechenaufwand zeigt man, daß

$$\text{var}\,\tilde{u} = \text{var}\,\tilde{t}_w = \frac{1}{12}n_1n_2(n_1 + n_2 + 1)$$

gilt.

b) Nun wird ein bestimmtes n_1-Tupel von Rängen von Variablenwerten aus der ersten Stichprobe innerhalb der gepoolten Stichprobe betrachtet. Aus den Ausführungen in a) wird unmittelbar ersichtlich, daß unter H_o alle n_1-Tupel dieser Art gleich wahrscheinlich sind. Die Wahrscheinlichkeit dafür, daß ein bestimmtes n_1-Tupel von Rängen von Variablenwerten aus der ersten Stichprobe resultiert, ist unter H_0 $1/\binom{n_1+n_2}{n_1}$. Bezeichnet man mit $r(t_w)$ die Anzahl der n_1-Tupel von Rängen von Variablenwerten aus der ersten Stichprobe, welche einen bestimmten Wert t_w der *Wilcoxon*schen Prüfvariablen ergeben, dann erhält man für die Nullverteilung von $\tilde{t}_w$:

$$f_{\tilde{t}_w}(t_w) = \begin{cases} \dfrac{r(t_w)}{\binom{n_1+n_2}{n_1}} & \text{für } t_w = \frac{1}{2} n_1(n_1+1), \ldots \\ & \ldots, \frac{1}{2}[(n_1+n_2)(n_1+n_2+1)-n_2(n_2+1)] \\ 0 & \text{sonst} \end{cases}$$

Hier sind die $r(t_w)$ noch zu bestimmen (vgl. Beispiel 3.-3). Die Verteilung von $\tilde{u}$ unter H_0 läßt sich hieraus leicht ermitteln; die zur Ausprägung t_w von $\tilde{t}_w$ gehörende Wahrscheinlichkeit ist der Ausprägung

$$u = t_w - \frac{1}{2}n_1(n_1 + 1)$$

von $\tilde{u}$ zugeordnet. Die Nullverteilung von $\tilde{t}_w$ bzw. $\tilde{u}$ ist unabhängig von der Gestalt der Verteilung in den beiden Grundgesamtheiten.

Zur Bestimmung der Werte $r(t_w)$ und zur Konkretisierung der Nullverteilung von $\tilde{t}_w$ bzw. $\tilde{u}$ wird nun ein Beispiel betrachtet.

Beispiel 3.-3

Die beiden Stichprobenumfänge seien $n_1 = 2$ und $n_2 = 18$. Unter H_0 haben alle $n_1+n_2 = 20$ Elemente dieselbe Chance, einen bestimmten Rang in der gepoolten Stichprobe einzunehmen. Es gibt $\binom{20}{2} = 190$ verschiedene Möglichkeiten, innerhalb von 20 Plätzen $n_1 = 2$ Elemente zu plazieren; dies ist die hier zugrundezulegende Anzahl gleich wahrscheinlicher Fälle. Für die ersten fünf kleineren Ausprägungen der Prüfvariablen $\tilde{t}_w$ ergibt sich demnach unter H_o, wobei mit "o" ein Element aus der ersten Stichprobe, mit "." ein Element aus der zweiten Stichprobe bezeichnet wird:

$W(\tilde{t}_w=3) = \frac{1}{190} \approx 0{,}0053$, denn oo... ist die einzige Möglichkeit $t_w = 3$ zu erzielen;

$W(\tilde{t}_w=4) = \frac{1}{190} \approx 0{,}0053$, denn o.o... ist die einzige Möglichkeit, $t_w = 4$ zu erhalten;

$W(\tilde{t}_w=5) = \frac{2}{190} \approx 0{,}0105$, denn es gibt die beiden Möglichkeiten o..o... und .oo..., $t_w = 5$ zu bekommen;

$W(\tilde{t}_w=6) = \frac{2}{190} \approx 0{,}0105$, denn es gibt die beiden Möglichkeiten .o.o.. und o...o..., $t_w = 6$ zu erzielen.

⋮ ⋮

c) Die Null-Wahrscheinlichkeitsfunktion von $\tilde{t}_w$ bzw. von $\tilde{u}$ ist *symmetrisch*, wie man sich leicht überlegt.

Beispiel 3.-4

Man vergleiche Beispiel 3.-3. Für folgende Ereignisse treten jeweils gleiche Anzahlen gleich wahrscheinlicher Fälle auf:

oo... $(t_w=3)$	.....oo $(t_w=39)$
o.o... $(t_w=4)$	....o.o $(t_w=38)$
o..o... / .oo.... $(t_w=5)$	...o..o / ....oo. $(t_w=37)$
⋮	⋮

Allgemein gilt demnach unter H_o

$$W(\tilde{t}_w=t_w) = W[\tilde{t}_w = \tfrac{1}{2}(n_1+n_2)(n_1+n_2+1) - \tfrac{1}{2}n_2(n_2+1) - t_w]$$

und analog

$$W(\tilde{u}=u) = W(\tilde{u}=n_1n_2-u) \quad .$$

Für die Auswertung von Tabellen zum *Wilcoxon-Mann-Whitney*-Test sind diese Beziehungen zu verwerten.

d) Für bestimmte Kombinationen größerer Stichprobenumfänge kann die Nullverteilung von $\tilde{t}_w$ und analog auch für $\tilde{u}$ durch die Normalverteilung mit entsprechenden Parametern approximiert werden. Grundlage ist ein Befund von *Hoeffding* (1948), wonach die Nullverteilung von

$$\frac{\tilde{u} - \frac{1}{2}n_1n_2}{\sqrt{\frac{1}{12}n_1n_2(n_1 + n_2 + 1)}}$$

für $\min(n_1,n_2) \to \infty$ gegen die Standardnormalverteilung konvergiert. Analoges gilt für die zu $\tilde{t}_w$ gehörende standardisierte Prüfvariable. Als Faustregel wird meist angegeben, daß die Normalapproximation ausreichend genau ist für $n_1 \geq 4$ und $n_1+n_2 \geq 30$; die Stetigkeitskorrektur (vgl. Abschnitt 1.11.3.) verbessert die Approximation.

3.2.1.5. Die Prüfung der Nullhypothese

In *Tabelle XIV*, welche dem Lehrbuch von *Siegel* (1956), S. 275-276, entnommen wurde, sind für zweiseitige Signifikanzniveaus von 0,05 und 0,02 bei konservativem Testen die größten Werte im unteren Teil des Ablehnungsbereiches bezüglich $\tilde{u}$ verzeichnet. Falls aus dem Stichprobenbefund t_w errechnet wurde, geht man mittels

$$u = t_w - \frac{1}{2}n_1(n_1 + 1)$$

zum zugehörigen Wert u über. Bei der Abgrenzung des Ablehnungsbereichs ist gegebenenfalls auch die Symmetrieeigenschaft der Nullverteilung von $\tilde{u}$ zu verwerten.

Beispiel 3.-5

Es sei $n_1 = 8$ und $n_2 = 10$.

a) Wird das Signifikanzniveau $\alpha = 0{,}05$ bei konservativem Testen gewählt, so ist bei *zweiseitiger* Fragestellung H_o abzulehnen, falls $u \leq 17$ oder $u \geq 8 \cdot 10 - 17 = 63$ resultiert.

b) Ist *einseitig* zu testen, kann man mit Tabelle XIV nur Signifikanzniveaus von 0,025 bzw. 0,01 bei konservativem Testen verwirklichen. Ist $H_o{:}\lambda \geq 0$ zu testen, so ist beim Signifikanzniveau 0,025 und konservativem Testen H_o abzulehnen, falls $u \leq 17$ resultiert. Wäre $H_o{:}\lambda \leq 0$ zu testen, so wäre beim Signifikanzniveau 0,025 und konservativem Testen H_o abzulehnen, falls $u \geq 63$ aus der Stichprobe ermittelt wird.

3.2.1.6. Die Behandlung von Bindungen

Der *Wilcoxon-Mann-Whitney*-Test basiert auf der Voraussetzung stetiger Variabler. Mit ihr wird ausgeschlossen, daß gleiche Variablenwerte auftreten. Trotzdem kommen in der Praxis wegen Meßungenauigkeiten häufig Bindungen vor (vgl. Abschnitt 1.12.).

Beim *Wilcoxon-Mann-Whitney*-Test ist die *Methode der mittleren Ränge* (vgl. auch Abschnitt 2.3.2.) am gebräuchlichsten. Man geht davon aus, daß sich die $n = n_1 + n_2$ Variablenwerte der gepoolten Stichprobe in m verschiedenen Werten ($m \leq n$) realisieren. Man ordnet diese Werte nach Größe und bezeichnet mit t_l die Häufigkeit, mit welcher der l-t-kleinste unter den m *verschiedenen* Werten vorkommt ($l=1,\ldots,m$). Ist ein Wert nur einmal vorgekommen, ist $t_l = 1$. Gleichen Variablenwerten wird der *mittlere* der für sie in Frage kommenden Werte zugeteilt; er wird mit $rg^*(x_k)$ ($k=1,\ldots,n$) bezeichnet.

Beispiel 3.-6

Für die $n = n_1 + n_2 = 6$ Variablenwerte 4,5; 6,0; 6,0; 9,0; 9,0; 9,0 gilt $m = 3$ und $t_1 = 1$, $t_2 = 2$ und $t_3 = 3$. Außerdem ist $rg^*(4{,}5) = rg(4{,}5) = 1$; $rg^*(6{,}0) = 2{,}5$ und $rg^*(9{,}0) = 5$.

Läßt man die Voraussetzung stetiger Variabler fallen, so treten Bindungen mit positiver Wahrscheinlichkeit auf. Dies hat Konsequenzen für die Nullverteilung der Prüfvariablen. Sie ist nicht mehr unabhängig von der Verteilung der Variablen in den beiden Grundgesamtheiten. Dies läßt sich mit einem einfachen Beispiel zeigen.

Beispiel 3.-7 (vgl. *Lehmann* (1975), S. 59)

Die Variable $\tilde{x}$ sei eine diskrete Zufallsvariable, welche nur die beiden Werte 0 und 1 annimmt. Die zugehörigen Wahrscheinlichkeiten seien $1-\theta$ bzw. θ; die beiden Stichprobenumfänge seien $n_1 = 1$ und $n_2 = 2$. In diesem Falle ist der Wert der *Wilcoxon*schen Prüfvariablen $\tilde{t}_w$ der Rang $rg^*(x_{11})$ des einen Beobachtungswertes aus der ersten Stichprobe in der zusammengefaßten Stichprobe, wenn die Methode der mittleren Ränge angewendet wird. Unter H_0 besitzt $\tilde{t}_w$ eine Wahrscheinlichkeitsfunktion, welche leicht zu ermitteln ist. In Tabelle 3.-3 sind die möglichen Ausprägungen der Variablenwerte und die zugehörigen Werte der Prüfvariablen $\tilde{t}_w = rg^*(\tilde{x}_{11})$ aufgelistet; Tabelle 3.-4 zeigt die Null-Wahrscheinlichkeitsfunktion dieser Prüfvariablen bei Verwendung der Methode der gebundenen Ränge. Man ersieht, daß letztere von θ, also von der Verteilung in der Grundgesamtheit, abhängt.

x_{11}	0	0	0	0	1	1	1	1
x_{21}	0	1	0	1	0	0	1	1
x_{22}	0	0	1	1	0	1	0	1
$t_w = rg^*(x_{11})$	2	1,5	1,5	1	3	2,5	2,5	2

Tabelle 3.-3

t_w	1	1,5	2	2,5	3
$W(\tilde{t}_w = t_w \mid H_0)$	$(1-\theta)\theta^2$	$2(1-\theta)^2\theta$	$(1-\theta)^3+\theta^3$	$2(1-\theta)\theta^2$	$(1-\theta)^2\theta$

Tabelle 3.-4

Die Abhängigkeit der Prüfvariablen von der Verteilung in der Grundgesamtheit ist darauf zurückzuführen, daß die Konfiguration der Bindungen zufällig ist, wenn $\tilde{x}$ als diskret vorausgesetzt wird. Liegen Bindungen vor, dann führt man einen *bedingten Test* durch, indem man die in der Stichprobe realisierte Konfiguration der Bindungen als gegeben betrachtet. Unter dieser Bedingung ist die Verteilung der mittleren Ränge und damit der Prüfvariablen unabhängig von den Nullverteilungen in den beiden Grundgesamtheiten und kann auf dieselbe Art und Weise wie in Abschnitt 3.2.1.4. ermittelt werden. Dies ermöglicht bei Vorliegen von Bindungen prinzipiell dieselbe Vorgehensweise wie bisher dargelegt. Zur Berechnung des Wertes der Prüfvariablen werden jedoch die *mittleren* Rangwerte $rg^*(x_{1i})$ eingesetzt.

Treten bei mehreren Variablenwerten in derselben Teilstichprobe Bindungen auf, so wird dadurch, wie man leicht überlegt, der Wert der Prüfvariablen $\tilde{t}_w$ oder $\tilde{u}$ nicht verändert; betreffen die Bindungen hingegen Variablenwerte aus beiden Stichproben, dann wird dieser beeinflußt. Die mit Hilfe der Methode der mittleren Ränge ermittelten Prüfvariablenwerte werden mit $\tilde{t}_w^*$ bzw. $\tilde{u}^*$ bezeichnet. Die Auswirkung dieser Methode besteht darin, daß die Varianz der Prüfvariablen (unter H_o) verringert wird; ihr Erwartungswert bleibt hingegen unverändert. Man kann zeigen (vgl. z. B. *Lehmann* (1975), S. 332), daß

$$\operatorname{var} \tilde{t}_w^* = \operatorname{var} \tilde{u}^* = \frac{n_1 \cdot n_2 (n_1 + n_2 + 1)}{12} - \frac{n_1 \cdot n_2 \sum_{l=1}^{m} (t_l^3 - t_l)}{12(n_1 + n_2)(n_1 + n_2 + 1)}$$

gilt; dabei repräsentiert der zweite Ausdruck auf der rechten Seite die Korrektur für Bindungen. Liegen nur wenige Bindungen vor, kann dieser vernachlässigt werden. Man verarbeitet daher zwar mittlere Ränge bei der Berechnung des Wertes der Prüfvariablen, trifft aber die Entscheidung über Ablehnung oder Nichtablehnung von H_o, als ob keine Bindungen vorgelegen hätten. Diese Verfahrensweise ist *konservativ* in dem Sinne, daß die Nullhypothese, falls sie richtig ist, mit etwas kleinerer Wahrscheinlichkeit als eigentlich vorgesehen abgelehnt wird, denn die Varianz der Prüfvariablen wird tendenziell etwas zu hoch veranschlagt. Treten zahlreiche Meßwerte mehrfach auf und besteht die Möglichkeit, die Normalapproximation der Prüfverteilung zu verwerten, so ist hingegen die Berücksichtigung der Korrektur für Bindungen bei der Varianz empfehlenswert.

3.2.1.7. Vergleich des *Wilcoxon-Mann-Whitney*-Tests mit dem Zwei-Stichproben-t-Test

Liegen normalverteilte Variablen vor, dann sind der *Wilcoxon-Mann-Whitney*-Test und der Zwei-Stichproben-t-Test unmittelbare Konkurrenten. Es kann nachgewiesen werden (vgl. z.B. *Gibbons* (1971), S. 284-285), daß die asymptotische relative Effizienz des *Wilcoxon-Mann-Whitney*-Tests bezüglich des t-Tests $3/\pi \approx 0{,}955$ beträgt (vgl. Abschnitt 1.8.; man beachte auch analoge Ausführungen in Abschnitt 2.3.4.). Wie beim Vorzeichen-Rang-Test von Wilcoxon ergibt sich also hier eine erstaunlich hohe Effizienz des verteilungsfreien Tests für den Fall, daß die Stichprobenumfänge groß sind und wahre und behauptete Lokalisationsdifferenz nicht zu sehr auseinanderfallen.

Mann kann darüber hinaus zeigen (vgl. *Hodges* und *Lehmann* (1956)), daß der *Wilcoxon-Mann-Whitney*-Test eine asymptotische relative Effizienz bezüglich des t-Tests hat, welche $108/125 \approx 0{,}864$ nicht unterschreiten kann. Liegen Rechtecksverteilungen vor, beträgt diese asymptotische relative Effizienz sogar 1; bei doppelexponentialverteilten Variablen (vgl. Abschnitt 2.3.4.) wiederum sogar 3/2. Es gibt auch vielerlei Belege dafür, daß bei niedrigeren Stichprobenumfängen der *Wilcoxon-Mann-Whitney*-Test kaum weniger vorteilhaft ist als der Zwei-Stichproben-t-Test; man vergleiche etwa *Milton* (1970) und *Büning* (1973).

Auch für den *Wilcoxon-Mann-Whitney*-Test läßt sich insgesamt, wie für den Vorzeichentest und den Vorzeichen-Rang-Test von *Wilcoxon* beim Ein-Stichproben-Fall, feststellen, daß sein Einsatz der Verwendung des klassischen t-Tests in der Regel vorzuziehen ist, es sei denn, die Normalverteilungsannahme ist zweifelsfrei gerechtfertigt. Dies gilt wieder insbesondere auch bei kleinen Stichproben.

3.2.2. Der *Fisher-Yates*-Test (c_1-Test von *Terry*; *Terry-Hoeffding*-Test)

Der *Fisher-Yates*-Test ist ebenso wie der X-Test von *van der Waerden* entstanden aus dem Bemühen, einen verteilungsungebundenen Konkurrenten des Zwei-Stichproben-t-Tests mit asymptotischer relativer Effizienz 1 zu finden.

3.2.2.1. Die Prüfvariable des *Fisher-Yates*-Tests

Bezüglich der methodischen Voraussetzungen und der Nullhypothese wird zunächst auf Abschnitt 3.2.1.1. verwiesen. Die Prüfvariable $\tilde{c}_1$ des *Fisher-Yates*-Tests ist nach einem Konstruktionsprinzip definiert, das demjenigen der Prüfvariablen des *Wilcoxon-Mann-Whitney*-Tests (*Wilcoxon*sche Variante)

$$\tilde{t}_W = \sum_{i=1}^{n_1} rg(\tilde{x}_{1i})$$

analog ist: An die Stelle der Ränge $rg(x_{1i})$ der Beobachtungswerte aus der ersten Stichprobe in der gepoolten Stichprobe treten die sogenannten *Expected Normal Scores* $E\tilde{x}_{[1i]}$. Dabei ist $E\tilde{x}_{[1i]}$ der *Erwartungswert der Positionsstichprobenfunktion mit derjenigen Positionsnummer, welche vom i-ten Wert aus der ersten Stichprobe in der gepoolten Stichprobe eingenommen wird, und zwar bei standardnormalverteilter Variabler.* Die Prüfvariable ist also hier speziell

$$\tilde{c}_1 = \sum_{i=1}^{n_1} E\tilde{x}_{[1i]}$$

3.2.2.2. Die Expected Normal Scores

Man betrachtet zunächst n Realisierungen einer standardnormalverteilten Variablen. Die k-te Positionsstichprobenfunktion hat, wenn φ bzw. Φ wieder die Dichte- bzw. Verteilungsfunktion der Standardnormalverteilung bezeichnen, die Dichtefunktion (vgl. Abschnitt 2.2.2.)

$$f_{\tilde{x}_{[k]}}(x_{[k]}) = \frac{n!}{(k-1)!(n-k)!}[\Phi(x_{[k]})]^{k-1}\varphi(x_{[k]})[1-\Phi(x_{[k]})]^{n-k-1} .$$

Die Erwartungswerte $E\tilde{x}_{[k]}$ dieser Positionswerte sind in der Regel nicht analytisch zu bestimmen, sondern nur mit Verfahren der numerischen Integration. Sie liegen in tabellierter Form vor. *Tabelle XV* ist eine gekürzte Fassung der von *Bradley* (1968), S. 326, veröffentlichten Tabelle. In ihr sind (Gesamt-) Stichprobenumfänge bis 20 berücksichtigt. Zu den einzelnen Werten der Expected Normal Scores sind die nachfolgenden Bemerkungen nötig.

1. Die $E\tilde{x}_{[k]}$ liegen symmetrisch zum Wert 0. Es gilt also

$$E\tilde{x}_{[k]} = - E\tilde{x}_{[n-k+1]}$$

(k=1,...,n).

2. Bei ungeradem (Gesamt-) Stichprobenumfang n ist

$$E\tilde{x}_{[\frac{n+1}{2}]} = 0 \quad .$$

3. In Tabelle XV sind für Stichprobenumfänge bis 20 jeweils die Werte $E\tilde{x}_{[n]},\ldots,E\tilde{x}_{[n/2]}$ (bei geradem n) bzw. $E\tilde{x}_{[n]},\ldots,$ $E\tilde{x}_{[(n+3)/2]}$ (bei ungeradem n) angegeben. Die restlichen Werte lassen sich bei Beachtung der Symmetrie leicht bestimmen. Gegegebenenfalls ist $E\tilde{x}_{[(n+1)/2]} = 0$ zu ergänzen.

Die Ermittlung des Wertes der Prüfvariablen des *Fisher-Yates*-Tests wird in Beispiel 3.-8 veranschaulicht.

Beispiel 3.-8

Man vergleiche die Daten aus Beispiel 3.-1. Der Wert $c_1 = -1{,}8453$ der Prüfvariablen wird gemäß Tabelle 3.-5 ermittelt.

i bzw. j	1	2	3	4	1	2	3	4	5
x_{1i} bzw. x_{2j}	10,5	11,6	8,9	13,5	14,6	13,6	12,6	10,9	11,0
$rg(x_{1i})$	2	5	1	7					
$E\tilde{x}_{[1i]}$	-0,9323	0	-1,4850	0,5720					

Tabelle 3.-5

3.2.2.3. Zur Nullverteilung der Prüfvariablen des *Fisher-Yates*-Tests

Die Nullverteilung der Prüfvariablen $\tilde{c}_1$ ist eine diskrete Verteilung. Die Ausprägungen sind in der Regel irrationale Zahlen. Man kann zeigen, daß die Wahrscheinlichkeitsfunktion symmetrisch zur Ordinatenachse ist. In *Tabelle XVI*, welche dem Buch von *Bradley* (1968), S. 327-330, entstammt, sind für (Gesamt-)Stichprobenumfänge n bis 20 und verschiedene zugehörige Teil-Stichprobenumfänge n_1 die Werte c_1'' verzeichnet, für welche unter H_0

$$W(\tilde{c}_1 \leq - c_1'' \vee \tilde{c}_1 \geq c_1'') \approx 0{,}02$$

bzw. ≈ 0,05 gilt. Dabei ist das Prinzip der Adjustierung des Signifikanzniveaus (vgl. Abschnitt 1.11.1.) zugrundegelegt. Das jeweilige exakte Signifikanzniveau $2\,W(\tilde{c}_1 > c_1'')$ ist zusätzlich angegeben.

Beispiel 3.-9

Siehe Beispiel 3.-8. Beim Wert $c_1 = -1{,}8453$ der Prüfvariablen ist $H_0{:}\lambda_0 = 0$ beim Signifikanzniveau 0,02 nicht abzulehnen, weil weder $c_1 \leq -2{,}989$ noch $c_1 \geq +2{,}989$ vorliegt (vgl. Tabelle XVI; $n = 9$; $n_1 = 4$).

Für große n, welche in Tabelle XVI nicht berücksichtigt sind, kann man eine Normalapproximation der Prüfverteilung verwenden. Dabei beachtet man, daß unter H_0

$$E\tilde{c}_1 = 0 \quad \text{und} \quad \text{var } \tilde{c}_1 = \frac{n_1 \cdot n_2}{n(n-1)} \sum_{k=1}^{n} (E\tilde{x}_{[k]})^2$$

gilt. Gegebenenfalls benötigt man zur Bestimmung von var $\tilde{c}_1$ ausführliche Tabellen der Expected Normal Scores; Tabelle XV reicht nur bis n = 20. Da die Prüfverteilung eine diskrete Verteilung ist, würde eine Stetigkeitskorrektur die Approximationsgenauigkeit verbessern. Sie kann jedoch nicht durchgeführt werden, weil die Menge der möglichen Werte der Prüfvariablen unübersichtlich ist und in den Anwendungen unbekannt bleibt.

3.2.2.4. Vergleich mit dem *Wilcoxon-Mann-Whitney*-Test

Die Durchführung des *Fisher-Yates*-Tests gestaltet sich deutlich aufwendiger als beim *Wilcoxon-Mann-Whitney*-Test. Dagegen steht ein theoretischer Vorteil: Bei normalverteilter Grundgesamtheit ist die asymptotische relative Effizienz des *Fisher-Yates*-Tests, bezogen auf den Zwei-Stichproben-t-Test, 1. Er ist also letzterem asymptotisch gleichwertig. Bei nicht normalverteilter Grundgesamtheit ist die asymptotische relative Effizienz dieses Tests, verglichen mit dem t-Test, immer größer als 1 und kann im Einzelfall sogar unendlich werden.

3.2.3. Der X-Test von *van der Waerden*

3.2.3.1. Die Prüfvariable des X-Tests

Bezüglich der Testvoraussetzungen kann erneut auf Abschnitt 3.2.1.1. verwiesen werden. Auch das Konstruktionsprinzip ist bei diesem Test analog zum Konstruktionsprinzip der Prüfvariablen des *Wilcoxon-Mann-Whitney*-Tests und des *Fisher-Yates*-Tests (vgl. *van der Waerden* (1952/53) und die ausführliche Darstellung bei *van der Waerden* und *Nievergelt* (1956)). An die Stelle der Ränge $rg(x_{1i})$ bzw. der Expected Normal Scores $E\tilde{x}_{[1i]}$ treten die Größen

$$\Phi_{\tilde{z}}^{-1}\left[\frac{rg(x_{1i})}{n_1+n_2+1}\right] \quad ,$$

also die Quantile der Ordnung $rg(x_{1i})/(n_1+n_2+1)$ der Standardnormalverteilung. Die Prüfvariable ist also hier

$$\tilde{x} = \sum_{i=1}^{n_1} \Phi_{\tilde{z}}^{-1}\left[\frac{rg(x_{1i})}{n_1+n_2+1}\right] \quad .$$

Die in diese Prüfvariable eingearbeiteten Quantile der Standardnormalverteilung haben eine Symmetrieeigenschaft, welche durch

$$\Phi_{\tilde{z}}^{-1}\left(\frac{k}{n_1+n_2+1}\right) = -\Phi_{\tilde{z}}^{-1}\left(1 - \frac{k}{n_1+n_2+1}\right)$$

ausgedrückt wird.

3.2.3.2. Die Quantile der Standardnormalverteilung

Die Ermittlung von Quantilen der Standardnormalverteilung ist grundsätzlich mit Hilfe von Tabelle I möglich. Allerdings werden dort vorgegebenen Werten z die zugehörigen Werte $\Phi_{\tilde{z}}(z)$ der Verteilungsfunktion zugeordnet. Daher können Werte $\Phi_{\tilde{z}}^{-1}(p)$ in der Regel nur approximativ durch Interpolieren bestimmt werden. Deshalb sind in *Tabelle XVII* Quantile der Ordnung p der Standardnormalverteilung für $p \geq 0{,}500$ in zureichender Ausführlichkeit angegeben. Sie stammen aus *Pearson* und *Hartley* I, (1976^3), S. 158-159. Für Werte p zwischen 0 und 0,5 ist die Symmetrieeigenschaft der Standardnormalverteilung zu berücksichtigen. Im nachfolgenden Beispiel wird die Berechnung des Wertes der Prüfvariablen dargelegt.

Beispiel 3.-10

Man vergleiche die Daten aus Beispiel 3.-1 und die Vorgehensweisen in den Beispielen 3.-2 und 3.-8. Die Ermittlung des

Wertes der Prüfvariablen des X-Tests erfolgt in Tabelle 3.-6.

i bzw. j	1	2	3	4	1	2	3	4	5
x_{1i} bzw. x_{2j}	10,5	11,6	8,9	13,5	14,6	13,6	12,6	10,9	11,0
$rg(x_{1i})$	2	5	1	7					
$\frac{rg(x_{1i})}{n_1+n_2+1}$	0,20	0,50	0,10	0,70					
$\Phi_{\tilde{z}}^{-1}(\ldots)$	-0,8416	0	-1,2816	0,5244					

Tabelle 3.-6

Der Wert der *van der Waerden*schen Prüfvariablen ist hier die Summe der Werte in der letzten Zeile von Tabelle 3.-6, also $x = -1{,}5988$.

3.2.3.3. Zur Nullverteilung der Prüfvariablen des X-Testes von *van der Waerden*

Die Nullverteilung der Prüfvariablen $\tilde{x}$ ist wieder eine diskrete Verteilung; die Ausprägungen sind in der Regel irrationale Zahlen. Die Wahrscheinlichkeitsfunktion ist symmetrisch zur Ordinatenachse. In *Tabelle XVIII* (vgl. *van der Waerden* (1973[3]), S. 348), sind für (Gesamt-) Stichprobenumfänge n zwischen 8 und 50 und verschiedene betragsmäßige Differenzen $|n_1 - n_2|$ der beiden (Teil-) Stichprobenumfänge sowie für verschiedene Signifikanzniveaus die *Beträge* x" der Prüfvariablen angegeben, deren *Überschreitung* zur Ablehnung von H_0 bei konservativem Testen führt. Unter H_0 gilt also (vgl. Abscnitt 3.2.2.3.)

$$W(-x'' \leq \tilde{x} \leq x'') \approx 1 - \alpha \quad .$$

Beispiel 3.-11

Siehe Beispiel 3.-10. Beim Wert $x \approx -1{,}60$, $n = 9$ und $|n_1 - n_2| = 1$

ist H_o beim Signifikanzniveau $\alpha = 0{,}05$ nicht abzulehnen, da weder $x < -2{,}38$ noch $x > 2{,}38$ vorliegt.

Auch beim X-Test von *van der Waerden* kann die Nullverteilung der Prüfvariablen bei großem (Gesamt-) Stichprobenumfang durch die Normalverteilung approximiert werden. Dabei beachtet man, daß unter H_o

$$E\tilde{x} = 0 \quad \text{und} \quad \operatorname{var} \tilde{x} = \frac{n_1 n_2}{(n-1)n} \sum_{k=1}^{n} [\Phi_{\tilde{z}}^{-1}(\frac{k}{n+1})]^2$$

ist. Um var $\tilde{x}$ für Zwecke der Normalapproximation bei Stichprobenumfängen zwischen 51 und 120 leicht ermitteln zu können, verwendet man *Tabelle XIX* (vgl. *van der Waerden* (1971[3]), S. 349). Eine Stetigkeitskorrektur kann wiederum nicht durchgeführt werden.

Bezüglich der asymptotischen relativen Effizienz kann gesagt werden, daß der X-Test und der *Fisher-Yates*-Test gleichwertig sind. Der erforderliche Rechenaufwand ist auch beim X-Test von *van der Waerden* erheblich.

3.3. Verteilungsfreier Streuungsvergleich bei zwei unabhängigen Stichproben

Der Streuungsvergleich bei zwei unabhängigen Stichproben erfolgt in der herkömmlichen Statistik mit Hilfe des *F-Tests*. Die Nullhypothese ist bei zweiseitiger Fragestellung im Falle der Streuungshomogenitätsprüfung, der für die Praxis typisch ist, H_o: $\sigma_1^2 = \sigma_2^2$. Diese besagt also, daß die *Varianzen* in den beiden Grundgesamtheiten gleich sind. Vorauszusetzen ist, daß die beiden Variablen *normalverteilt* sind.

Die Prüfung der Varianzhomogenität erfolgt beim F-Test mit Hilfe der Prüfvariablen

$$\tilde{f} = \frac{\tilde{s}_1^2}{\tilde{s}_2^2} \quad ,$$

welche unter H_o F-verteilt ist mit $(n_1-1;n_2-1)$ Freiheitsgraden (vgl. auch Tabelle V). Dabei sind

$$\tilde{s}_1^2 = \frac{1}{n_1-1}\sum_i(\tilde{x}_{1i} - \tilde{\bar{x}}_1)^2 \qquad \text{bzw.} \qquad \tilde{s}_2^2 = \frac{1}{n_2-1}\sum_j(\tilde{x}_{2j} - \tilde{\bar{x}}_2)^2$$

die Varianzen in den beiden Stichproben. Der F-Test gilt als *wenig robust* gegen die Normalverteilungsannahme (vgl. Abschnitt 1.10.). Daher sind hier verteilungsungebundene Verfahren von besonderem Interesse.

3.3.1. Methodische Voraussetzungen und Nullhypothese für verschiedene Testverfahren zum Streuungsvergleich

Die Formulierung der Nullhypothese für den verteilungsungebundenen Streuungsvergleich ist mit einem gewissen Aufwand verbunden. Sie wird unter Rückgriff auf den F-Test erläutert.

Beim F-Test kann die Normalitätsvoraussetzung auch wie folgt konkretisiert werden, wobei μ_1 bzw. μ_2 die Erwartungswerte der beiden Variablen bezeichnen: Die transformierten Variablen $\tilde{x}_1 - \mu_1$ bzw. $\tilde{x}_2 - \mu_2$ sind normalverteilt mit Erwartungswert O und Varianzen σ_1^2 bzw. σ_2^2. Das bedeutet unter anderem, daß

$$\Phi_{\tilde{x}_1-\mu_1}(x|0;\sigma_1^2) = \Phi_{\tilde{x}_2-\mu_2}(\frac{\sigma_2}{\sigma_1}\cdot x|0;\sigma_2^2)$$

ist. Der Wert der (Normal-) Verteilungsfunktion der Variablen $\tilde{x}_1 - \mu_1$ an der Stelle x ist also gleich dem Wert der Verteilungsfunktion der Variablen $\tilde{x}_2 - \mu_2$ an der Stelle $(\sigma_2/\sigma_1)\cdot x$. Mit dieser Formulierung der Testvoraussetzungen und mit $\theta := \sigma_2/\sigma_1$ kann die Nullhypothese - bei zweiseitiger Fragestellung - für den F-Test in die Form H_o: $\theta = \theta_o = 1$ gebracht werden.

Bei verteilungsungebundenen Testen zum Variabilitätsvergleich werden statt der beiden Erwartungswerte analog die beiden Mediane $x_1(0,5)$ bzw. $x_2(0,5)$ als Lokalisationsparameter eingesetzt. Die methodischen Voraussetzungen solcher Teste erhalten damit die Formulierung

$$F_{\tilde{x}_1 - x_1(0,5)}(x) = F_{\tilde{x}_2 - x_2(0,5)}(\theta x) \quad .$$

Sie besagt, daß die Verteilungsfunktion von $\tilde{x}_1 - x_1(0,5)$ durch *Skalenveränderung* (Streckung; Dehnung) in die Verteilungsfunktion von $\tilde{x}_2 - x_2(0,5)$ übergeht. Diese Situation wird mit $\theta < 1$ in Figur 3.-2 veranschaulicht.

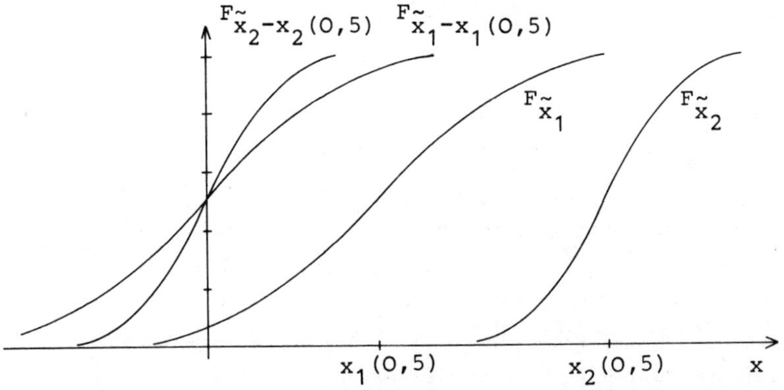

Figur 3.-2

Sind - was im Regelfalle in der Praxis nicht zutrifft - die beiden Mediane $x_1(0,5)$ und $x_2(0,5)$ *bekannt*, dann sind die Beobachtungswerte x_{1i} $(i=1,\ldots,n_1)$ bzw. x_{2j} $(j=1,\ldots,n_2)$ vor ihrer Verarbeitung nach $x_{1i} - x_1(0,5)$ bzw. $x_{2j} - x_2(0,5)$ zu transformieren. Mit diesen transformierten Werten erfolgt dann der Streuungsvergleich. Sind die beiden Mediane *nicht bekannt*, dann muß in die methodischen Voraussetzungen aufgenommen werden, daß sie, obwohl sie unbekannt sind, *gleich* sind.

Die Nullhypothese ist hier wiederum - bei zweiseitiger Fragestellung - mit H_0: $\theta = \theta_0 = 1$ anzugeben. Sind die beiden Mediane bekannt, so haben unter H_0 die Zufallsvariablen $\tilde{x}_1 - x_1(0,5)$ und $\tilde{x}_2 - x_2(0,5)$ dieselbe Verteilung. Sind sie unbekannt, aber gleich, dann haben unter H_0 die Variablen $\tilde{x}_1$ und $\tilde{x}_2$ dieselbe Verteilung.

Methodisch vorauszusetzen ist hier zusätzlich, daß die Verteilungen der beiden Variablen *stetig* sind.

3.3.2. Der Test von *Siegel-Tukey*

Der Test von *Siegel-Tukey* (vgl. *Siegel* und *Tukey* (1960)) beruht auf folgender Grundvorstellung: Ist die Variabilität in den beiden Grundgesamtheiten verschieden, dann werden bei einer Anordnung der Beobachtungswerte in der gepoolten Stichprobe nach Größe - gegebenenfalls nach Subtraktion der bekannten Mediane $x_1(0,5)$; $x_2(0,5)$ - tendenziell die *kleineren und größeren Werte zusammen zu einer der beiden Stichproben gehören*. Diesem Gedanken entspricht die *Siegel-Tukey*sche Prüfvariable

$$\tilde{t}_{ST} = \sum_{k=1}^{n} w_k \tilde{z}_k \quad ;$$

die $\tilde{z}_k$ sind dabei Indikatorvariablen mit $z_k = 1$, falls der k-t-kleinste Wert in der gepoolten Stichprobe aus der ersten (kleineren) Stichprobe stammt, und $z_k = 0$ sonst. Hierbei und auch für die weiteren Gedankengänge in diesem Abschnitt wird von der praxisnahen Vorstellung ausgegangen, die Mediane der beiden Verteilungen seien gleich. Für die Multiplikatoren w_k sind beim Test von *Siegel-Tukey* folgende spezielle Festlegungen zu beachten:

1. Ist $n = n_1 + n_2$ durch 4 teilbar, so wird nach der Zuordnung

k	: 1	2	3	4	5	...	$\frac{n}{2}$	...	n-3	n-2	n-1	n
w_k	: 1	4	5	8	9	...	n	...	7	6	3	2

verfahren. Den Beobachtungswerten mit den Rängen 1; n; n-1; 2; 3; n-2; n-3; 4; 5;...; n/2 werden also sukzessive die Multiplikatoren 1; ...;n zugewiesen. Deren Summe über alle Werte, die aus der ersten Stichprobe stammen, ist der Wert der Prüfvariablen.

2. Ist $n = n_1 + n_2$ durch 2, jedoch nicht durch 4 teilbar, so wird wie unter 1. verfahren; allerdings wird $w_k = n$ nunmehr für den Wert $k = n/2 + 1$.

3. *Ist* $n = n_1 + n_2$ *ungerade*, so wird der mittlere Wert mit der Ordnungsnummer $(n+1)/2$ unbeachtet gelassen. Ansonsten wird nach 1. oder 2. verfahren.

Damit sind alle möglichen Fälle unterschieden. Es bedarf des Hinweises, daß die kleineren bzw. größeren Werte in der gepoolten Stichprobe nicht ganz symmetrisch behandelt werden. D.h., die Ausprägung der *Siegel-Tukey*schen Prüfvariablen würde gelegentlich geringfügig anders ausfallen, wenn man die Beobachtungswerte nicht beginnend mit dem *kleinsten*, sondern beginnend mit dem *größten* Wert anordnete.

Die gemäß 1. bis 3. oben angegebenen Multiplikatoren können durch

$$w_k = \begin{cases} 2k \text{ für } k \text{ gerade und } 1 \leq k \leq \frac{n}{2} \\ 2k - 1 \text{ für } k \text{ ungerade und } 1 \leq k \leq \frac{n}{2} \\ 2(n-k) + 2 \text{ für } k \text{ gerade und } \frac{n}{2} < k \leq n \\ 2(n-k) + 1 \text{ für } k \text{ ungerade und } \frac{n}{2} < k < n \end{cases}$$

zusammengefaßt werden, wie man leicht überlegt. Die Ermittlung des Wertes der *Siegel-Tukey*schen Prüfvariablen wird im nachfolgenden Beispiel 3.-12 veranschaulicht.

Beispiel 3.-12

a) Es seien die Beobachtungswerte x_{1i}: 2,5; 3,0; 7,0; 7,1; 9,0; und x_{2j}: 2,9; 3,2; 3,5; 3,9; 5,1; 6,2; 7,2; ($n_1 = 5$ und $n_2 = 7$, also $n = 12$ und durch 4 teilbar) registriert worden. Der Wert $t_{ST} = 21$ der *Siegel-Tukey*schen Prüfvariablen ist die Summe der in der letzten Zeile von Tabelle 3.-7 unterstrichenen Werte.

x_{1i} bzw. x_{2j}	2,5	2,9	3,0	3,2	3,5	3,9	5,1	6,2	7,0	7,1	7,2	9,0
z_k	1	0	1	0	0	0	0	0	1	1	0	1
w_k	$\underline{1}$	4	$\underline{5}$	8	9	12	11	10	$\underline{7}$	$\underline{6}$	3	$\underline{2}$

Tabelle 3.-7

b) die registrierten Beobachtungswerte seien x_{1i}: 6,1; 7,2; 10,3; 14,9; und x_{2j}: 2,6; 2,9; 3,8; 5,5; 5,6; 10,6; (n_1 = 4 und n_2 = 6, also n = 10 und durch 2, nicht jedoch durch 4 teilbar). Der Wert t_{ST} = 25 der *Siegel-Tukey*schen Prüfvariablen wird in Tabelle 3.-8 ermittelt.

x_{1i} bzw. x_{2j}	2,6	2,9	3,8	5,5	5,6	6,1	7,2	10,3	10,6	14,9
z_k	0	0	0	0	0	1	1	1	0	1
w_k	1	4	5	8	9	10	7	6	3	2

Tabelle 3.-8

c) Nunmehr seien die Werte x_{1i}: 2,5; 9,6; 12,8; und x_{2j}: 1,9; 5,7; 13,9; 17,8; (n_1 = 3 und n_2 = 4, n = 7 also ungerade) beobachtet worden. Der Wert mit der Ordnungsnummer (n+1)/2 = 4 wird hier unberücksichtigt gelassen. Es ergibt sich gemäß Tabelle 3.-9 der Wert t_{ST} = 10.

x_{1i} bzw. x_{2j}	1,9	2,5	5,7	~~9,6~~	12,8	13,9	17,8
z_k	0	1	0		1	0	0
w_k	1	4	5		6	3	2

Tabelle 3.-9

Man überlegt sich leicht, daß die Prüfvariable $\tilde{t}_{ST}$ bei Gültigkeit der Nullhypothese Streuungshomogenität dieselbe Verteilung hat wie die Prüfvariable $\tilde{t}_W$ des *Wilcoxon-Mann-Whitney*-Tests, *Wilcoxon*sche Variante. Zur Durchführung des Tests von *Siegel-Tukey* kann man also *Tabelle XIV* heranziehen und muß vorher von der *Wilcoxon*schen Prüfvariablen $\tilde{t}_{ST}$ zur *Mann-Whitney*-Prüfvariablen

$$\tilde{u}_{ST} = \tilde{t}_{ST} - \frac{1}{2}n_1(n_1 + 1)$$

übergehen. Auch die Normalapproximation der Nullverteilung dieser Prüfvariablen kann entsprechend eingesetzt werden.

Beispiel 3.-13

x_{1i} bzw. x_{2j}	z_k	w_k
12,5	1	1
12,8	1	4
12,9	1	5
13,5	1	8
17,5	0	9
18,6	0	12
20,5	0	13
20,9	1	16
21,3	0	17
21,5	0	20
22,5	0	19
22,6	0	18
23,0	0	15
24,1	0	14
25,8	0	11
28,0	1	10
28,5	1	7
29,5	1	6
29,9	1	3
30,1	1	2

Tabelle 3.-10

Zwei unabhängige Stichproben lieferten die Beobachtungswerte x_{1i}: 12,5; 12,8; 12,9; 13,5; 20,9; 28,0; 28,5; 29,5; 29,9; 30,1 und x_{2j}: 17,5; 18,6; 20,5; 21,3; 21,5; 22,5; 22,6; 23,0; 24,1; 25,8. Zur Prüfung der Nullhypothese der Streuungshomogenität der beiden Variablen berechnet man den Wert $t_{ST} = 62$ der *Siegel-Tukey*schen Prüfvariablen gemäß Tabelle 3.-10. Man geht zu

$$u_{ST} = 62 - \frac{1}{2} \cdot 10 \cdot 11 = 7$$

über. Beim Signifikanzniveau $\alpha = 0{,}05$ und konservativem Testen ist gemäß Tabelle XIV die Nullhypothese der Streuungshomogenität zu verwerfen, falls $u_{ST} \leq 23$ oder $u_{ST} \geq 77$ resultiert. Im vorliegenden Falle führt der Stichprobenbefund also zur Verwerfung.

Bei einseitigen Problemstellungen zum Streuungsvergleich ist besondere Vorsicht geboten: Wird etwa behauptet, daß die Variabilität in der ersten Grundgesamtheit *höchstens* so groß ist wie in der zweiten, dann wird dieser Hypothese durch sehr *niedrige* Werte der *Siegel-Tukey*schen Prüfvariablen widersprochen und umgekehrt.

3.3.3. Hinweise auf weitere verteilungsungebundene Verfahren zum Variabilitätsvergleich

Zum Problem des Variabilitätsvergleiches bei zwei unabhängigen Stichproben wurden verschiedene weitere Prüfvariablen entwickelt, welche sämtlich ebenfalls auf dem Konstruktionsschema

$$\tilde{t} = \sum_{k=1}^{n} w_k \tilde{z}_k$$

aufgebaut sind, dem auch der Test von *Siegel-Tukey* entspricht.

1. Die Teste von *Ansari-Bradley-Freund (Freund* und *Ansari* (1957) sowie *Ansari* und *Bradley* (1960)) bzw. von *David-Barton (David* und *Barton* (1958)) sind durch folgende Wägungsfaktoren w_k gekennzeichnet:

$$1\ 2\ 3\ \ldots\ \frac{n}{2}\ \frac{n}{2}\ \ldots\ 3\ 2\ 1 \quad \text{(n gerade)}$$

$$1\ 2\ 3\ \ldots\ \frac{n-1}{2}\ \frac{n+1}{2}\ \frac{n-1}{2}\ \ldots\ 3\ 2\ 1 \quad \text{(n ungerade)}$$

bzw.

$$\frac{n}{2}\ \frac{n}{2}-1\ \ldots\ 3\ 2\ 1\ 1\ 2\ 3\ \ldots\ \frac{n}{2}-1\ \frac{n}{2} \quad \text{(n gerade)}$$

$$\frac{n-1}{2}\ \frac{n-3}{2}\ \ldots\ 3\ 2\ 1\ 1\ 2\ 3\ \ldots\ \frac{n-1}{2}\ \frac{n+1}{2} \quad \text{(n ungerade)}$$

Man kann zeigen, daß der Test von *Siegel-Tukey*, der Test von *Ansari-Bradley-Freund* und der Test von *David-Barton* äquivalent in dem Sinne sind, daß die Prüfvariablen durch lineare Funktionen verknüpft sind, was auch intuitiv einleuchtet. Dies rechtfertigt es, daß hier nur der Test von *Siegel-Tukey* ausführlich behandelt wurde.

2. Einem weiteren Test zum Streuungsvergleich liegt die anschauliche Vorstellung zugrunde, als Wägungsfaktoren die *quadrierten Differenzen zwischen den einzelnen Rängen und dem mittleren Rang* in der gepoolten Stichprobe zu verwenden. Dies ist der Test von *Mood* (vgl. *Mood* (1954)), der also - bei ungeradem (Gesamt)-Stichprobenumfang - durch die Prüfvariable

$$\tilde{t}_M = \sum_{k=1}^{n} \left(k - \frac{n+1}{2}\right)^2 \tilde{z}_k$$

gekennzeichnet ist. Dieser Test hat eine geringe praktische Bedeutung; eine Tabelle für seine Anwendung findet man bei *Büning* und *Trenkler* (1978), S. 388 - 393.

3. Man kann auch den Grundgedanken des X-Testes von *van der Waerden* mit der Idee des Testes von *Mood* kombinieren. Damit ergibt sich der Test von *Klotz* (1962), der die Prüfvariable

$$\tilde{t}_K = \sum_{k=1}^{n} \left[\Phi^{-1}\left(\frac{k}{n+1}\right)\right]^2 \tilde{z}_k$$

aufweist. Wird statt des X-Testes der *Fisher-Yates*-Test zugrundegelegt, so ergibt sich der Test von *Capon* (vgl. *Capon* (1961)). Auch diese beiden Teste haben keine echte praktische Bedeutung.

3.3.4. Vergleich der verteilungsfreien Variabilitätsteste mit dem F-Test

Man kann nachweisen, daß unter der Voraussetzung normalverteilter Variabler mit gleicher Lokalisation die Teste von *Siegel-Tukey*, von *Ansari-Bradley-Freund* und von *Barton-David* bezüglich des klassischen Testes die asymptotische relative Effizienz $6/\pi^2 \approx 0{,}608$ haben. Dieser Wert ist deutlich niedriger als etwa die asymptotische relative Effizienz des *Wilcoxon-Mann-Whitney*-Tests bezüglich des t-Tests. Allerdings ist in diesem Zusammenhang die vergleichsweise geringe Robustheit des F-Tests gegen die Normalitätsvoraussetzung zusätzlich zu bedenken.

Beim Test von *Mood* ist die asymptotische relative Effizienz, bezogen auf den F-Test, $15/(2\pi^2) \approx 0{,}760$, falls von Normalverteiltheit ausgegangen wird. Legt man andere Verteilungen zugrunde, so kann diese zwischen 0 und ∞ variieren. Die Teste von *Klotz* und von *Capon* weisen hingegen die asymptotische relative Effizienz 1, bezogen auf den F-Test, auf, falls Normalverteiltheit vorausgesetzt wird. Hier zeigt sich ihre Verwandtschaft mit dem X-Test von *van der Waerden* bzw. mit dem *Fisher-Yates*-Test.

3.4. Das gemeinsame Konstruktionsprinzip der behandelten Teste

Nicht nur die Teste zum Variabilitätsvergleich, welche in Abschnitt 3.3.3. behandelt wurden, sondern auch die Teste zum Lokalisationsvergleich werden oft auf das Konstruktionsprinzip

$$\tilde{t} = \sum_{k=1}^{n} w_k \tilde{z}_k$$

der jeweiligen Prüfvariablen zurückgeführt (vgl. z.B. *Hájek* und *Šidák* (1967), S. 163, *Rytz* (1968), S. 17 oder *Hájek* (1969), S. 6 ff.). Die Bezeichnungen $rg(x_k)$ für den Rang des k-ten Beobachtungswertes in der gepoolten Stichprobe, $E\tilde{x}_{[k]}$ für den Erwartungswert des k-t-kleinsten Wertes bei einer unabhängigen n-fachen Realisierung einer standardnormalverteilten Variablen und

$$\Phi_{\tilde{z}}^{-1}\left(\frac{k}{n+1}\right)$$

als Quantil der Ordnung $k/(n+1)$ der Standardnormalverteilung sind bereits eingeführt. Setzt man für die allgemeinen Faktoren w_k speziell diese Werte ein, so ergeben sich die Prüfvariablen des *Wilcoxon-Mann-Whitney*-Tests, des *Fisher-Yates*-Tests und des X-Testes von *van der Waerden*.

Für die Wägungsfaktoren w_k gilt, daß sie bei den behandelten Testen zum Lokalisationsvergleich jeweils *mit zunehmendem k zunehmen*. Bei den behandelten Testen zum Variabilitätsvergleich sind die Gewichte jeweils positiv. Die vom Zentralwert abgelegenen kleineren oder größeren Werte in der gepoolten Stichprobe erhalten entweder die niedrigeren Multiplikatoren (Test von *Siegel-Tukey;* Test von *Ansari-Bradley-Freund*) oder die höheren Werte (Test von *Barton-David;* Test von *Mood;* Test von *Klotz;* Test von *Capon*).

Es gibt weitere Teste zum verteilungsfreien Lokalisations- oder Streuungsvergleich, welche dem angegebenen Konstruktionsprinzip jedoch nicht entsprechen. Man vergleiche etwa die Darstellung bei *Rytz* (1968).

3.5. Verteilungsvergleich bei zwei unabhängigen Stichproben

3.5.1. *Fishers* Exact Probability Test

Man geht von zwei Grundgesamtheiten aus, bei welchen eine *dichotome* Variable interessiert. Ihnen werden unabhängig n_1 bzw. n_2 Elemente entnommen. Die Hypothese der Identität der beiden Verteilungen kann in dieser einfachen Situation durch *Gleichheit der Anteilswerte* der einen Sorte von Elementen in beiden Grundgesamtheiten ausgedrückt werden. Bezeichnet man diese Anteilswerte mit θ_{11} bzw. θ_{21} bei der ersten bzw. zweiten Grundgesamtheit, so kann man die Nullhypothese durch H_o: $\theta_{11} = \theta_{21}$ konkretisieren. Der Stichprobenbefund besteht hier aus den Anzahlen der Elemente der beiden Sorten und wird in Tabelle 3.-11 veranschaulicht.

	Anzahl der Elemente der		
	1. Sorte	2. Sorte	
Erste Stichprobe	x_{11}	x_{12}	n_1
Zweite Stichprobe	x_{21}	x_{22}	n_2
	$x_{.1}$	$x_{.2}$	n_1+n_2

Tabelle 3.-11

Als Prüfvariable für die Testdurchführung kann man eine der Anzahlen $\tilde{x}_{11}$, $\tilde{x}_{12}$, $\tilde{x}_{21}$ oder $\tilde{x}_{22}$ verwenden. Hier wird - im Hinblick auf Tabelle XX - die Variable $\tilde{x}_{22}$, also die Anzahl der Elemente der zweiten Sorte in der zweiten Stichprobe, in den Vordergrund gestellt. Ihre Verteilung wird unter der Gültigkeit der Nullhypothese und unter der Voraussetzung betrachtet, daß $x_{.1}$ und damit auch $x_{.2}$, also die Anzahlen der Elemente der beiden Sorten in der gepoolten Stichprobe, *bekannt* sind. Ist $\theta_{11} = \theta_{21}$, dann ist $\tilde{x}_{22}$ *hypergeometrisch verteilt* mit Parametern n_2, $n_1 + n_2$ und $x_{.2}$, hat also für ihre möglichen Werte die Wahrscheinlichkeitsfunktion

$$h_{\tilde{x}_{22}}(x_{22} | n_2; n_1+n_2; x_{.2}) = \frac{\binom{x_{.2}}{x_{22}}\binom{x_{.1}}{x_{21}}}{\binom{n_1+n_2}{n_2}} .$$

Zur hypergeometrischen Verteilung vergleiche man z.B. *Schaich* (1977), S. 100-102. Dies verdeutlicht folgende Modellvorstellung: Man betrachtet die gepoolte Stichprobe vom Umfang $n_1 + n_2$ als Grundgesamtheit, welche unter H_o einen *homogenen* Anteil $x_{.2}/(n_1+n_2)$ von Elementen der zweiten Sorte aufweist. Ihr wird nach dem Urnenmodell ohne Zurücklegen eine Stichprobe mit dem Umfang n_2 entnommen. Entsprechend sind unter H_o auch $\tilde{x}_{21}$ und $\tilde{x}_{11}$ und $\tilde{x}_{12}$ hypergeometrisch verteilt mit bestimmten Parametern.

Beispiel 3.-14

	Anzahl der Elemente der		
	1. Sorte	2. Sorte	
Stichprobe 1	10	0	10
Stichprobe 2	4	5	9
	14	5	19

Tabelle 3.-12

Es wird von dem Stichprobenbefund gemäß Tabelle 3.-12 ausgegangen. *Bei gegebenen Randhäufigkeiten* hat die Zufallsvariable $\tilde{x}_{22}$: Anzahl der Elemente der zweiten Sorte in der zweiten Stichprobe die möglichen

Werte 0,1,...,5; bei $x_{22} > 5$ könnte der Randwert $x_{.2} = 5$ nicht eingehalten werden.

Die Null-Wahrscheinlichkeitsfunktion von $\tilde{x}_{22}$ hat unter anderem folgende Werte:

$$W(\tilde{x}_{22}=0|H_o) = \frac{\binom{5}{0}\binom{14}{9}}{\binom{19}{9}} = \frac{7}{323} \approx 0{,}0217;$$

$$W(\tilde{x}_{22}=1|H_o) = \frac{\binom{5}{1}\binom{14}{8}}{\binom{19}{9}} = \frac{105}{646} \approx 0{,}1625;$$

$$\vdots \qquad\qquad \vdots$$

$$W(\tilde{x}_{22}=4|H_o) = \frac{\binom{5}{4}\binom{14}{5}}{\binom{19}{9}} = \frac{70}{646} \approx 0{,}1084;$$

$$W(\tilde{x}_{22}=5|H_o) = \frac{\binom{5}{5}\binom{14}{4}}{\binom{19}{9}} = \frac{7}{646} \approx 0{,}0108.$$

Entsprechend hat die Zufallsvariable $\tilde{x}_{21}$ die möglichen Werte 4, 5, ..., 9. Für ihre Null-Wahrscheinlichkeitsfunktion gilt

$$W(\tilde{x}_{21}=4|H_o) = \frac{\binom{14}{4}\binom{5}{5}}{\binom{19}{10}} = W(\tilde{x}_{22}=5|H_o) \;;$$

$$\vdots \qquad\qquad \vdots$$

$$W(\tilde{x}_{21}=9|H_o) = \frac{\binom{14}{9}\binom{5}{0}}{\binom{19}{10}} = W(\tilde{x}_{22}=0|H_o) \ .$$

Man ersieht, daß $\tilde{x}_{22}$ und $\tilde{x}_{12}$ als Prüfvariablen äquivalent sind. In gleicher Weise sind auch $\tilde{x}_{11}$ und $\tilde{x}_{12}$ als Prüfvariablen mit $\tilde{x}_{22}$ gleichwertig.

In diesem Beispiel ist bei einem Signifikanzniveau von $\alpha = 0{,}05$ und bei konservativem Testen die Nullhypothese H_o: $\theta_{11} = \theta_{21}$ abzulehnen, wenn $x_{22} = 0$ oder $x_{22} = 5$ resultiert. Der angegebene Stichprobenbefund führt also zur Ablehnung von H_o.

Häufig werden mit *Fishers* Exact Probability Test einseitige Fragestellungen bearbeitet.Die Nullhypothese lautet in solchen Fällen H_o: $\theta_{11} \geq \theta_{21}$ bzw. H_o: $\theta_{11} \leq \theta_{21}$. Dann muß sorgfältig überlegt werden, ob ein *besonders hoher* oder *besonders niedriger* Wert der Prüfvariablen - bei gegebenen Randwerten - zur Ablehnung führt.

Beispiel 3.-15

a) Ist H_o: $\theta_{11} \geq \theta_{21}$ zu prüfen, dann *widerspricht* dieser Bereichshypothese ein besonders niedriger Wert x_{11}, damit ein besonders hoher Wert x_{21} und damit ein besonders niedriger Wert x_{22}.

b) Bei H_o: $\theta_{11} \leq \theta_{21}$ ist es umgekehrt.

Zur vereinfachten Durchführung von *Fishers* Exact Probability Test wurden Tabellen entworfen. Dabei handelt es sich um geeignet strukturierte Tabellierungen von hypergeometrischen Verteilungen mit verschiedenen Parametern. Eine solche Tabelle ist *Tabelle XX*. In ihr werden als Prüfvariable alternativ $\tilde{x}_{22}$ oder $\tilde{x}_{21}$ verwendet. Außerdem ist sie auf einseitige Fragestellungen bei konservativem Testen ausgerichtet. Für weitere Paare von Stichprobenumfängen vergleiche man *Siegel* (1956), S. 259-270.

Beispiel 3.-16

Aus Tabelle XX ersieht man, daß H_o: $\theta_{11} \leq \theta_{21}$ beim Signifikanzniveau $\alpha = 0{,}05$ und konservativem Testen abzulehnen ist für $x_{21} \leq 5$, falls, wie in Beispiel 3.-14, $n_1 = 10$, $n_2 = 9$ und $x_{11} = 10$ ist. Man beachte dabei, daß durch $x_{11} = 10$ bei $n_1 = 10$ und $n_2 = 9$ die Randwerte $x_{.1}$ und $x_{.2}$ natürlich noch nicht festgelegt sind. Deshalb kann der Tabellenwert 5 nicht ohne weiteres den Berechnungen im Rahmen von Beispiel 3.-14 entnommen werden.

3.5.2. Der *Kolmogorov-Smirnov*-Zwei-Stichproben-Test

Anders als bei *Fishers* Exact Probability Test, der nur bei dichotomen Variablen Anwendung finden kann, wird nun von zwei *metrischen* Variablen ausgegangen, welche jeweils *stetig* sind. Von diesen Variablen sollen n_1 bzw. n_2 unabhängige Realisierungen vorliegen. Die Nullhypothese ist hier durch

$$H_o: F_{\tilde{x}_1}(x) = F_{\tilde{x}_2}(x)$$

für alle $x \in \mathbb{R}$ gekennzeichnet, besagt also die *Identität der beiden Verteilungen*, ohne daß diese konkretisiert sein müssen. Beim *Kolmogorov-Smirnov*-Zwei-Stichproben-Test (vgl. Abschnitt 2.2.6. zum *Kolmogorov-Smirnov*-Ein-Stichproben-Test) werden für die Prüfung dieser Hypothese die Divergenzen zwischen den beiden relativierten Stichproben-Summenfunktionen $s^{*1}_{n_1}(x)$ und $s^{*2}_{n_2}(x)$ herangezogen. Dabei ist (vgl. Abschnitt 2.2.1.)

$$s^{*1}_{n_1}(x) = \begin{cases} 0 \text{ für } x < x_{1[1]} \\ \frac{i}{n_1} \text{ für } x_{1[i]} \leq x < x_{1[i+1]} \quad (i=1,\ldots,n_1-1), \\ 1 \text{ sonst} \end{cases}$$

wobei $x_{1[i]}$ den i-t-kleinsten Beobachtungswert in der ersten Stichprobe bezeichnet; $s^{*2}_{n_2}(x)$ ist analog definiert. Die Prüfvariable des *Kolmogorov-Smirnov*-Zwei-Stichproben-Tests ist

$$\tilde{d}_{n_1,n_2} = \sup_x |\tilde{s}^{*1}_{n_1}(x) - \tilde{s}^{*2}_{n_2}(x)| ,$$

also die *größte (supremale)* vorkommende, ohne Berücksichtigung des Vorzeichens gemessene *Ordinatendifferenz der beiden relativierten Stichproben-Summenfunktionen*. Zur Ermittlung der Nullverteilung dieser Prüfvariablen und deren Tabellierung wird auf *Massey* (1951;1952), *Birnbaum* und *Hall* (1960) und *Gibbons* (1971), S. 127-131, verwiesen.

Tabelle XXI enthält für den Fall gleicher und für den Fall verschiedener Stichprobenumfänge n_1 und n_2 die kritischen Werte $d_{n_1,n_2}(1-\alpha)$, bei deren *Überschreitung* die Nullhypothese H_o: $F_{\tilde{x}_1}(x) = F_{\tilde{x}_2}(x)$ für ein vorgegebenes Signifikanzniveau α abzulehnen ist. Der Tabelle liegt das Prinzip des konservativen Testens (vgl. Abscnitt 1.11.1.) zugrunde. Das Signifikanzniveau ist also regelmäßig etwas kleiner als der vorgegebene Wert α, da die Nullverteilung von $\tilde{d}_{n_1,n_2}$ eine diskrete Verteilung ist.

Für größere Stichprobenumfänge verwendet man Näherungen der kritischen Werte, welche für $n_1 = n_2$ und $n_1 \neq n_2$ ebenfalls in Tabelle XXI aufgenommen wurden. Näherungswerte für Signifikanzniveaus, welche in Tabelle XXI nicht berücksichtigt sind, können der Arbeit von *Smirnov* (1948) entnommen werden.

Der *Kolmogorov-Smirnov*-Zwei-Stichproben-Test kann auch dann eingesetzt werden, wenn die Variablen *diskret* sind. Das Verfahren ist dann wiederum *konservativ* in dem auch in Abschnitt 2.2.6. beschriebenen Sinn. Dies gilt auch bei Vorliegen einer Klasseneinteilung; sie muß indessen bei beiden Variablen in gleicher Weise erfolgen.

Beispiel 3.-17

Von zwei Variablen liegen $n_1 = 10$ bzw. $n_2 = 20$ Beobachtungswerte $x_{1[i]}$: 2,1; 4,4; 6,3; 6,6; 6,8; 7,1; 7,8; 8,7; 9,1; 9,9 bzw. $x_{2[i]}$: 0,4; 0,5; 1,0; 1,9; 2,5; 2,7; 3,0; 3,2; 3,8; 4,2; 4,8; 5,0; 5,3; 5,5; 5,8; 6,0; 7,6; 8,5; 9,1; 10,2 vor. Zu prüfen ist beim Signifikanzniveau $\alpha = 0{,}05$ die Hypothese der Identität der beiden Verteilungen, von welchen angenommen werden darf, daß sie stetig sind.

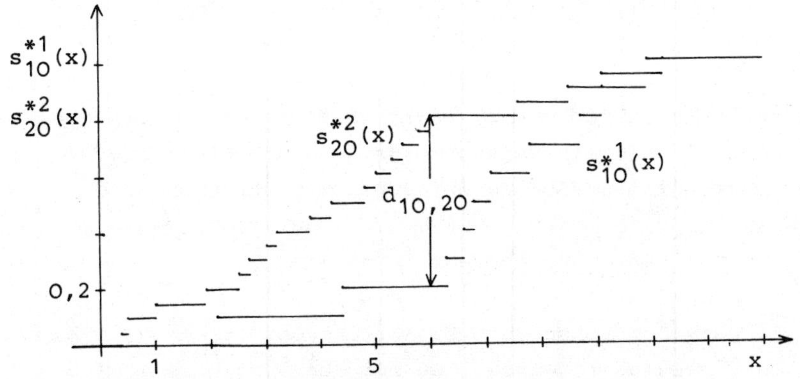

Figur 3.-3

Aus Figur 3.-3, in welcher die beiden relativen Stichproben-Summenkurven eingezeichnet sind, ersieht man, daß das Supremum der Beträge der Ordinatendifferenzen (beispielsweise) bei x = 6,0 vorkommt. Man errechnet

$$d_{10,20} = |s^{*1}_{10}(6{,}0) - s^{*2}_{20}(6{,}0)| = 0{,}6 \quad .$$

Aus Tabelle XXI entnimmt man $d_{10,20}(0{,}95) = 0{,}5$. Wegen $0{,}5 < 0{,}6$ ist H_o im vorliegenden Falle abzulehnen.

Auch im Zwei-Stichproben-Fall kommen gelegentlich *einseitige* Verteilungshypothesen vor, also H_o: $F_{\tilde{x}_1}(x) \leq F_{\tilde{x}_2}(x)$ bzw. $F_{\tilde{x}_1}(x) \geq F_{\tilde{x}_2}(x)$ für alle x. Sie besagen (vgl. Abschnitt 2.2.6.), daß die Verteilungsfunktion der ersten Variablen *überall nicht über* bzw. *überall nicht unter* der Verteilungsfunktion der zweiten Variablen liegt. In solchen Fällen ist H_o abzulehnen, wenn

$$d'_{n_1,n_2} = \sup_x \left(s^{*1}_{n_1}(x) - s^{*2}_{n_2}(x)\right)$$

bzw.

$$d''_{n_1,n_2} = \sup_x \left(s^{*2}_{n_2}(x) - s^{*1}_{n_1}(x)\right)$$

einen bestimmten kritischen Wert *überschreitet*. Die benötigten kritischen Werte für einen solchen einseitigen Verteilungsvergleich können ebenfalls Tabelle XXI entnommen werden.

3.5.3. Der χ^2-Zwei-Stichproben-Test

Auch der χ^2-Test, der schon beim Ein-Stichproben-Fall (vgl. Abschnitt 2.2.7.) behandelt wurde, ist für den Vergleich zweier Verteilungen bei unabhängigen Stichproben einsetzbar. Bezüglich der Skalierung der beiden Variablen brauchen *keine Voraussetzungen* formuliert werden. Allerdings treten ähnlich wie beim χ^2-Ein-Stichproben-Test auch hier gegebenenfalls die Probleme der *Klassenbildung* auf; außerdem sind bezüglich *erwarteter Besetzungszahlen* auch hier gewisse Einschränkungen zu beachten.

Beispielsweise kann mit dem χ^2-Test auch eine Hypothese folgender Art geprüft werden: Bei zwei Grundgesamtheiten (z.B. bei den Wahlberechtigten in zwei Regionen) ist die Aufgliederung in mehrere Sorten von Elementen (z.B. in Wähler verschiedener Parteien und Nichtwähler) gleich. Daneben kann der χ^2-Zwei-Stichproben-Test, wenn die Voraussetzungen für seine Anwendung vorliegen, als Alternative zum *Kolmogorov-Smirnov*-Zwei-Stichproben-Test und auch zu *Fishers* Exact Probability Test verwendet werden.

Zur Erläuterung des χ^2-Testverfahrens im Zwei-Stichproben-Fall werden zunächst die Fragen der Klassenbildung und des Vorliegens ausreichend hoher erwarteter Besetzungszahlen als gelöst betrachtet. Es wird davon ausgegangen, daß *bezüglich beider Variabler* m Kategorien oder Klassen *mit identischer Abgrenzung* gebildet wurden. Man bezeichnet mit n_{1k} bzw. n_{2k} (k=1,...,r) die Anzahl der in die k-te Kategorie oder Klasse einfallenden Elemente so, daß

$$\sum_{k=1}^{r} n_{1k} = n_1 \quad \text{und} \quad \sum_{k=1}^{r} n_{2k} = n_2$$

die beiden Stichprobenumfänge sind. Außerdem sei $n_{.k} = n_{1k} + n_{2k}$ (k=1,...,r) die Anzahl der Elemente in der k-ten Kategorie in beiden Stichproben zusammen. Der Befund aus den beiden Stichproben läßt sich allgemein gemäß Tabelle 3.-13 darstellen.

	Nr. der Kategorie bzw. Klasse					
	1	...	k	...	r	
Erste Stichprobe	n_{11}	...	n_{1k}	...	n_{1r}	n_1
Zweite Stichprobe	n_{21}	...	n_{2k}	...	n_{2r}	n_2
	$n_{.1}$	...	$n_{.k}$	...	$n_{.r}$	n_1+n_2

Tabelle 3.-13

Man bezeichnet mit θ_{1k} bzw. θ_{2k} den Anteil der Elemente in der ersten bzw. zweiten Grundgesamtheit, welche jeweils zur k-ten Kategorie gehören (k=1,...,r). Mit diesen Bezeichnungen kann die Nullhypothese der Identität der beiden Verteilungen in die Form H_o: $\theta_{1k} = \theta_{2k} = \theta_k$ für alle k gebracht werden. Ist H_o richtig, dann sind in der k-ten Kategorie bei der ersten bzw. zweiten Stichprobe $n_1 \cdot \theta_k$ bzw. $n_2 \cdot \theta_k$ Stichprobenelemente zu *erwarten*. Der unbekannte Anteil θ_k kann unter H_o jeweils mit

Hilfe des Gesamt-Stichprobenbefundes durch $n_{\cdot k}/(n_1+n_2)$ *geschätzt* werden. Diese Schätzung hat unter anderem die Qualität einer Maximum-Likelihood-Schätzung. Sie liefert unter H_o eine *erwartete geschätzte Häufigkeit* in der k-ten Kategorie bei der ersten bzw. zweiten Stichprobe von

$$n^o_{1k} = \frac{n_{\cdot k} \cdot n_1}{n_1 + n_2} \quad \text{bzw.} \quad n^o_{2k} = \frac{n_{\cdot k} \cdot n_2}{n_1 + n_2} \quad .$$

Dabei werden r - 1 Häufigkeiten unabhängig geschätzt. Man kann in Analogie zu den Überlegungen im Abschnitt 2.2.7. (vgl. auch die dort genannte Literatur) zum Fall einer nicht voll spezifizierten Verteilungshypothese feststellen, daß unter H_o die Prüfvariable

$$\tilde{v}^* = \sum_{k=1}^{r} \frac{\left(\tilde{n}_{1k} - \tilde{n}^o_{1k}\right)^2}{\tilde{n}^o_{1k}} + \sum_{k=1}^{r} \frac{\left(\tilde{n}_{2k} - \tilde{n}^o_{2k}\right)^2}{\tilde{n}^o_{2k}}$$

für $n \rightarrow \infty$ und $n_1/n \rightarrow c > 0$ asymptotisch χ^2-verteilt ist mit $2r - 2 - (r-1) = r - 1$ Freiheitsgraden.

Die Klassenbildung soll beim χ^2-Zwei-Stichproben-Test in jedem Falle so erfolgen, daß die in Abschnitt 2.2.7. genannten Bedingungen von *Cochran* (1952) über Mindestwerte erwarteter Häufigkeiten erfüllt sind. Entsprechend ist eventuell die Anzahl der Klassen festzulegen und deren Abgrenzung vorzunehmen. Ein Prinzip gleicher Wahrscheinlichkeiten für die Klassenbildung oder ein ähnliches Prinzip kann für den χ^2-Zwei-Stichproben-Test nicht formuliert werden.

Beispiel 3.-18

Von zwei metrischen Variablen liegen $n_1 = 100$ bzw. $n_2 = 150$ unabhängige Realisierungen vor, welche in die Häufigkeitstabelle 3.-14 eingebracht worden sind. Beim Signifikanzniveau $\alpha = 0{,}05$ ist die Hypothese zu prüfen, beide Variablen haben identische Verteilungen.

	1	2	3	4	5	6	7	8	9	10	
Erste St.	0	5	8	12	18	20	18	9	5	5	100
Zweite St.	2	3	8	17	18	25	35	22	12	8	150
	2	8	16	29	36	45	53	31	17	13	250

Tabelle 3.-14

Die zugehörigen erwarteten Häufigkeiten n^o_{1k} und n^o_{2k} sind in Tabelle 3.-15 angegeben.

	1	2	3	4	5	6	7	8	9	10	
Erste St.	0,8	3,2	6,4	11,6	14,4	18,0	21,2	12,4	6,9	5,2	100
Zweite St.	1,2	4,8	9,6	17,4	21,6	27,0	31,8	18,6	10,2	7,8	150
	2	8	16	29	36	45	53	31	17	13	250

Tabelle 3.-15

Angesichts der niedrigen erwarteten Häufigkeiten in den beiden ersten Klassen ist (vgl. Abschnitt 2.2.7.) deren Zusammenfassung nötig. Die Anzahl der Klassen ist damit nur noch 9; in der ersten Klasse stehen den beiden beobachteten Häufigkeiten 5 und 5 die erwarteten Häufigkeiten 4,0 und 6,0 gegenüber.

Mit diesen Häufigkeiten ergibt sich der Wert

$$v^* = \frac{(5-4{,}0)^2}{4{,}0} + \ldots + \frac{(5-5{,}2)^2}{5{,}2} + \frac{(5-6{,}0)^2}{6{,}0} + \ldots + \frac{(8-7{,}8)^2}{7{,}8}$$

$$\approx 6{,}14$$

der Prüfvariablen. Das 0,95-Quantil der χ^2-Verteilung mit 8 Freiheitsgraden ist 15,51 (vgl. Tabelle IV). Daher ist die Nullhypothese der Homogenität der beiden Verteilungen nicht abzulehnen.

3.5.4. Vergleichende Betrachtung der behandelten Teste

Liegen kleine Stichprobenumfänge vor und sind die beiden Variablen keine *metrischen* Variablen, so kann zum Verteilungvergleich nur *Fishers* Exact Probability Test eingesetzt werden. Dazu muß gegebenenfalls eine Dichotomisierung der beiden Stichprobenbefunde erfolgen. Bei größeren Stichprobenumfängen wird der Einsatz dieses Testes vergleichsweise aufwendig, weil die kritischen Werte eigens errechnet werden müssen. Liegen metrische, insbesondere stetige metrische Variablen vor, dann ist der *Kolmogorov-Smirnov*-Test vor allem dann adäquat, wenn beim χ^2-Zwei-Stichproben-Test eine sehr kleine Klassenanzahl resultieren würde, weil zu niedrige erwartete Häufigkeiten auftreten. Der χ^2-Zwei-Stichproben-Test ist dann vorzuziehen, wenn bei hohen Stichprobenumfängen eine größere Anzahl von Kategorien oder Klassen vorliegt.

Präzisere Aussagen sind schwer zu formulieren. Meist fehlt es in der Praxis, ähnlich wie im Ein-Stichproben-Fall, an der Möglichkeit, eventuelle Alternativen zur Nullhypothese zu konkretisieren und die Auswahl des adäquaten Testes darauf auszurichten.

4. Verteilungsfreie Prüfverfahren zum Zwei-Stichproben-Fall (verbundene Stichproben)

4.1. Zwei verbundene Stichproben

In Abschnitt 1.1.2. wurde dargelegt, daß der Zwei-Stichproben-Fall bei verbundenen Stichproben dadurch gekennzeichnet ist, daß *Beobachtungswertepaare* einer zweidimensionalen Variablen vorliegen. Ein Wertepaar ist deshalb verbunden, weil es bei derselben Untersuchungseinheit, etwa bei demselben Probanden, beobachtet wurde.

Die Prüfvariablen, welche zwei verbundene Stichproben betreffen, können in zwei Hauptgruppen eingeteilt werden. Bei der ersten Gruppe von Testen wird von den Wertepaaren zu einer *derivierten* eindimensionalen Variablen, beispielsweise der Differenz der Wertepaare, übergangen; die derivierten Variablenwerte werden dann nach Methoden verarbeitet, die den Ein-Stichproben-Fall betreffen. Solche Verfahren werden in Abschnitt 4.2. behandelt. Daneben besteht die Möglichkeit, die stochastischen Beziehungen zwischen den beiden verbunden beobachteten Variablen *durch geeignete Koeffizienten*, insbesondere *Korrelationskoeffizienten*, auszudrücken und statistische Prüfverfahren auf die Werte solcher Koeffizienten zu beziehen. Diese Verfahrensweise steht im Abschnitt 4.3. dieses Kapitels im Vordergrund und kennzeichnet im Grunde auch Abschnitt 4.4.

4.2. Verteilungsfreier Lokalisationsvergleich bei zwei verbundenen Stichproben

4.2.1. Der Vorzeichentest und der Vorzeichen-Rang-Test von *Wilcoxon*

Der Vorzeichentest und der Vorzeichen-Rang-Test von *Wilcoxon* können, wie in Abschnitt 2.3.3. bereits dargelegt wurde, zum Lokalisationsvergleich eingesetzt werden. Dabei wird die Variable Differenz der beiden Variablen gemäß Ein-Stichproben-Fall verarbeitet. Beim Vorzeichen-Rang-Test ist die Voraussetzung nötig, diese derivierte Variable sei symmetrisch verteilt.

4.2.2. Der Test von *McNemar*

Beim Test von *McNemar* sind die beiden Variablen jeweils *dichotome* Variablen; der Test wird dadurch sehr einfach und übersichtlich. Die Fragestellung, auf welche dieser zugeschnitten ist, tritt in den Sozialwissenschaften sehr häufig auf; zwei ihrer Varianten sind folgende:

1. Auf die Elemente einer Grundgesamtheit, an welcher eine dichotome Variable interessiert, wird eine bestimmte *Therapie* angewendet; man denke an eine medizinische Behandlung oder auch an einen Wahlkampf oder eine Werbekampagne. Bei jedem Stichprobenelement wird die Ausprägung der Variablen vor und nach der Therapie ermittelt. Zu prüfen ist, ob die Therapie eine Wirkung gehabt hat oder nicht.

2. Einer Probandengruppe werden nacheinander zwei Aufgaben gestellt, für welche nur "richtig" und "falsch" als Lösungsalternativen möglich sind. An Hand der Anzahlen richtiger Lösungen soll die Hypothese geprüft werden, beide Aufgaben seien gleich schwer.

Für die nachfolgende Erörterung des Tests von *McNemar* wird der erste Sachzusammenhang immer wieder herangezogen.

Der Stichprobenbefund bei Vorliegen verbundener Beobachtungen zweier dichotomer Variabler läßt sich allgemein gemäß Tabelle 4.-1 darstellen. Man beachte die Unterschiede zu entsprechenden Darstellungen beim Zwei-Stichproben-Fall und unabhängigen Stichproben (vgl. Tabelle 3.-11). In Tabelle 4.-1 bezeichnen x_{11} die Anzahl der Probanden, welche vor und nach der Therapie A bevorzugten; Analoges gilt für x_{22}; x_{12} bzw. x_{21} bezeichnet die Anzahl der "Wechsler" von einer Bevorzugung von A zu einer Bevorzugung von B bzw. umgekehrt.

nach Therapie / vor Therapie		Bevorzugung der Alternative		
		A	B	
Bevorzugung der Alternative	A	x_{11}	x_{12}	$x_{1.}$
	B	x_{21}	x_{22}	$x_{2.}$
		$x_{.1}$	$x_{.2}$	n

Tabelle 4.-1

Man bezeichnet mit $\theta_{1.}$ den Anteil der Elemente der Grundgesamtheit, welche vor der Therapie die Alternative A bevorzugten; analog ist $\theta_{2.}$ festgelegt. Die entsprechenden Anteile nach der Therapie sind $\theta_{.1}$ bzw. $\theta_{.2}$. Die zu prüfende Hypothese besagt, daß die Therapie keine Wirkung auf den Anteil der beiden Sorten in der Grundgesamtheit hat; also ist H_o: $\theta_{1.} = \theta_{.1}$. Natürlich wird durch H_o nicht behauptet, es habe keine Wechsler gegeben, sondern nur, daß das Volumen der Wechselvorgänge von A nach B durch Wechsler von B nach A ausgeglichen wurde. Dabei ist die Anzahl der Wechselvorgänge ohne Bedeutung. Die Prüfung der Nullhypothese kann unter Verwendung verschiedener Prüfverteilungen erfolgen:

1. Man entnimmt dem vorliegenden Stichprobenbefund die Anzahl $n_w = x_{12} + x_{21}$ der Wechsler in der Stichprobe. Unter H_o muß die Prüfvariable $\tilde{x}_{12}$ *binomialverteilt* sein mit den Parametern n_w und 0,5. Der Test kann bei kleineren Werten n_w mit Hilfe von *Tabelle XII* durchgeführt werden. Gegebenenfalls kann man die Normalapproximation der Binomialverteilung (vgl. Abschnitt 1.11.3.) verwenden.

2. Man vergleicht die beobachteten Anzahlen x_{12} und x_{21} der Wechsler beider Arten mit den unter H_o *zu erwartenden* Häufigkeiten, die beide $n_w/2$ betragen, und setzt zum Vergleich die χ^2-Verteilung mit 1 Freiheitsgrad ein. Dabei sind die Voraussetzungen bezüglich Besetzungszahlen (vgl. Abschnitt 2.2.7.) zu beachten. Der Wert der χ^2-Prüfvariablen erhält im vorliegenden Fall die spezielle Form

$$\chi^2 = \frac{(x_{12} - \frac{n_w}{2})^2}{\frac{n_w}{2}} + \frac{(x_{21} - \frac{n_w}{2})^2}{\frac{n_w}{2}} = \frac{(x_{12} - x_{21})^2}{x_{12} + x_{21}}$$

Beispiel 4.-1

Der Hersteller eines Schmerzmittels führte zur Verkaufsförderung seines Produktes Cerebropyrin eine mehrwöchige Kampagne durch. Es wurden n = 60 Ärzte vor und nach der Kampagne gefragt, welches Produkt sie bei einer Verschreibung bevorzugten. Dabei resultierten Anzahlen gemäß Tabelle 4.-2. Zu prüfen ist beim Signifikanzniveau 0,05 die Hypothese, die Kampagne sei bei den Ärzten wirkungslos geblieben.

vor der Kampagne \ nach der Kampagne		Bevorzugung von Cerebropyrin	Bevorzugung von anderen Mitteln
Bevorzugung von	Cerebropyrin	16	2
	anderen Mitteln	9	33

Tabelle 4.-2

Die Anzahl der Wechsler ist hier $n_w = 11$. Gemäß Tabelle XII ist

$$W(\tilde{x}_{12} < 3 \vee \tilde{x}_{12} > 8 | H_o) \approx 0{,}066.$$

Daher ist H_o hier nicht abzulehnen. Die Verwendung der χ^2-Prüfvariablen wäre hier hier nicht möglich, da die Anzahl der Wechsler in diesem Falle zu niedrig ist.

4.3. Rangkorrelationskoeffizienten

4.3.1. Anknüpfung an den *Bravais-Pearson*schen Maßkorrelationskoeffizienten

Um gewisse Eigenschaften von Rangkorrelationskoeffizienten zu entwickeln, wird zunächst auf den *Bravais-Pearson*schen Maßkorrelationskoeffizienten zurückgegriffen. Der Maßkorrelationskoeffizient für einen Vektor $(\tilde{x},\tilde{y})$ zweier Variabler (*Maßkorrelationskoeffizient der Grundgesamtheit*) ist durch

$$\rho_{x,y} = \frac{\text{cov } \tilde{x},\tilde{y}}{\sqrt{\text{var } \tilde{x} \, . \, \text{var } \tilde{y}}}$$

definiert. Liegen n Beobachtungswertepaare (x_i,y_i) vor, so ist

$$r = \frac{\Sigma(x_i - \bar{x})(y_i - \bar{y})}{\sqrt{\Sigma(x_i - \bar{x})^2 \, \Sigma(y_i - \bar{y})^2}}$$

der *Maßkorrelationskoeffizient der Stichprobe*. Bezüglich möglicher Prüfverfahren mit Hilfe dieses Koeffizienten kann, kurz resümiert, folgendes festgestellt werden: Ist der Zufallsvektor $(\tilde{x},\tilde{y})$ zweidimensional normalverteilt, dann gilt:

1. Ist $\rho = 0$, liegt also in der Grundgesamtheit Unkorreliertheit vor, so ist die Stichprobenfunktion

$$t = \frac{\tilde{r}}{\sqrt{1-\tilde{r}^2}} \sqrt{n-2}$$

t-verteilt mit (n - 2) Freiheitsgraden.

2. Ist $\rho \neq 0$, so ist die Stichprobenfunktion

$$\tilde{w} = \frac{1}{2} \ln \frac{1+\tilde{r}}{1-\tilde{r}}$$

für $n > 25$ näherungsweise normalverteilt mit dem Erwartungswert

$$E\tilde{w} \approx \frac{1}{2} \ln \frac{1+\rho_{\tilde{x},\tilde{y}}}{1-\rho_{\tilde{x},\tilde{y}}}$$

und der Varianz

$$\operatorname{var} \tilde{w} \approx \frac{1}{n-3}$$

(*Fisher*sche Transformation); man vergleiche z.B. *Schaich, Köhle, Schweitzer* und *Wegner* (1982^2), S. 232-234.

Mit diesen Befunden können auf naheliegende Weise Hypothesen über den Wert des Korrelationskoeffizienten in der Grundgesamtheit, insbesondere auch die Hypothese der Unkorreliertheit zweier Variabler, getestet werden. Allerdings ist dabei die Voraussetzung zweidimensional normalverteilter Variabler äußerst hinderlich. Deshalb ist auch hier die Suche nach verteilungsungebundenen Alternativen sehr naheliegend.

Für den Übergang zu Rangkorrelationskoeffizienten ist die Anknüpfung an bestimmte formale Eigenschaften des Maßkorrelationskoeffizienten besonders sinnvoll. Dabei wird nachfolgend der Maßkorrelationskoeffizient der Stichprobe in den Vordergrund gerückt.

1. Werden die Beobachtungswerte x_i, y_i je einer linearen Transformation

$$x_i' = a_1 x_i + b_1$$

$$y_i' = a_2 y_i + b_2$$

($a_1, a_2 \neq 0$) unterworfen, dann ändert sich der Betrag des Maßkorrelationskoeffizienten nicht. Genau dann, wenn a_1 und a_2 gleiche Vorzeichen haben, ändert sich auch das Vorzeichen des Koeffizienten nicht.

2. Genau dann, wenn

$$y_i = cx_i + d$$

für alle i ($c \neq 0$) gilt, wenn also die Beobachtungswertepaare alle auf einer Geraden liegen, ist $|r| = 1$. Für $c > 0$ ist $r = 1$, für $c < 0$ entsprechend $r = -1$.

Diese beiden Eigenschaften des Maßkorrelationskoeffizienten der Stichprobe werden nun dadurch entschärft, daß gewissermaßen die Rolle der *linearen* funktionalen Verknüpfung von Variablen von der *streng monotonen* Verknüpfung übernommen wird. Dies ergibt Eigenschaften, welche die beiden hier zu behandelnden Rangkorrelationskoeffizienten aufweisen:

1. Werden beide Variablen je einer streng monotonen Transformation unterworfen, dann ändert sich der Betrag dieser Koeffizienten nicht. Genau dann, wenn eine der Transformationen streng monoton steigend und eine streng monoton fallend ist, ändert sich hierbei das Vorzeichen.

2. Genau dann, wenn zwischen den x_i und den y_i eine streng

monoton steigende bzw. streng monton fallende Beziehung besteht, nimmt ein solcher Koeffizient den Wert 1 bzw. -1 an.

4.3.2. Der Rangkorrelationskoeffizient von *Spearman-Pearson*

Man unterstellt stetige Variablen und ersetzt die Beobachtungswertepaare (x_i, y_i) durch deren Ränge $(\text{rg } x_i, \text{rg } y_i)$, also die Ordnungsnummern innerhalb der Menge der n Werte x_i bzw. y_i. Wenn stetige Variablen vorliegen, können hierbei keine Bindungen auftreten. Der *Maßkorrelationskoeffizient der Rangwertepaare*

$$r_S = \frac{\sum(\text{rg } x_i - \overline{\text{rg } x})(\text{rg } y_i - \overline{\text{rg } y})}{\sqrt{\sum(\text{rg } x_i - \overline{\text{rg } x})^2 \sum(\text{rg } y_i - \overline{\text{rg } y})^2}}$$

ist definitionsgemäß der *Spearman-Pearson*sche Rangkorrelationskoeffizient. Er kann in verschiedener Hinsicht vereinfacht werden:

Der *mittlere Rang* ist

$$\overline{\text{rg } x} = \overline{\text{rg } y} = \frac{1}{2}(1 + \ldots + n) = \frac{n + 1}{2} \quad .$$

Die *Summe der Abweichungsquadrate* der Ränge ist

$$\sum(\text{rg } x_i - \overline{\text{rg } x})^2 = \sum(\text{rg } y_i - \overline{\text{rg } y})^2$$

$$= \sum\left(i - \frac{n + 1}{2}\right)^2 = \sum i^2 - 2 \cdot \frac{n(n + 1)}{2} \cdot \frac{(n+1)}{2} + n \cdot \frac{(n+1)^2}{4}$$

$$= \sum i^2 - \frac{n(n+1)^2}{4} = \frac{n(n + 1)(2n + 1)}{6} - \frac{n(n + 1)^2}{4}$$

$$= \frac{1}{12} n(n^2 - 1) \quad .$$

Um den Zähler auszuwerten, setzt man zunächst $d_i = \text{rg } x_i - \text{rg } y_i$, definiert also d_i als Differenz der Ränge der beiden Beobachtungswerte bei der i-ten Stichprobeneinheit. Damit ist

$$d_i = (\text{rg } x_i - \overline{\text{rg } x}) - (\text{rg } y_i - \overline{\text{rg } y})$$

und

$$\begin{aligned}\sum d_i^2 &= \sum(\text{rg } x_i - \overline{\text{rg } x})^2 + \sum(\text{rg } y_i - \overline{\text{rg } y})^2 \\ &\quad - 2 \sum(\text{rg } x_i - \overline{\text{rg } x})(\text{rg } y_i - \overline{\text{rg } y}) \\ &= 2 \cdot \frac{1}{12} n(n^2-1) - 2 \sum(\text{rg } x_i - \overline{\text{rg } x})(\text{rg } y_i - \overline{\text{rg } y}) .\end{aligned}$$

Für den Zähler von r_S kann damit

$$\sum(\text{rg } x_i - \overline{\text{rg } x})(\text{rg } y_i - \overline{\text{rg } y}) = \frac{1}{12} n(n^2 - 1) - \frac{1}{2} \sum d_i^2$$

geschrieben werden. Damit ergibt sich schließlich

$$r_S = \frac{\frac{1}{12} n(n^2 - 1) - \frac{1}{2} \sum d_i^2}{\frac{1}{12} n(n^2 - 1)} = 1 - \frac{6 \sum d_i^2}{n(n^2 - 1)}$$

für den *Spearman-Pearson*schen Rangkorrelationskoeffizienten.

Nun werden einige Eigenschaften dieses Koeffizienten betrachtet.

1. Ist $d_1 = \ldots = d_n = 0$, *entsprechen sich* die Rangordnungen der beiden Variablen also *vollständig*, ergibt sich $r_S = 1$.

2. Sind die Rangordnungen *exakt gegenläufig*, gehört also zum Rang i des Wertes der ersten Variablen der Rang n - i + 1 des Wertes der zweiten Variablen, dann wird d_i größtmöglich; man erhält

$$\sum d_i^2 = \sum_{i=1}^{n} [i - (n-i+1]^2 = \sum[2i - (n+1)]^2$$

$$= 4 \sum(i - \frac{n+1}{2})^2 = \frac{1}{3}n(n^2-1) \quad .$$

Damit ergibt sich $r_S = 1 - 2 = -1$, wie es der Eigenschaft 2 entspricht.

3. Ist

$$\sum d_i^2 = \frac{n(n^2 - 1)}{6} \quad ,$$

so ist $r_S = 0$. Dieser Wert liegt in der Mitte zwischen den beiden Extremen 0 und $n(n^2-1)/3$ (vgl. 1. und 2. oben).

Der *Spearman-Pearson*sche Rangkorrelationskoeffizient wird *ausschließlich* herangezogen zur Prüfung der Hypothese, die beiden Variablen $\tilde{x},\tilde{y}$ seien stochastisch unabhängig. Für eine andere Struktur der Nullhypothese ist $\tilde{r}_S$ nicht als Prüfvariable geeignet. In diesem Zusammenhang ist darauf hinzuweisen, daß ein *Spearman-Pearson*scher Rangkorrelationskoeffizient *für die Grundgesamtheit* nicht definiert werden kann.

Zur Nullverteilung von $\tilde{r}_S$ für die Prüfung der genannten Hypothese kann man folgende Feststellungen treffen: Es gilt $-1 \le \tilde{r}_S \le +1$; dies ersieht man aus der Herleitung des Rangkorrelationskoeffizienten über den Maßkorrelationskoeffizienten. Die Nullverteilung von $\tilde{r}_S$ ist *symmetrisch* zum Wert 0 verteilt. Um dies zu beweisen, zeigt man, daß die Zufallsvariable $\sum \tilde{d}_i^2$ symmetrisch um den Wert $n(n^2-1)/6$ verteilt ist, falls H_0 zutrifft; nach der Definition von $\tilde{r}_S$ ist dann auch die Behauptung zutreffend:

Zunächst gibt es n!- viele Möglichkeiten, n Ränge mit n Rängen zu "paaren". Man denkt sich die ersten n natürlichen Zahlen fest angeordnet und fragt, auf wieviele verschiedene Arten man jeder dieser Zahlen eine weitere, bis dahin noch nicht vergebene natürliche Zahl zwischen 1 und n zuordnen kann. Bei der 1 stehen noch n Alternativen zur Verfügung, bei der 2 noch n - 1, bei der 3 noch n - 2,..., beim Rang n nur noch eine Alternative. Daher ist die gesuchte Anzahl $n(n-1)\cdot\ldots\cdot 3\cdot 2\cdot 1 = n!$. Unter der Nullhypothese der stochastischen Unabhängigkeit müssen diese n! Fälle *gleich wahrscheinlich* sein. Nun kann man zeigen, daß zu jeder einzelnen - mit I. gekennzeichneten - aus den n! - vielen Kombinationsmöglichkeiten eine *korrespondierende* - mit II. gekennzeichnete - Kombinationsmöglichkeit gehört derart, daß

$$(*) \qquad \sum d_{iII}^2 = \frac{1}{3}n(n^2 - 1) - \sum d_{iI}^2$$

gilt. Dabei stehen die Kombinationsmöglichkeiten I. und II. in folgendem Verhältnis zueinander:

$$\text{I.} \quad (1,s_1)\ ;\ldots;\ (i,s_i)\ ;\ldots;\ (n,s_n)$$

$$\text{II.} \quad (1,s_n)\ ;\ldots;\ (i,s_{n+1-i})\ ;\ldots;\ (n,1)$$

Der Rang des Beobachtungswertes der zweiten Variablen, der mit dem i-t-kleinsten Beobachtungswert der ersten Variablen zusammen vorkommt, heißt bei I. s_i. Trifft (*) zu, ist $\sum \tilde{d}_i^2$ unter H_o symmetrisch zum Wert $n(n^2-1)/3$ verteilt. Dann ist r_S symmetrisch um 0 verteilt. Denn zu jeder Realisation

$$r_{SI} = 1 - \frac{6\ \sum d_{iI}^2}{n(n^2 - 1)}$$

von r_{SI} gehört dann die korrespondierende Realisation

$$r_{SII} = 1 - \frac{6\sum d_{iII}^2}{n(n^2-1)} = 1 - 2 + \frac{6\sum d_{iI}^2}{n(n^2-1)} = - \left(1 - \frac{6\sum d_{iI}^2}{n(n^2-1)}\right) = - r_{SI} .$$

Nun ist noch nachzuweisen, daß (*) richtig ist. Es gilt

$$\sum d_{iI}^2 = \sum (i - s_i)^2$$

und

$$\sum d_{iII}^2 = \sum (i - s_{n+1-i})^2 = \sum (n+1-i - s_i)^2 .$$

Außerdem ist

$$\begin{aligned} 4 \sum d_{iI}^2 &= \sum [d_{iI} + d_{iII}) + (d_{iI} - d_{iII})]^2 = \\ &= \sum (d_{iI} + d_{iII})^2 + \sum (d_{iI} - d_{iII})^2 + 2 \sum (d_{iI}^2 - d_{iII})^2 = \\ &= 4\sum \left(\frac{n+1}{2} - s_i\right)^2 + 4\sum \left(i - \frac{n+1}{2}\right)^2 + 2 \sum d_{iI}^2 - 2 \sum d_{iII}^2 = \\ &= \frac{2}{3} n(n^2-1) + 2 \sum d_{iI}^2 - 2 \sum d_{iII}^2 . \end{aligned}$$

damit ist Beziehung (*) nachgewiesen.

Damit weiß man auch, daß unter H_0 $E\tilde{r}_S = 0$ ist. In ähnlicher Weise zeigt man, daß var $\tilde{r}_S = 1/(n-1)$ ist, falls H_0 zutrifft.

Schließlich wird nun noch für n = 4 in Beispiel 4.-2 die Nullverteilung von $\tilde{r}_S$ hergeleitet. Eine allgemeine Herleitung wird nicht vorgenommen. Für Testzwecke zur Prüfung der stochastischen Unabhängigkeit zweier Variabler mittels des *Spearman-Pearson*schen Rangkorrelationskoeffizienten wird *Tabelle XXII* herangezogen, welche dem Tabellenband von *Graf*, *Henning* und *Stange* (1966[2]) entstammt.

<u>Beispiel 4.-2</u>

Stichprobenbefund				$\sum d_i^2 =$ $\sum(i-s_i)^2$	r_S
s_1	s_2	s_3	s_4		
1	2	3	4	0	1
4	3	2	1	20	-1
1	2	4	3	2	0,8
3	4	2	1	18	-0,8
1	3	2	4	2	0,8
4	2	3	1	18	-0,8
1	3	4	2	6	0,4
2	4	3	1	14	-0,4
1	4	2	3	6	0,4
3	2	4	1	14	-0,4
1	4	3	2	8	0,2
2	3	4	1	12	-0,2
2	1	3	4	2	0,8
4	3	1	2	18	-0,8
2	1	4	3	4	0,6
3	4	1	2	16	-0,6
2	3	1	4	6	0,4
4	1	3	2	14	-0,4
2	4	1	3	10	0
3	1	4	2	10	0
3	1	2	4	6	0,4
4	2	1	3	14	-0,4
3	2	1	4	8	0,2
4	1	2	3	12	-0,2

Tabelle 4.-3

Tabelle 4.-3 ist ein systematisches Verzeichnis sämtlicher 4! = 24 verschiedenen Möglichkeiten, bei einem Stichprobenumfang von n = 4 Rangwertepaare zu erhalten; die zugehörigen Werte $\sum d_i^2$ und r_S sind ebenfalls angegeben. Jeder dieser Möglichkeiten kommt unter H_0 eine Wahrscheinlichkeit von 1/24 zu.

Dies ergibt insgesamt Tabelle 4.-4 als Wahrscheinlichkeitstabelle der Stichprobenfunktion $\tilde{r}_S$ bei Gültigkeit der Nullhypothese.

r_S	1 -1	0,8 -0,8	0,6 -0,6	0,4 -0,4	0,2 -0,2	0
$W(\tilde{r}=r\|H_0)$	$\frac{1}{24}$	$\frac{1}{8}$	$\frac{1}{24}$	$\frac{1}{6}$	$\frac{1}{12}$	$\frac{1}{12}$

Tabelle 4.-4

Bei der Prüfung der Nullhypothese beachtet man, daß diese abzulehnen ist, falls $|r_S|$ ausreichend groß ist. Dabei verwendet man Tabelle XXII, in welcher Stichprobenumfänge von 4 bis 10 und ausgewählte Signifikanzniveaus bei konservativem Testen berücksichtigt sind. Für n = 4 ist H_o nur abzulehnen, falls $r_S = 1$ oder $r_S = -1$ resultiert. Dies deckt sich, wie man leicht überprüft, mit den Ergebnissen in Beispiel 4.-2. Ist n > 10, so darf man davon ausgehen, daß die Funktion

$$t = \frac{r_S}{\sqrt{1 - \tilde{r}_S^2}} \sqrt{n - 2}$$

von $\tilde{r}_S$ unter H_o approximativ t-verteilt ist mit (n - 2) Freiheitsgraden. Ist n > 20, so kann man auswerten, daß $\tilde{r}_S \cdot \sqrt{n - 1}$ unter H_o approximativ standardnormalverteilt ist.

Beispiel 4.-3

Bei n = 10 Probanden wurden Variablenwerte für manuelle Geschicklichkeit und rationale Intelligenz verbunden ermittelt. Es ergaben sich die Wertepaare (103;89); (116;81); (91;103); (88;95); (104;117); (126;105); (81;99); (120;106); (111;96); (130;78). Beim Signifikanzniveau 0,05 ist die Hypothese zu prüfen, die beiden Variablen seien unabhängig.

x_i	y_i	rg x_i	rg y_i	$\|d_i\|$	d_i^2
104	89	4	3	1	1
116	81	7	2	5	25
91	103	3	7	4	16
88	95	2	4	2	4
104	117	5	10	5	25
126	105	9	8	1	1
81	99	1	6	5	25
120	106	8	9	1	1
111	96	6	5	1	1
130	78	10	1	9	81
					180

Tabelle 4.-5

Die Ermittlung von $\sum d_i^2 = 180$ erfolgt mit Hilfe von Tabelle 4.-5. Daraus ergibt sich

$$r_S = 1 - \frac{6 \cdot 180}{10 \cdot 99}$$

$$\approx -0{,}0909.$$

Da r_S den Betrag 0,66 nicht erreicht (vgl. Tabelle XXII), ist H_o nicht abzulehnen.

4.3.3. Der Rangkorrelationskoeffizient von *Kendall*

4.3.3.1. *Kendalls* Koeffizient für die Grundgesamtheit

Anders als beim *Spearman-Pearson*schen Rangkorrelationskoeffizienten kann man den Rangkorrelationskoeffizienten von *Kendall* auch für die Grundgesamtheit definieren. Man geht wieder von einem zweidimensionalen Vektor $(\tilde{x},\tilde{y})$ aus. Betrachtet werden zwei unabhängige Realisierungen (x',y') und (x'',y'') dieses Zufallsvektors.

Man definiert zunächst

$$\pi_1 = W[\tilde{x}'' - \tilde{x}')(\tilde{y}'' - \tilde{y}') > 0] \;;$$

π_1 ist also die Wahrscheinlichkeit dafür, daß bei zwei unabhängigen Realisierungen des Zufallsvektors $(\tilde{x},\tilde{y})$ die Differenzen $(\tilde{x}'' - \tilde{x}')$ und $(\tilde{y}'' - \tilde{y})$ nicht verschwinden und dasselbe Vorzeichen haben. Entsprechend sei

$$\pi_2 = W[(\tilde{x}'' - \tilde{x}')(\tilde{y}'' - \tilde{y}') < 0] \quad .$$

Der *Kendall*sche Rangkorrelationskoeffizient ist *für die Grundgesamtheit* mit

$$\rho_K = \pi_1 - \pi_2$$

definiert. Die Berechnung seines Wertes kann offenbar gelegentlich mühsam sein. Sind $\tilde{x},\tilde{y}$ *stetige* Zufallsvariablen, dann ist natürlich

$$\rho_K = \pi_1 - (1-\pi_1) = 2\pi_1 - 1$$

$$= 1 - \pi_2 - \pi_2 = 1 - 2\pi_2 \;.$$

Dieser Spezialfall wird im folgenden vorausgesetzt.

Nun werden einige Eigenschaften dieses Rangkorrelationskoeffizienten betrachtet.

1. Sind $\tilde{x},\tilde{y}$ stochastisch unabhängige Zufallsvariablen, dann ist $\rho_K = 0$. Dies zeigt man wie folgt: In diesem Falle sind auch die Zufallsvariablen $(\tilde{x}'' - \tilde{x}')$ und $(\tilde{y}'' - \tilde{y}')$ stochastisch unabhängig. Daher ist

$$\pi_1 = W[(\tilde{x}''-\tilde{x}')(\tilde{y}''-\tilde{y}') > 0]$$

$$= W[(\tilde{x}''-\tilde{x}') > 0] \cdot W[(\tilde{y}''-\tilde{y}') > 0] + W[(\tilde{x}''-\tilde{x}') < 0] \cdot W[(\tilde{y}''-\tilde{y}') < 0]$$

und entsprechend

$$\pi_2 = W[(\tilde{x}''-\tilde{x}') \cdot (\tilde{y}''-\tilde{y}') < 0]$$

$$'' \; W[(\tilde{x}''-\tilde{x}') > 0] \cdot W[(\tilde{y}''-\tilde{y}') < 0] + W[(x''-x') < 0] \cdot W[(y''-y') > 0].$$

Da $(\tilde{x},\tilde{y}')$, $(\tilde{x}'',\tilde{y}'')$ unabhängige Realisationen des Zufallsvektors $(\tilde{x},\tilde{y})$ sein sollen, ist $W(\tilde{x}''>\tilde{x}') = W[(\tilde{x}''-\tilde{x}') > 0] = W(\tilde{x}''<\tilde{x}') = W[(\tilde{x}''-\tilde{x}')<0]$. Entsprechendes gilt für analoge Wahrscheinlichkeiten bezüglich der Zufallsvariablen $\tilde{y}',\tilde{y}''$. Damit erhält man mit obigen Beziehungen

$$\rho_K = \pi_1 - \pi_2 = 0 \; .$$

2. Ist die Zufallsvariable $\tilde{y}$ eine streng monoton steigende bzw. streng monoton fallende Funktion der Zufallsvariablen $\tilde{x}$, dann gilt $\rho_K = +1$ bzw. $\rho_K = -1$. Denn bei streng monoton steigender (fallender) Beziehung ist

$$\pi_1 = W[(\tilde{x}''-\tilde{x}')(\tilde{y}''-\tilde{y}') > 0] = 1$$

$$\pi_2 = W[(\tilde{x}''-\tilde{x}')(\tilde{y}''-\tilde{y}') < 0] = 0 \quad ,$$

also $\rho_K = 1$ bzw. $\rho_K = -1$.

4.3.3.2. *Kendalls* Koeffizient für die Stichprobe

Man geht von n unabhängigen Realisationen (x_i, y_i) $(i = 1,...,n)$ des Zufallsvektors $(\tilde{x},\tilde{y})$ aus und definiert $n(n - 1)$ Indikatorvariablen (in einer leicht verallgemeinerten Begriffsfassung) $\tilde{z}_{ij}$ $(i \neq j)$ gemäß

$$\tilde{z}_{ij} = \operatorname{sgn}(\tilde{x}_j - \tilde{x}_i) \cdot \operatorname{sgn}(\tilde{y}_j - \tilde{y}_i) \quad ,$$

wobei

$$\operatorname{sgn}(a) = \begin{cases} -1 & \text{für } a < 0 \\ 0 & \text{für } a = 0 \\ +1 & \text{für } a > 0 \end{cases}$$

definiert ist. Nun legt man den *Kendall*schen Rangkorrelationskoeffizienten der Stichprobe mit

$$r_K = \frac{1}{n(n-1)} \sum_{i}\sum_{\substack{j \\ i \neq j}} z_{ij} = \frac{2}{n(n-1)} \sum_{1 \leq i < j \leq n} z_{ij}$$

fest, wobei im zweiten Ausdruck berücksichtigt wird, daß jeweils $z_{ij} = z_{ji}$ gilt. Da stetige Variablen vorausgesetzt wurden, sind hier Werte 0 dieser Variablen nicht möglich. Zur Veranschaulichung der Berechnung des Wertes des Stichproben-Korrelationskoeffizienten von *Kendall* dient Beispiel 4.-5.

<u>Beispiel 4.-5</u>

Für die n = 6 Wertepaare (2,4;4,9); (6,2;6,8); (4,1;5,8); (3,6;5,1); (5,1;2,1); (2,6;7,9) geht man, um r_K zu berechnen, zunächst zu Rangwerten über, also zu den Wertepaaren (1;2); (6;5); (4;4); (3;3); (5;1); (2;6). Nun ordnet man diese Rangwertpaare zweckmäßigerweise nach dem Rangwert an der ersten

Stelle und stellt sie tabellarisch dar, wie in Tabelle 4.-6 veranschaulicht wird. Dann zählt man für jeden Wert in der ersten Zeile die Anzahl der Rangwerte in der zweiten Zeile ab, die rechts von der betrachteten Spalte stehen und größer sind als der Rangwert in der zweiten Zeile der betrachteten Spalte. Sie sind in Zeile 3 von Tabelle 4.-6 verzeichnet.

Rangwert der ersten Variablen	1	2	3	4	5	6	
Rangwert der zweiten Variablen	2	6	3	4	1	5	
Anzahl der größeren Ränge rechts vom Rang nach Zeile 2	4	0	2	1	1	0	8

Tabelle 4.-6

Wie man sich leicht überlegt, ist die Summe 8 der Werte in Zeile 3 von Tabelle 4.-6 die Anzahl der Fälle $\{\tilde{x}_i < \tilde{x}_j\} \cap \{\tilde{y}_i < \tilde{y}_j\}$ und auch der Fälle $\{\tilde{x}_i > \tilde{x}_j\} \cap \{\tilde{y}_i > \tilde{y}_j\}$. Die Anzahl der Zufallsvariablen $\tilde{z}_{ij}$, welche hier die Ausprägung 1 besitzen, ist damit also $2 \cdot 8 = 16$. Die Ausprägung 0 kommt nicht vor. Insgesamt haben $n(n - 1) - 16 = 14$ Indikatorvariablen die Ausprägung -1. Damit ergibt sich nach Definition für die angegebenen Werte

$$r_K = \frac{1}{30}(16 - 14) = \frac{1}{15} \approx 0{,}067.$$

Der Rangkorrelationskoeffizient von *Kendall* der Stichprobe hat formale Eigenschaften, die denen des Koeffizienten für die Grundgesamtheit entsprechen:

1. Der Wert r_K ändert sich nicht (ändert nur das Vorzeichen), wenn beide Variablen einer streng monoton steigenden oder streng monoton fallenden (eine Variable einer streng monoton steigenden und eine einer streng monoton fallenden) Transformation unterworfen werden.

2. Genau dann, wenn zwischen den Werten x_i und y_i der n Werte-

paare eine *streng monoton steigende* (eine *streng monoton fallende*) funktionale Beziehung besteht, ist $r_K = +1$ ($r_K = -1$). Denn gerade dann haben sämtliche Indikatorvariablen den Wert +1 (-1).

3. Die Definition von r_K macht direkt ersichtlich, daß $-1 \leq r_K \leq +1$ ist.

4.3.3.3. Die Prüfung der Unabhängigkeitshypothese

Zunächst werden einige Eigenschaften des Rangkorrelationskoeffizienten besprochen, welche für die Prüfung der Unabhängigkeit von Bedeutung sind.

Bei beliebigem Wert ρ_K gilt

$$E\,\tilde{r}_K = \rho_K.$$

Dies zeigt man wie folgt: Für alle i,j mit $1 \leq i,j \leq n$ und $i \neq j$ gilt bei stetigen Variablen

$$E\tilde{z}_{ij} = 1 \cdot \pi_1 + (-1) \cdot \pi_2 = \rho_K$$

und damit auch

$$E\,\tilde{r}_K = \rho_K \, .$$

Die *Nullverteilung* von $\tilde{r}_K$, also die Verteilung von $\tilde{r}_K$ unter der Voraussetzung der stochastischen Unabhängigkeit der beiden Variablen, wird wieder bei einem Beispiel für den Stichprobenumfang n = 4 ermittelt. Dabei wird auch das Tabellenschema erneut verwendet, das im Zusammenhang mit Beispiel 4.-2 entwickelt wurde.

Beispiel 4.-6

Stichproben-befund				Anzahl der größeren Ränge rechts vom Rang zuvor				Summe	r_K
s_1	s_2	s_3	s_4						
1	2	3	4	3	2	1	0	6	1
4	3	2	1	0	0	0	0	0	- 1
1	2	4	3	3	2	0	0	5	0,6667
3	4	2	1	1	0	0	0	1	- 0,6667
1	3	2	4	3	1	1	0	5	0,6667
4	2	3	1	0	1	0	0	1	- 0,6667
1	3	4	2	3	1	0	0	4	0,3333
2	4	3	1	2	0	0	0	2	- 0,3333
1	4	2	3	3	0	1	0	4	0,3333
3	2	4	1	1	1	0	0	2	- 0,3333
1	4	3	2	3	0	0	0	3	0
2	3	4	1	2	1	0	0	3	0
2	1	3	4	2	2	1	0	5	0,6667
4	3	1	2	0	0	1	0	1	- 0,6667
2	1	4	3	2	2	0	0	4	0,3333
3	4	1	2	1	0	1	0	2	- 0,3333
2	3	1	4	2	1	1	0	4	0,3333
4	1	3	2	0	2	0	0	2	- 0,3333
2	4	1	3	2	0	1	0	3	0
3	1	4	2	1	2	0	0	3	0
3	1	2	4	1	2	1	0	4	0,3333
4	2	1	3	0	1	1	0	2	- 0,3333
3	2	1	4	1	1	1	0	3	0
4	1	2	3	0	2	1	0	3	0

Tabelle 4.-7

In Tabelle 4.-7 sind wieder 24 unter H_o gleich wahrscheinliche Fälle verzeichnet. Die Null-Wahrscheinlichkeitsfunktion des Stichproben-Rangkorrelationskoeffizienten von *Kendall* ist für den vorliegenden Stichprobenumfang in Tabelle 4.-8 angegeben. Entsprechend ermittelt man die Nullverteilung bei anderen Stichprobenumfängen.

r_K	-1	$-\frac{2}{3}$	$-\frac{1}{3}$	0	$\frac{1}{3}$	$\frac{2}{3}$	1
$W(\tilde{r}_K = r_K \mid H_o)$	$\frac{1}{24}$	$\frac{1}{8}$	$\frac{5}{24}$	$\frac{1}{4}$	$\frac{5}{24}$	$\frac{1}{8}$	$\frac{1}{24}$

Tabelle 4.-8

In *Tabelle XXIII*, welche aus *Graf*, *Henning* und *Stange* (1966[2]), S. 161-162, stammt, sind für Stichprobenumfänge von 4 bis 10 und Signifikanzniveaus von 0,10; 0,05 und 0,01 die kritischen Werte für eine Unabhängigkeitsprüfung (zweiseitige Fragestellung) angegeben. Die Nullverteilung von $\tilde{r}_K$ ist *symmetrisch*, was hier nicht näher erörtert wurde. Die Berechnungen im Rahmen von Beispiel 4.-6 decken sich mit den Angaben für n = 4 in Tabelle XXIII. Für n > 10 beachtet man, daß $\tilde{r}_K$ unter H_o approximativ normalverteilt ist mit Erwartungswert 0 und Varianz

$$\operatorname{var} \tilde{r} = \frac{2(2n + 5)}{9n(n - 1)} \quad .$$

<u>Beispiel 4.-7</u>

Man vergleiche Beispiel 4.-5; für n = 6 Wertepaare hatte sich dort r_K = 0,067 ergeben. Da dieser Wert den Betrag 0,87 nicht erreicht (vgl. Tabelle XXIII), ist die Hypothese der Unabhängigkeit der beiden Variablen beim Signifikanzniveau 0,05 nicht abzulehnen.

4.4. Der χ^2-Unabhängigkeitstest

Der bereits erörterte χ^2-Test (vgl. Abschnitte 2.2.7. und 3.5.3.) kann auch zur Prüfung der Unabhängigkeit zweier Variabler, von denen verbundene Beobachtungen vorliegen, eingesetzt werden. Dabei müssen die beiden Variablen $\tilde{x}$ und $\tilde{y}$ in Kategorien oder Klassen eingeteilt sein, deren Anzahl hier mit m bzw. r bezeichnet wird. Außerdem muß der Stichprobenumfang groß genug sein, damit die in Abschnitt 2.2.7. genannten Voraussetzungen bezüglich erwarteter Besetzungszahlen erfüllt sind. Gegebenenfalls muß die Klassierung oder Gruppierung vergröbert werden.

Der Stichprobenbefund besteht in einem solchen Falle aus einer Häufigkeitsverteilung zweier Variabler. Mit n_{jk} ($j=1,\ldots,m$; $k=1,\ldots,r$) werden die beobachteten Häufigkeiten für die einzelnen Kombinationen von Kategorien bzw. Klassen bezeichnet. Außerdem setzt man

$$n_{j.} = \sum_{k=1}^{r} n_{jk} \quad \text{und} \quad n_{.k} = \sum_{j=1}^{m} n_{jk} \quad .$$

Damit erhält der Stichprobenbefund eine Struktur, wie sie in Tabelle 4.-9 veranschaulicht wird. Eine solche Tabelle wird im gegebenen Zusammenhang oft als *Kontingenztabelle* bezeichnet.

Kategorie der ersten Variablen \ Kategorie der zweiten Variablen	1	...	k	...	r	Summe
1	n_{11}	...		...	n_{1r}	$n_{1.}$
⋮	⋮				⋮	⋮
j			n_{jk}			$n_{j.}$
⋮	⋮					
m	n_{m1}	...		...	n_{mr}	$n_{m.}$
Summe	$n_{.1}$	...	$n_{.k}$	...	$n_{.r}$	n

Tabelle 4.-9

Man bezeichnet mit $\theta_{j.}$ bzw. $\theta_{.k}$ den Anteil der Elemente der Grundgesamtheit, welche bezüglich der ersten Variablen in die j-te Kategorie bzw. bezüglich der zweiten Variablen in die k-te Kategorie fallen. Außerdem sie θ_{jk} der Anteil der Elemente der Grundgesamtheit, welche zur j-ten Kategorie bezüglich der ersten und zur k-ten Kategorie der zweiten Variablen gehören. Dann stehen den beobachteten Häufigkeiten n_{jk} jeweils die erwarteten Häufigkeiten $n \cdot \theta_{jk}$ gegenüber. Allerdings sind die θ_{jk} unbekannt.

Die Nullhypothese der Unabhängigkeit der beiden Variablen ist im vorliegenden Falle mit H_o: $\theta_{jk} = \theta_{j.} \cdot \theta_{.k}$ für alle j,k zu formulieren. Die Anteile $\theta_{j.}$ bzw. $\theta_{.k}$ können aus dem Stichprobenbefund mit den Größen $n_{j.}/n$ bzw. $n_{.k}/n$ geschätzt werden; diese Schätzungen sind unter anderem Maximum-Likelihood-Schätzungen. Ist H_o richtig, dann können die erwarteten Häufigkeiten $n \cdot \theta_{jk}$ unter Verwendung dieser Maximum-Likelihood-Schätzungen durch

$$n \cdot \frac{n_{j.}}{n} \cdot \frac{n_{.k}}{n} = \frac{n_{j.} \cdot n_{.k}}{n}$$

geschätzt werden.

Die Prüfvariable

$$\chi^2 = \sum_j \sum_k \frac{\left(n_{jk} - \frac{n_{j.} \cdot n_{.k}}{n}\right)^2}{\frac{n_{j.} \cdot n_{.k}}{n}} = n \left(\sum_j \sum_k \frac{n_{jk}^2}{n_{j.} \cdot n_{.k}} - 1\right)$$

ist nach den in Abschnitt 2.2.7. entwickelten Überlegungen asymptotisch χ^2-verteilt. Die Anzahl der Freiheitsgrade ergibt sich ebenfalls nach den Gedankengängen in jenem Abschnitt mit $m \cdot r-1-(m+r-2)=(m-1) \cdot (r-1)$, da $m+r-2$ Koeffizienten aus dem Stichprobenbefund unabhängig geschätzt werden.

Beispiel 4.-8 (vgl. *Schaich* (1977), S. 228)

Für die n = 627 Kandidaten der Diplom-Prüfung für Psychologen (Ersteilnehmer) einer Universität im Zeitraum vom 1.1.1970 bis 31.12.1974 wurden die Anzahl der Fachsemester und die Examensgesamtnote festgehalten. Dabei ergaben sich Häufigkeiten, welche in Tabelle 4.-10 angegeben sind. Beim Signifikanzniveau α = 0,01 ist die Hypothese zu prüfen, beide Variablen seien unabhängig.

		Examensgesamtnote					
		1	2	3	4	n.b.	Summe
		9 3,1	10 7,3	8 8,6	- 4,9	2 5,0	29
Anzahl	9	19 10,5	34 24,7	34 29,2	10 16,7	1 16,9	98
der	10	23 23,0	68 54,2	67 64,1	30 36,7	27 37,0	215
Fach-	11	5 10,8	11 25,5	32 30,1	28 17,2	25 17,4	101
semester	12-13	4 8,2	11 19,4	20 23,0	18 13,1	24 13,3	77
	14-15	3 6,0	21 14,1	13 16,7	6 9,6	13 9,6	56
	über 15	4 5,4	3 12,9	13 15,2	15 8,7	16 8,8	51
Summe		67	158	187	107	108	627

Tabelle 4.-10

Man berechnet zunächst die erwarteten Häufigkeiten auf eine Nachkommastelle. Sie sind ebenfalls in Tabelle 4.-10 angegeben. Dabei stellt man fest, daß mit den Besetzungszahlen in den einzelnen Feldern keine Probleme auftreten (vgl. Abschnitt 2.2.7.). Der Wert der Prüfvariablen ist hier $\chi^2 \approx 120,54$.

Als Prüfverteilung ist die χ^2-Verteilung mit $(m-1)(r-1) = 24$ Freiheitsgraden zu verwenden; deren 0,99-Quantil beträgt 42,98 gemäß Tabelle II. Die Nullhypothese der Unabhängigkeit der beiden Variablen ist daher beim Signifikanzniveau $\alpha = 0{,}01$ abzulehnen.

Gelegentlich wird als *Maßgröße für die "Abhängigkeit"* zweier Variabler, für welche der Stichprobenbefund in Form einer Kontingenztabelle vorliegt, der *Kontingenzkoeffizient* C berechnet. Er ist über die Funktion

$$C = \sqrt{\frac{\chi^2}{\chi^2+n}}$$

mit der Ausprägung der Prüfvariablen des χ^2-Unabhängigkeitstests verbunden. Sind die beiden Variablen unabhängig, resultiert - aus inferenzstatistischen Gründen nur mit großer Wahrscheinlichkeit - ein nahe 0 gelegener Wert C. Der Wert 1 kann von C nicht erreicht werden. Der größte durch C erreichbare Wert ist von m und r abhängig.

Die Nullverteilung von C ist nicht bekannt. Deshalb ist auch C als Prüfgröße für einen Unabhängigkeitstest nicht verwendbar. Auch zur Deskription des Ausmaßes der Abhängigkeit zweier kategorialer bzw. klassierter Variabler ist dieser Koeffizient nicht sehr geeignet, insbesondere auch aus inferenzstatistischen Gründen. Es ist daher zweckmäßig, den χ^2-Unabhängigkeitstest ohne Heranziehung von C durchzuführen. Ein Assoziations- bzw. Kontingenzmaß, daß für eine Unabhängigkeitsprüfung vorteilhaftere Eigenschaften hat, wurde von *Goodman* (1964) entwickelt. Für eine ausführlichere Darstellung dieses Koeffizienten vergleiche man *Marascuilo* und *McSweeney* (1977), Abschnitt 8-10.

5. Verteilungsfreie Prüfverfahren zum k-Stichproben-Fall

Statistische Prüfverfahren zum k-Stichproben-Problem (k > 2) spielen in der Versuchsplanung und bei Erhebungen in den verschiedensten Wissenschaftsdiziplinen eine wichtige Rolle. Die statistische Auswertung der gewonnen Daten wird dabei mit *varianzanalytischen Methoden* durchgeführt. Bei den varianzanalytischen Modellen wird gewöhnlich zwischen drei Gruppen von Variablen unterschieden. Die *abhängigen Variablen* sind die eigentlichen Untersuchungsmerkmale. Das Ziel der varianzanalytischen Versuchspläne besteht darin, eine oder mehrere abhängige Variablen zu analysieren, die von mehreren simultan wirkenden *unabhängigen Variablen (Faktoren)* beeinflußt werden, und zu bestimmen, in welchem Ausmaß diese Faktoren einzeln oder in Kombination auf die abhängigen Variablen Einfluß nehmen. Neben diesen beiden Variablengruppen umfassen die statistischen Modelle der Versuchsplanung häufig noch *Stör-* oder *Fehlervariablen*, die zusätzlich auf die abhängigen Variablen einwirken, ohne selbst Gegenstand der Untersuchung zu sein. Sie können die Wirkung der unabhängigen Variablen abschwächen oder verstärken, aber auch verdecken oder vortäuschen. Ob eine bestimmte Variable in einer empirischen Untersuchung als abhängig oder unabhängig anzusehen ist, hängt vom Sachzusammenhang und vom jeweiligen Untersuchungsziel ab.

Die unabhängigen Variablen (Faktoren) sind bei den varianzanalytischen Versuchsplänen nicht metrisch skaliert, sondern stets *kategorial*; gegebenenfalls werden die Kategorien eigens gebildet. Ist ein Faktor ursprünglich eine stetige Variable, so wird also dennoch lediglich eine bestimmte Anzahl von Ausprägungen in die Untersuchung einbezogen. Die Ausprägungen bzw. Kategorien der Faktoren werden *Faktorstufen* genannt. Werden m Faktoren in den Versuchsplan aufgenommen, spricht man von einem *m-faktoriellen Versuchsplan*. Die Kombinationen der Stufen (Ausprägungen) der verschiedenen Faktoren bilden die *Untersuchungsgruppen*, die oft als *Zellen des Versuchsplans* bezeichnet werden.

Im Prinzip dieselbe Zielsetzung wie die varianzanalytischen Methoden besitzt die *Regressionsanalyse*. Die beiden Analysemethoden unterscheiden sich lediglich in der Skalierung der einbezogenen Merkmale. Diese sind in der klassischen Regressionsanalyse stets metrisch und werden auch als metrische Merkmale ohne Klassenbildung in einen Versuchsplan aufgenommen. In der Regressionsanalyse heißen die abhängigen Variablen auch oft *Regressanden* oder *Zielvariablen* oder *endogene Variablen*; in der Psychologie und den Sozialwissenschaften ist zusätzlich der Begriff *Kriteriumsvariable* gebräuchlich. Die unabhängigen Variablen heißen auch *Regressoren* oder *erklärende Variablen* oder *exogene Variablen*; in der Psychologie und den Sozialwissenschaften sind zusätzlich die Begriffe *Prädiktor-* oder *Vorhersagevariablen* im Gebrauch.

In der klassischen Varianzanalyse wird generell und in der Regressionsanalyse in weiten Bereichen der Intervallschätzung und Hypothesenprüfung, etwa für Zwecke der Überprüfung von Modellparametern oder der Variablenselektion, die Normalverteilungsannahme zugrundegelegt. Vom mathematisch-statistischen Standpunkt aus kann ein Teil der varianzanalytischen Methoden, die sogenannten *Modelle mit festen Effekten*, als Spezialfall eines Regressionsansatzes angesehen werden. Dies geschieht durch eine geeignete Festlegung der Matrix der Regressorenwerte, insbesondere durch Einführung von Indikatorvariablen (Dummy-Variablen), deren Ausprägungen das Vorhandensein bzw. Nichtvorhandensein der einzelnen Kategorien der Faktoren ausdrücken. Für Einzelheiten vergleiche man z. B. *Fahrmeir* und *Hamerle* (1984), Kapitel 5.

Bei den verteilungsfreien Prüfverfahren, die Gegenstand dieses Kapitels sind, wird *keine* Normalverteilung für die abhängige Variable vorausgesetzt. In einigen Fällen wird lediglich angenommen, daß die abhängige Variable eine stetige Verteilung besitzt. In Abschnitt 5.1. werden einfaktorielle Versuchspläne (Einfach-Klassifikation; *one way layout*), in Abschnitt 5.2. spezielle zweifaktorielle Versuchspläne (Zweifach-Klassifikation; *two-way layout*) behandelt. Die Verfahren können - ebenso wie ihre verteilungsgebundenen Konkurrenten - in einer Reihe von unterschiedlichen praktischen Situationen eingesetzt werden, die sich vor allem auch durch die Form der Datenerhebung unterscheiden. Als Beispiel hierfür seien die Verallgemeinerungen der Anwendungsmodelle zum Zwei-

Stichproben-Fall (vgl. Abschnitt 3.1.) genannt.

Neben den genannten Modellen der Datenerhebung sind noch eine Vielzahl komplexerer Versuchsanordnungen denkbar und von Interesse. Für Details vergleiche man die einschlägige Literatur über experimentelle Versuchsplanung und Varianzanalyse, beispielsweise *Kirk* (1968), *Scheffé* (1959), *Searle* (1971) oder *Winer* (1971^2).Verteilungsfreie Varianten der varianzanalytischen Auswertungsmethoden wurden nur für ein- und zweifaktorielle Versuchspläne zureichend intensiv untersucht. Erst in jüngerer Zeit wurde die verteilungsfreie Auswertung mehrfaktorieller Versuchspläne auf theoretischer Ebene analysiert. Man vergleiche dazu etwa *Brunner* (1981), *Brunner* und *Neumann* (1981), *Hilgers* (1981) und *Hilgers* (1982). Die bislang vorwiegend abstrakt-methodische Darstellung der statistischen Auswertung dieser Versuchspläne würde den Rahmen dieses Buches überschreiten. Deshalb stehen nachfolgend Verfahren für ein- und zweifaktorielle Versuchspläne im Vordergrund.

5.1. Verteilungsfreier Lokalisationsvergleich bei k unabhängigen Stichproben (Einfach-Klassifikation)

5.1.1. Allgemeine Vorüberlegungen

Die Erweiterung des Zwei-Stichproben-Problems auf k unabhängige Stichproben wird zunächst an einem Beispiel verdeutlicht.

Beispiel 5.-1

Es wird die Auswirkung des Faktors "Lärm" auf die Untersuchungsvariable "Arbeitsleistung" untersucht. Dazu wird dieser Faktor in einem Experiment systematisch variiert; es werden also verschiedene Geräuschpegel einer bestimmten Phonzahl jeweils künstlich hergestellt. Die zur Verfügung stehende Versuchspersonengesamtheit wird zufällig in k Gruppen (Teilstichproben) mit den Umfängen $n_1,\ldots,n_k$ geteilt. Die einzelnen Gruppen werden bei der Arbeit jeweils einer Lärmkategorie ausgesetzt. Dabei wird jeweils die Untersuchungsvariable Arbeitsleistung in geeigneter Weise gemessen.

Der Stichprobenbefund umfaßt die Meßwerte x_{ij} der Untersuchungsvariablen Arbeitsleistung. Dabei bezeichnet i (i=1,...,k) die Stufe des Faktors Lärm, also eine bestimmte Lärmkategorie; j (j=1,...,n_i) kennzeichnet die Versuchsperson innerhalb der i-ten Gruppe. Diese Meßwerte werden oft in einem varianzanalytischen Tabellenschema angeordnet (vgl. Tabelle 5.-1).

Teilstichprobe (Gruppe)	Meßwerte
1	$x_{11}, \dots, x_{1n_1}$
2	$x_{21}, \dots, x_{2n_2}$
.	.
.	.
.	.
k	$x_{k1}, \dots, x_{kn_k}$

Tabelle 5.-1

Aus der Sicht der statistischen Methodenlehre ist bei der Varianzanalyse bei Einfach-Klassifikation auszugehen von $n = \sum n_i$ Zufallsvariablen $\tilde{x}_{ij}$ im Sinne von *Stichprobenvariablen* (vgl. z.B. *Schaich, Köhle, Schweitzer* und *Wegner* (1982^2), S. 11). Für jede Versuchsbedingung (Faktorstufe) i liegen jeweils n_i unabhängige Realisierungen vor; d.h., die Zufallsvariablen $\tilde{x}_{i1},\dots,\tilde{x}_{in_i}$ sind insgesamt stochastisch unabhängig. Auch Stichprobenvariablen, welche verschiedene Gruppen betreffen, sind natürlich stochastisch unabhängig, weil die Versuchgspersonen alle verschieden sind. Es liegt also stochastische Unabhängigkeit sowohl *innerhalb* als auch *zwischen* den Stichproben vor.

Bei Einfach-Klassifikation ist davon auszugehen, daß die Stichprobenvariablen *innerhalb* einer bestimmten Gruppe i *identische* Verteilungsfunktionen F_i besitzen, diese Verteilungen jedoch von

Gruppe zu Gruppe verschieden sein können. Es wird also davon ausgegangen, daß die einzelnen Gruppen Stichproben vom jeweiligen Umfang n_i aus Grundgesamtheiten sein können, welche durch verschiedene Verteilungen gekennzeichnet sind.

Die Nullhypothese für den *Verteilungsvergleich* beim k-Stichproben-Problem ist die Hypothese der Homogenität sämtlicher k Verteilungen, also

$$H_o: F_1(x) = \ldots = F_k(x)$$

für alle x. Ist speziell ein *Lokalisationsvergleich* (vgl. Abschnitt 1.1.2.) durchzuführen, so ist die Nullhypothese die Hypothese der Homogenität eines Lokalisationsparameters für alle Faktorstufen. Verwendet man die Erwartungswerte $\mu_1,\ldots,\mu_k$, dann würde die Nullhypothese

$$H_o: \mu_1 = \ldots = \mu_k$$

sein.

5.1.2. Der F-Test der klassischen einfaktoriellen Varianzanalyse

Bei der klassischen einfaktoriellen Varianzanalyse geht die Voraussetzung ein, daß die Teilstichproben aus normalverteilten Grundgesamtheiten mit identischen Varianzen stammen. Die Verteilungen der Stichprobenvariablen $\tilde{x}_{ij}$ können in einem solchen Fall nur in den Erwartungswerten μ_i differieren. Bei einer speziellen Situation bezüglich der Testvoraussetzungen nimmt die Hypothese zur Prüfung der Homogenität der Verteilungen die spezielle Form

$$H_o: \mu_1 = \ldots = \mu_k$$

an, besagt also Homogenität der Lokalisationen.

Man bezeichnet nun mit

$$\mu = \frac{1}{k} \sum_{j=1}^{k} \mu_j$$

den ungewogenen Durchschnitt der Erwartungswerte. Unter der Differenz

$$\alpha_i = \mu_i - \mu$$

kann man den Einfluß *(Effekt)* von Treatment i in der Grundgesamtheit verstehen. Häufig geht man von den $\tilde{x}_{ij}$ zu den *Fehlervariablen*

$$\tilde{e}_{ij} = \tilde{x}_{ij} - \mu - \alpha_i$$

über. Sie sind ebenfalls stochastisch unabhängig und unter H_0 verteilt nach $N(0;\sigma^2)$, wenn σ^2 die (homogene) Varianz in den Grundgesamtheiten bezeichnet. Man beachte, daß die Effekte α_i die Nebenbedingung

$$\sum_{i=1}^{k} \alpha_i = 0$$

erfüllen. Das Modell der einfaktoriellen Varianzanalyse lautet in *Effektdarstellung*

$$\tilde{x}_{ij} = \mu + \alpha_i + \tilde{e}_{ij} \quad ,$$

wobei die $\tilde{e}_{ij}$ stochastisch unabhängig und identisch verteilt sind nach $N(0;\sigma^2)$, $i=1,\ldots,k, j=1,\ldots,n_i$. Die zu prüfende Nullhypothese kann dann auch in der Form

$$H_0\colon \alpha_1 = \alpha_2 = \ldots = \alpha_k = 0$$

angegeben werden.

Die Effektdarstellung ist insbesondere bei zwei- und mehrfaktoriellen Versuchsplänen von Vorteil. So versucht man etwa in einem zweifaktoriellen Versuchsplan nicht nur, Unterschiede in den Lokalisationen μ_{ij} (Kombination von Stufe i des Faktors A und Stufe j des Faktors B) festzustellen, sondern eventuelle Unterschiede auch zurückzuführen auf einen Beitrag, der auf den Einfluß des Faktors A zurückgeht und auf einen Beitrag, der durch den Einfluß von Faktor B verursacht wird. Dazu ist die Effektdarstellung besonders nützlich.

Zur Überprüfung der Nullhypothese wird die *Gesamtvariation der Meßwerte* (Summe der Abweichungsquadrate) in der Stichprobe

$$SAQ_G = \sum_{i=1}^{k} \sum_{j=1}^{n_i} (x_{ij} - \bar{x})^2$$

mit

$$x = \frac{1}{n} \sum_{i=1}^{k} \sum_{j=1}^{n_i} x_{ij}$$

zerlegt in die *Variation zwischen den Gruppen*

$$SAQ_Z = \sum_{i=1}^{k} n_i (\bar{x}_i - \bar{x})^2 \quad \text{mit} \quad \bar{x}_i = \frac{1}{n_i} \sum_{j=1}^{n_i} x_{ij} \quad ,$$

und die *Variation innerhalb der Gruppen*

$$SAQ_I = \sum_{i=1}^{k} \sum_{j=1}^{n_i} (x_{ij} - \bar{x}_i)^2 \quad .$$

Es läßt sich zeigen, daß die Beziehung

$$SAQ_G = SAQ_Z + SAQ_I$$

gilt.

Die mittlere Summe der Abweichungsquadrate innerhalb der Gruppen

$$MQ_I = \frac{SAQ_I}{n-k}$$

ist eine qualifizierte Schätzung für die (homogene) Varianz σ^2 der abhängigen Variablen. Die Größe

$$\frac{1}{\sigma^2} SAQ_I$$

besitzt (vgl. z.B. *Schaich, Köhle, Schweitzer* und *Wegner* (1982^2), S. 96) unter H_o eine χ^2-Verteilung mit n-k Freiheitsgraden. Die Größe

$$\frac{1}{\sigma^2} SAQ_Z$$

besitzt bei Gültigkeit von H_o eine χ^2-Verteilung mit k-1 Freiheitsgraden. Darüber hinaus sind, wie man zeigen kann,

$$\frac{1}{\sigma^2} SAQ_I \quad \text{und} \quad \frac{1}{\sigma^2} SAQ_Z$$

unter den gegebenen Voraussetzungen stochastisch unabhängige Zufallsvariablen.

Da die Effekte $\alpha_i = \mu_i - \mu$ in der Grundgesamtheit durch die Werte

$$\hat{\alpha}_i = \bar{x}_i - \bar{x}$$

aus der Stichprobe qualifiziert zu schätzen sind und

$$SAQ_Z = \sum_{i=1}^{k} n_i \hat{\alpha}_i^2$$

gilt, darf für die Aufrechterhaltung von H_o SAQ_Z nicht zu groß ausfallen. Als Prüfvariable wird der Quotient

$$\tilde{f} = \frac{SAQ_Z/(k-1)}{SAQ_I/(n-k)}$$

verwendet. Unter H_o und bei den gegebenen Testvoraussetzungen ist $\tilde{f}$ mit (k-1;n-k) Freiheitsgraden F-verteilt. Die Nullhypothese ist abzulehnen, falls $\tilde{f} > f(1-\alpha;k-1;n-k)$ resultiert. Dabei ist $f(1-\alpha;\upsilon_1;\upsilon_2)$ das $(1-\alpha)\cdot 100\%$-Quantil der F-Verteilung mit $(\upsilon_1;\upsilon_2)$ Freiheitsgraden.

Die aus der Stichprobe zu berechnenden Größen für eine verteilungsgebundene einfaktorielle Varianzanalyse werden in der Regel in einer Tabelle zusammengefaßt, welche in Tabelle 5.-2 strukturiert ist.

	Summe der Abweichungsquadrate	Freiheitsgrade	Prüfgröße
Variation zwischen den Gruppen (SAQ_Z)	$\sum_{i=1}^{k} n_i(\bar{x}_i - \bar{x})^2$	k-1	$\frac{SAQ_Z/(k-1)}{SAQ_I/(n-k)}$
Variation innerhalb der Gruppen (SAQ_I)	$\sum_{i=1}^{k} \sum_{j=1}^{n_j} (x_{ij} - \bar{x}_i)^2$	n-k	
Gesamtvariation (SAQ_G)	$\sum_{i=1}^{k} \sum_{j=1}^{n_j} (x_{ij} - \bar{x})^2$	n-1	

Tabelle 5.-2

5.1.3. Methodische Voraussetzungen und Nullhypothese der verteilungsungebundenen Varianzanalyse

Die verteilungsungebundenen Alternativen zu diesem klassischen Prüfverfahren, welche in den nächsten Abschnitten behandelt werden, setzen nur die *Stetigkeit* der Verteilung der Variablen $\tilde{x}_{ij}$ voraus. Die mit Verbundwerten verknüpften Probleme werden zusätzlich untersucht.

Ein wichtiger Spezialfall ist wie beim Zwei-Stichproben-Fall das sogenannte *shift model* (vgl. Abschnitt 3.2.1.1.). Die Analogie zur verteilungsgebundenen Varianzanalyse wird dadurch noch mehr verdeutlicht. Neben der Stetigkeit der Verteilungen wird bei diesen verteilungsungebundenen Verfahren angenommen, daß eventuelle Treatment-Wirkungen, also Unterschiede zwischen den k Populationen, ausschließlich die *Lokalisation* der Verteilungen, nicht etwa auch die Variabilität oder weitere Kennzeichen der Verteilung, beeinflussen. Man bezeichnet mit $F_1(x)$ die Verteilungsfunktion in der ersten Subpopulation. Dann kann man diese Situation durch die Identitäten

$$F_i(x) = F_1(x-\lambda_i)$$

$(i=1,...,k)$ beschreiben, wobei $\lambda_1 = 0$ ist. Die Verteilungen in den Subpopulationen gehen also durch Verschiebung ineinander über; die λ_i sind die Verschiebungsparameter. In dieser Voraussetzung ist die Varianzhomogenität der einzelnen Verteilungen enthalten. Man erkennt, daß hier eine unmittelbare Verallgemeinerung der Voraussetzungen im Zwei-Stichproben-Fall (unabhängige Stichproben) vorliegt (vgl. Abschnitt 3.2.1.2.).
Die Nullhypothese kann in der Form

$$H_o: \lambda_i - \lambda_l = 0$$

für alle $i,l=1,...,k$ angegeben werden.

Man kann die Nullhypothese auch in etwas anderer technischer Form angeben. Man setzt

$$\lambda = \frac{1}{k} \sum_{i=1}^{k} \lambda_i$$

und

$$\alpha_i = \lambda_i - \lambda \; .$$

Dann orientiert man sich an der Verteilungsfunktion F, die sich unter der (hypothetischen) Voraussetzung für die Stichprobenvariablen ergäbe, daß sämtliche Treatments mit jeweils gleichen Gewichten wirken. Die Verteilungsfunktionen der Variablen $\tilde{x}_{ij}$ sind dann

$$F_i(x) = F(x-\lambda-\alpha_i)$$

(i=1,...,k) mit

$$\sum_{l=1}^{k} \alpha_l = 0 \; .$$

Die Nullhypothese, die besagt, daß keine Treatment-Effekte, also keine Unterschiede zwischen den Teilpopulationen vorliegen, kann jetzt in der Form

$$H_o\colon \alpha_1 = \alpha_2 = \ldots = \alpha_k = 0$$

geschrieben werden. Der Wert 0 ergibt sich unmittelbar aus der Tatsache, daß sich die α_i zu 0 summieren.

5.1.4. Die Rangvarianzanalyse von *Kruskal* und *Wallis* (der H-Test)

Die Rangvarianzanalyse (der H-Test) von *Kruskal* und *Wallis* ist eine Verallgemeinerung des *Wilcoxon-Mann-Whitney*-Tests auf $k > 2$ unabhängige Stichproben (*Kruskal* (1952); *Kruskal* und *Wallis* (1952)). Sie dient zur Prüfung von Unterschieden der Lokalisation, wobei das shift model zugrundegelegt wird. Vorauszusetzen ist nur die Stetigkeit der Verteilungen der Beobachtungsvariablen $\tilde{x}_{ij}$. Die Nullhypothese kann in den verschiedenen in Abschnitt 5.1.3. entwickelten Formen angegeben werden. Die Alternativhypothese lautet, daß nicht alle Verteilungsfunktionen $F_i(x)$ $(i=1,...,k)$ gleich sind; das bedeutet nach den Überlegungen in Abschnitt 5.1.3., daß die λ_i bzw. die α_i nicht alle gleich sind.

Bei einer Ablehnung von H_0 aufgrund eines Testresultates wird natürlich nicht ersichtlich, welche oder wieviele der α_i verschieden sind oder welche der Treatments besonders große Effekte bewirken. Zur Klärung solcher Fragen bietet sich die Möglichkeit, simultane multiple Paarvergleiche durchzuführen. Diese Analyseverfahren für den Fall der Ablehnung von H_0 werden in Abschnitt 5.3. behandelt.

5.1.4.1. Grundlagen und Definition der Prüfvariablen

Der *Kruskal-Wallis*-Test beruht analog zum *Wilcoxon-Mann-Whitney*-Test auf der Verwendung der Rangsummen der einzelnen Stichproben innerhalb der *gepoolten* Gesamtstichprobe mit dem Umfang $n = \sum n_i$. Die n Beobachtungswerte x_{ij} $(i=1,...,k;\ j=1,...,n_i)$ werden, beginnend mit dem kleinsten Wert, der Größe nach geordnet. Jedem Variablenwert wird sein Rangwert $rg(x_{ij})$ zugeordnet. Unter H_0 sind für einen beliebigen Variablenwert $\tilde{x}_{ij}$ alle n Ränge gleich wahrscheinlich. Es gilt damit unter H_0

$$E\, rg(\tilde{x}_{ij}) = \sum_{l=1}^{n} l \cdot \frac{1}{n} = \frac{n+1}{2} \quad .$$

Bezeichnet man die Summe der Rangwerte der Beobachtungen in der i-ten Gruppe mit

$$\tilde{r}_i = \sum_{j=1}^{n_i} rg(\tilde{x}_{ij})$$

(i=1,...,k) und den durchschnittlichen Rang der Beobachtungswerte in der i-ten Stichprobe mit

$$\tilde{\tilde{r}}_i = \frac{1}{n_i}\,\tilde{r}_i = \frac{1}{n_i}\sum_{j=1}^{n_i} rg(\tilde{x}_{ij}) \quad ,$$

so ergibt sich unter H_o auch

$$E\tilde{\tilde{r}}_i = \frac{n+1}{2} \quad .$$

Ein Kriterium für die Gültigkeit von H_o kann der Unterschied zwischen den $\tilde{\tilde{r}}_i$ und dem jeweiligen Erwartungswert dieser Stichprobenvariablen, also dem Wert (n+1)/2, sein.

Die Prüfvariable des *Kruskal-Wallis*-Tests ist(*Kruskal* und *Wallis* (1952))

$$\tilde{h} = \frac{12}{n(n+1)} \sum_{i=1}^{k} n_i \left(\tilde{\tilde{r}}_i - \frac{n+1}{2}\right)^2 \quad ,$$

also eine gewichtete Summe der quadrierten Differenzen dieser Größen. Die Gewichte sind dabei so festgelegt, daß eine geeignete Approximation der Nullverteilung von $\tilde{h}$ für große Stichprobenumfänge angegeben werden kann. Die Prüfvariable läßt sich, wie man leicht überprüft, in die rechentechnisch einfachere Form

$$\tilde{h} = \frac{12}{n(n+1)} \sum_{i=1}^{k} \frac{\tilde{r}_i^{\,2}}{n_i} - 3(n+1)$$

überführen. Mit dieser Form wird die Berechnung von Differenzen

$$(\tilde{\bar{r}}_i - \frac{n+1}{2})^2$$

vermieden. Zur Veranschaulichung der Ermittlung von $\tilde{h}$ dient Beispiel 5.-2.

Beispiel 5.-2

Die $n_1 = 5$, $n_2 = 5$ und $n_3 = 4$ Beobachtungswerte aus $k = 3$ unabhängigen Teilstichproben sind in Tabelle 5.-3 angegeben.

Nummer i der Teilstichprobe	Beobachtungswerte x_{ij}				
1	96	128	83	61	101
2	82	124	132	135	109
3	115	149	166	147	

Tabelle 5.-3

Ersetzt man die Beobachtungswerte x_{ij} durch ihre Ränge $rg(x_{ij})$ *innerhalb der Gesamtstichprobe*, dann ergeben sich Werte gemäß Tabelle 5.-4.

Nummer i der Teilstichprobe	Rangwerte $rg(x_{ij})$					Rang-summe
1	4	9	3	1	5	22
2	2	8	10	11	6	37
3	7	13	14	12		46

Tabelle 5.-4

Die Rangsummen r_i in den drei Teilstichproben sind $r_1 = 22$, $r_2 = 37$, $r_3 = 46$. Damit resultiert

$$h = \frac{12}{n(n+1)} \sum_{i=1}^{3} \frac{r_i^2}{n_i} - 3(n+1) = \frac{12}{14 \cdot 15} \left(\frac{22^2}{5} + \frac{37^2}{5} + \frac{46^2}{4}\right) - 3 \cdot 15$$

$$\approx 6{,}41 \; .$$

5.1.4.2. Zur Nullverteilung der Prüfvariablen des *Kruskal-Wallis*-Tests

a) Die Anzahl der verschiedenen Möglichkeiten, die Ränge $1,\ldots,n$ auf k Teilgesamtheiten mit jeweiligen fest vorgegebenen Umfängen n_i $(i=1,\ldots,k)$ bei $\sum n_i = n$ aufzuteilen, ist

$$C = \frac{n!}{\prod_{i=1}^{k} n_i!}$$

(vgl. z.B. *Schaich, Köhle, Schweitzer* und *Wegner* (1981^2), S. 106). Jede dieser Möglichkeiten ist unter H_0 gleich wahrscheinlich. Für jede dieser Möglichkeiten ist der Wert von $\tilde{h}$ zu vermitteln.

Bezeichnet s(h) die Anzahl der verschiedenen Aufteilungen, welche zu einem vorgegebenen Wert h von $\tilde{h}$ führen, so ist unter H_0

$$W(\tilde{h}=h) = s(h) \cdot \frac{\prod_{i=1}^{k} n_i!}{n!} \quad .$$

Es sei $h(1-\alpha)$ der kleinste Wert der Prüfvariablen $\tilde{h}$, für welchen unter H_0

$$W(\tilde{h} \geq h(1-\alpha)) = \sum_{h \geq h(1-\alpha)} W(\tilde{h}=h) \leq \alpha$$

gilt. Unter H_0 ist mit dieser Festlegung die Wahrscheinlichkeit dafür, daß $\tilde{h}$ den Wert $h(1-\alpha)$ annimmt oder überschreitet, α oder ein wenig kleiner als α. Die Verteilung der Variablen in der Grundgesamtheit ist hierbei unerheblich; sie muß allerdings stetig sein, d.h., es dürfen keine Bindungen vorkommen.

Die Ermittlung der Werte $h(1-\alpha)$ für alternative Werte von k, n_i und n und alternative n ist verhältnismäßig aufwendig. Sie ist für $k = 3$ und $n_i \leq 5$ möglich mit Hilfe einer von *Kruskal* und *Wallis* (1952) angegebenen Tabelle. Ein Auszug aus dieser Tabelle ist *Tabelle XXIV*.

b) Für größere Stichprobenumfänge ist eine Approximation der Nullverteilung von $\tilde{h}$ durch die χ^2-Verteilung möglich. Die Überlegungen, welche zu dieser Approximationsmöglichkeit führen, werden nun kurz skizziert.

Unter H_o können die n_i Rangwerte $rg(x_{ij})$ in der i-ten Teilstichprobe als Zufallsentnahme aus einer endlichen Gesamtheit, welche aus den Elementen mit den Rangnummern 1,2,...,n besteht, aufgefaßt werden. Die Entnahme entspricht dem Modell *ohne* Zurücklegen. Erwartungswert bzw. Varianz dieser Ränge sind unter H_o

$$E\ rg(\tilde{x}_{ij}) = \frac{n+1}{2}$$

$$var\ rg(\tilde{x}_{ij}) = \sum_{l=1}^{n} \frac{1}{n} (l - \frac{n+1}{2})^2 = \frac{n^2-1}{12} .$$

Diese Werte hängen nicht von i oder j ab.

Auch die Kovarianz $cov\ (rg(\tilde{x}_{i_1j_1}); rg(\tilde{x}_{i_2j_2}))$ zweier Rangwerte läßt sich im vorliegenden Falle unter H_o mit

$$cov\ (rg(\tilde{x}_{i_1j_1}); rg(\tilde{x}_{i_2j_2})) = -\frac{1}{n-1} \cdot \frac{n^2-1}{12} = -\frac{n+1}{12}$$

leicht ermitteln (vgl. *Schaich, Köhle, Schweitzer* und *Wegner* (1982^2), S. 58). Dabei muß der Fall $i_1=i_2 \wedge j_1=j_2$ ausgeschlossen werden. Der Durchschnitt $\tilde{\bar{r}}_i$ der Ränge, die in der i-ten Teilstichprobe auftreten, hat unter H_o die Varianz

$$var\ \tilde{\bar{r}}_i = \frac{n^2-1}{12n_i} \cdot \frac{n-n_i}{n-1} = \frac{(n+1)(n-n_i)}{12n_i}$$

(vgl. *Schaich, Köhle, Schweitzer* und *Wegner* (1982^2), S. 59). Außerdem ist $(i_1 \neq i_2)$

$$\operatorname{cov}(\tilde{\tilde{r}}_{i_1};\tilde{\tilde{r}}_{i_2}) = \frac{1}{n_{i_1}\cdot n_{i_2}} \sum_{j_1=1}^{n_{i_1}} \sum_{j_2=1}^{n_{i_2}} \operatorname{cov}(rg(\tilde{x}_{i_1 j_1});rg(\tilde{x}_{i_2 j_2}))$$

$$= -\frac{n+1}{12} \quad .$$

Es läßt sich zeigen (vgl. *Kruskal* (1952)), daß der Zufallsvektor der durchschnittlichen Rangsummen $(\tilde{\tilde{r}}_1,\ldots,\tilde{\tilde{r}}_k)$ unter H_0 eine asymptotische Normalverteilung besitzt, falls

$$\lim_{n\to\infty} \frac{n_i}{n} = c > 0$$

$(i=1,\ldots,k)$ gilt.

Wegen

$$\sum_{i=1}^{k} \tilde{\tilde{r}}_i = \text{const.}$$

handelt es sich dabei um eine *singuläre* Normalverteilung, da die Varianz-Kovarianz-Matrix singulär und somit die Dichtefunktion nicht explizit angebbar ist. Der Zufallsvektor variiert mit Wahrscheinlichkeit Eins in einem linearen Unterraum von $\mathbb{R}^k$ mit Dimension k-1. Die Einschränkung auf diesen linearen Unterraum führt auf eine (k-1)-dimensionale nicht degenerierte Normalverteilung.

Nun betrachtet man eine zunächst völlig anders erscheinende Situation: Es seien die Zufallsvariablen $\tilde{x}_{ij}$ unabhängig und standardnormalverteilt. Man legt

$$\tilde{\tilde{x}}_i = \frac{1}{n_i} \sum_{j=1}^{n_i} \tilde{x}_{ij}$$

(i=1,...,k) und

$$\tilde{\tilde{x}} = \frac{1}{n} \sum_{i=1}^{k} n_i \tilde{\tilde{x}}_i$$

fest. Außerdem definiert man die Funktionen

$$\tilde{\tau}_{1i} = \sqrt{n_i}\,(\tilde{\tilde{x}}_i - \tilde{\tilde{x}})$$

$$\tilde{\tau}_{2i} = \sqrt{\frac{12n_i}{n(n+1)}}\,(\tilde{\tilde{r}}_i - \frac{n+1}{2})$$

dieser Zufallsvariablen. Ein Vergleich der Momentenstruktur der beiden Variablengruppen ergibt, daß diese identisch ist; auf ausführlichere Erörterungen wird hier verzichtet. Es ergibt sich damit

$$E\tilde{\tau}_{1i} = E\tilde{\tau}_{2i} = 0 \quad ,$$

$$\text{var}\ \tilde{\tau}_{1i} = \text{var}\ \tilde{\tau}_{2i} = \frac{n - n_i}{n}$$

und für $i_1 \neq i_2$

$$\text{cov}\ (\tilde{\tau}_{1i_1};\tilde{\tau}_{1i_2}) = \text{cov}(\tilde{\tau}_{2i_1};\tilde{\tau}_{2i_2}) = -\frac{1}{n}\sqrt{n_{i_1} \cdot n_{i_2}} \quad ;$$

insgesamt haben also die Variablen $\tilde{\tau}_{2i}$ *asymptotisch* dieselbe Verteilung wie die $\tilde{\tau}_{1i}$. Aus der verteilungsgebundenen Varianzanalyse ist bekannt, daß

$$\sum_{i=1}^{k} \tilde{\tau}_{1i}^2 = \sum_{i=1}^{k} n_i (\tilde{\tilde{x}}_i - \tilde{\tilde{x}})^2$$

eine χ^2-Verteilung mit k-1 Freiheitsgraden besitzt; man beachte die Analogie zur Verteilung der Stichprobenvarianz $\tilde{s}^2$ bei normalverteilter Grundgesamtheit (vgl. z.B. *Schaich, Köhle, Schweitzer* und *Wegner* (1982[2]), S. 96). Damit besitzt auch

$$\sum_{i=1}^{k} \tilde{\tau}_{2i}^2 ,$$

die Prüfgröße des *Kruskal-Wallis*-Testes, unter H_o asymptotisch eine χ^2-Verteilung mit k-1 Freiheitsgraden. In der Literatur wird in der Regel angegeben, daß die Approximation bereits ausreichend genau ist für $n_i \geq 6$, falls $k = 3$ bzw. $n_i \geq 5$, falls $k > 3$.

Andere Approximationsmöglichkeiten werden von *Rijkoort* und *Wise* (1953), *Wallace* (1959) und von *Alexander* und *Quade* (1968) vorgeschlagen.

5.1.4.3. Die Prüfung der Nullhypothese

Zunächst wird die Verwendung von *Tabelle XXIV* (vgl. *Kruskal* und *Wallis* (1952)) erläutert. Dort sind für $k = 3$ und $n_j \leq 5$ auf vier Nachkommastellen genau die Werte h zusammen mit den Wahrscheinlichkeiten $W(\tilde{h} \geq h)$ unter H_o angegeben, und zwar solche, welche für die Durchführung des *Kruskal-Wallis*-Tests bedeutsam werden können. Mit diesen Angaben kann - bei geeigneten Werten k und n_i - sowohl konservativ getestet als auch das Signifikanzniveau adjustiert als auch randomisiert werden (vgl. Abschnitt 1.11.1.).

Beispiel 5.-3

Siehe Beispiel 5.-2. Für $n_1 = 5$, $n_2 = 5$ und $n_3 = 4$ hat sich dort $h \approx 6,41$ ergeben. Ist ein Signifikanzniveau von $\alpha = 0,01$ vorgegeben, dann ist gemäß Tabelle XXIV $h(0,99) = 7,7914$; da $h \approx 6,41 < 7,7914$ ist, wird H_o nicht abgelehnt. Ist $\alpha = 0,05$, dann wird Tabelle XXIV der Wert $h(0,95) = 5,6429$ entnommen; bei diesem Signifikanzniveau ist also H_o wegen $h = 6,41 > 5,6429$ abzulehnen.

Im nachfolgenden Beispiel 5.-4 wird die Verwendung der Approximation der Nullverteilung des *Kruskal-Wallis*-Test durch die χ^2-Verteilung veranschaulicht.

Beispiel 5.-4

Bei Teilstichprobenumfängen $n_1 = 7$, $n_2 = 7$ und $n_3 = 6$ habe sich der Wert h = 8,66 der *Kruskal-Wallis*-Prüfvariablen ergeben. Nach den am Ende von Abschnitt 5.1.4.2.b) angegebenen Faustregeln ist hier die Approximation der Prüfverteilung durch die χ_2^2-Verteilung verwendbar. Man entnimmt Tabelle IV das 0,95-Quantil $\chi^2(0{,}95;2)=5{,}99$ dieser Verteilung und kann H_o beim Signifikanzniveau $\alpha = 0{,}05$ ablehnen.

5.1.4.4. Die Behandlung von Bindungen

In der Forschungspraxis sind die verfügbaren Meßskalen häufig nicht so intensiv strukturiert, daß die Annahme der Stetigkeit der Verteilung der Untersuchungsvariablen realistisch sein könnte. Es können dann Verbundwerte auftreten. Insbesondere ist dies der Fall, wenn die Beobachtungswerte in wenigen ordinalen Kategorien, etwa Schulnoten oder Rating-Skalawerten, gemessen werden. In solchen Fällen ist wieder die Methode der Zuordnung der *mittleren* Rangwerte für gleiche Variablenwerte gebräuchlich, welche bereits in Abschnitt 3.2.1.6. ausführlich erläutert wurde. Mit den in diesem Abschnitt verwendeten Bezeichnungsweisen wird bei Verwendung von Summen gebundener Ränge $\tilde{r}_i^*$ die korrigierte Prüfgröße (vgl. *Kruskal* und *Wallis* (1952))

$$\tilde{h}^* = \frac{\dfrac{12}{n(n+1)} \sum\limits_{i=1}^{k} \dfrac{r_i^{*2}}{n_i} - 3(n+1)}{1 - \dfrac{\sum\limits_{i=1}^{m} (t_i^3 - t_i)}{n^3 - n}}$$

berechnet. Der Zähler von $\tilde{h}^*$ stimmt mit der ursprünglich angegebenen Prüfvariablen $\tilde{h}$ für eine stetige Beobachtungsvariable überein; allerdings sind die Rangsummen $\tilde{r}_i$ durch die Summen $\tilde{r}_i^*$ der mittleren Ränge ersetzt. Der Nenner enthält die bei Vorliegen von Bindungen nötige Korrektur. Analog zum *Wilcoxon-Mann-Whitney*-Test im Zwei-Stichproben-Fall hängt auch hier die Nullverteilung von $\tilde{h}^*$ ab von der Konfiguration der Bindungen und damit auch von der Verteilung der Untersuchungsvariablen $\tilde{x}$. Diese Verteilung ist natürlich unbekannt. Betrachtet man jedoch für den gegebenen Anwendungsfall die auftretende Konfiguration von Bindungen als gegeben, so ist die *bedingte* Verteilung von $\tilde{h}^*$ unabhängig von dieser Verteilung, so daß der Test als bedingter Test zur Prüfung von H_o durchgeführt werden kann. Ferner läßt sich die Nullverteilung von $\tilde{h}^*$ für jede auftretende Konfiguration von Ties bei größeren Stichprobenumfängen wie die Nullverteilung von $\tilde{h}$ durch die χ^2-Verteilung mit k-1 Freiheitsgraden ausreichend gut approximieren (vgl. z. B. *Lehmann* (1975), S. 396).

Extreme Sonderfälle liegen vor, wenn die Untersuchungsvariablen in sehr wenige ordinale Kategorien zerlegt ist oder gar auf einer dichotomen Skala gemessen wird. Die Anwendung des Tests von *Kruskal* und *Wallis* auf diese Spezialfälle wurde von *Hamerle* (1979) im einzelnen untersucht.

5.1.4.5. Vergleich des *Kruskal-Wallis*-Tests mit anderen Prüfverfahren

a) Für den Spezialfall k = 2 läßt sich leicht zeigen, daß die Prüfgröße $\tilde{h}$ des Tests von *Kruskal* und *Wallis* genau das Quadrat der Prüfgröße des Tests von *Wilcoxon* ist. Da die χ^2-Verteilung mit einem Freiheitsgrad die Verteilung des Quadrats einer standardnormalverteilten Zufallsvariablen ist, ist der *Kruskal-Wallis*-Test mit dem *Wilcoxon-Mann-Whitney*-Test identisch. Man kann also den Test von *Kruskal* und *Wallis* als eine Verallgemeinerung des *Wilcoxon-Mann-Whitney*-Tests auf mehr als zwei Stichproben auffassen.

b) Wie der *Wilcoxon-Mann-Whitney*-Test hat auch der Test von *Kruskal* und *Wallis* für k > 2 eine ARE von $3/\pi$, falls man eine Normalverteilung unterstellt und ihn mit dem F-Test der klassischen einfaktoriellen Varianzanalyse vergleicht.

5.1.5. Ein Test gegen die spezielle Alternativhypothese wachsender Treatment-Effekte: Der *Jonckheere*-Test

5.1.5.1. Methodische Voraussetzungen und Definition der Prüfvariablen

Die Rangvarianzanalyse von *Kruskal* und *Wallis* liefert die Verallgemeinerung der *zweiseitigen* Fragestellung des *Wilcoxon-Mann-Whitney*-Tests auf den Fall k unabhängiger Stichproben. Immer dann, wenn sich die durchschnittlichen Rangsummen $\tilde{\bar{r}}_i^2$ insgesamt hinreichend von ihren Erwartungswerten (n + 1)/2 unterscheiden, wird die Nullhypothese, daß alle Behandlungsarten denselben Effekt haben, abgelehnt. Dabei kommt es nicht darauf an, welche der Behandlungsarten ein solches Resultat vor allem verursacht haben. In einigen speziellen experimentellen Versuchsplänen oder Erhebungen werden nun die Treatments in einer bestimmten Reihenfolge angeordnet. Beispielsweise könnten die Treatments sukzessive zunehmende Dosierungen eines pharmazeutischen Wirkstoffes oder sukzessive höhere Qualitäten eines Materials sein. Bei pharmazeutischen oder psychologischen Untersuchungen wird meist noch eine Kontrollgruppe in den Versuchsplan einbezogen. Dieser wird ein Placebo bzw. keinerlei Therapie verabreicht und repräsentiert Treatment 1. In solchen Fällen erwartet man meist, daß die verschiedenen Behandlungsarten in einer bestimmten Anordnung wirksam werden, etwa daß Treatment 2 effektiver als Treatment 1, Treatment 3 effektiver ist als Treatment 2, usw. Dies entspricht der a priori festgelegten Alternativhypothese, daß sich die Treatment-Effekte mit zunehmendem j (j=1,...,k) verstärken. Diese Alternativhypothese stellt in einem gewissen Sinne eine Verallgemeinerung der einseitigen Fragestellung des Zwei-Stichproben-Falles dar. Verwendet man speziell die Restriktionen des *shift models* (vgl. Abschnitt 5.1.3.), so lautet die Problemstellung: Zu prüfen ist die Nullhypothese

$$H_o: \lambda_1 = \lambda_2 = \dots \lambda_k$$

gegen die Alternativhypothese

$$H_1: \lambda_1 \leq \lambda_2 \leq \ldots \leq \lambda_k ,$$

wobei mindestens eine der Ungleichungen in der strengeren Form " < " gelten soll.

Die Testvoraussetzungen sind dieselben wie beim *Kruskal-Wallis*-Test. Die Prüfvariable $\tilde{h}$ hat in diesem Falle den Nachteil, daß sie empfindlich ist gegen *jede Art von Unterschieden* zwischen den durchschnittlichen Rangsummen $\tilde{\bar{r}}_i$ der k Stichproben, während H_o bei der jetzt vorliegenden Alternativhypothese vor allem durch eine ansteigende Serie von durchschnittlichen Rangsummen $\tilde{\bar{r}}_1, \ldots, \tilde{\bar{r}}_k$ in Frage gestellt werden soll.

Eine geeignete Prüfvariable wurde von *Terpstra* (1954) und davon unabhängig von *Jonckheere* (1954) entwickelt. Nach diesem letzteren Autor wird das Prüfverfahren meist benannt. Man geht aus von jeweils zwei Stichproben j und l (j,l=1,...k; j$\neq$l) und den zugehörigen Variablenwerten $x_{j1}, \ldots, x_{jn_j}$ und $x_{l1}, \ldots, x_{ln_l}$. Für die zwei Stichproben wird dann die *Mann-Whitney*sche Prüfvariable $\tilde{u}$ des *Wilcoxon-Mann-Whitney*-Tests berechnet. Man vergleiche hierzu Abschnitt 3.2.1.3. Damit ersichtlich wird, daß es sich um die zwei Stichproben j und l aus einer Gesamtheit von insgesamt k Stichproben handelt, werden die *Wilcoxon-Mann-Whitney*-Prüfvariablen mit $\tilde{u}_{jl}$ bezeichnet. Auf diese Weise können $\binom{k}{2}$ verschiedene Variablen $\tilde{u}_{jl}$ (j,l=1,...,k) ermittelt werden. Als Prüfvariable zur Prüfung von H_o *gegen die geordnete Alternative* wird dann

$$\tilde{w} = \sum_{j<l} (n_j n_l - \tilde{u}_{jl})$$

herangezogen. Es wird daran erinnert, daß die *Wilcoxon*sche Prüfvariable $\tilde{t}_w$ zur *Mann-Whitney*schen Variante beim Zwei-Stichproben-Fall in der einfachen Beziehung (vgl. Abschnitt 3.2.1.3.)

$$\tilde{u} = \tilde{t}_w - \frac{1}{2} n_1(n_1 + 1)$$

steht, so daß zur Ermittlung des Wertes von $\tilde{w}$ selbstverständlich auch die Werte t_w verwendet werden können.

Zur Erläuterung der Ermittlung der Prüfvariablen $\tilde{w}$ des *Jonckheere*-Tests dient Beispiel 5.-5.

Beispiel 5.-5

Die Beobachtungswerte aus k = 3 unabhängigen Stichproben vom Umfang $n_1 = 5$, $n_2 = 5$ und $n_3 = 5$ sind in Tabelle 5.-5 angegeben.

Nummer i der Teilstichprobe	Beobachtungswerte x_{ij}				
1	89	129	84	58	100
2	76	128	138	139	110
3	121	159	176	157	107

Tabelle 5.-5

Poolt man die Stichproben 1 und 2, so ergibt Tabelle 5.-6 den Wert $u_{12} = 6$ der *Mann-Whitney*-Prüfvariablen.

Beobach-tungswerte	58	76	84	89	100	110	128	129	138	139
Ränge	1	2	3	4	5	6	7	8	9	10

Tabelle 5.-6

Poolt man die Stichproben 1 und 3, so ergibt Tabelle 5.-7 den Wert $u_{13} = 2$ der *Mann-Whitney*-Prüfvariablen.

Beobach-tungswerte	58	84	89	100	107	121	129	157	159	176
Ränge	1	2	3	4	5	6	7	8	9	10

Tabelle 5.-7

Poolt man schließlich die Stichproben 2 und 3, ergibt Tabelle 5.-8 den Wert $u_{23} = 7$ der *Mann-Whitney*-Prüfvariablen.

Beobach-tungswerte	76	107	110	121	128	138	139	157	159	176
Ränge	1	2	3	4	5	6	7	8	9	10

Tabelle 5.-8

Damit ergibt sich der Wert

$$w = (25 - 6) + (25 - 2) + (25 - 7) = 60$$

der Prüfvariablen des *Jonckheere*-Tests.

5.1.5.2. Zur Nullverteilung des *Jonckheere*-Tests

Aus Abschnitt 3.2.1.4. ist bekannt, daß unter H_o

$$E\tilde{u}_{jl} = \frac{1}{2} n_j n_l$$

gilt. Bei Zutreffen der Nullhypothese werden die Summanden u_{jl} von w jeweils Werte in der Nähe dieses Erwartungswertes annehmen. Unterstellt man nun, daß die Alternative $\lambda_1 \leq \lambda_2 \leq \dots \leq \lambda_k$ zutrifft und eventuell mehrere Werte λ deutlich verschieden sind, dann ist zu erwarten, daß $n_j n_l - u_{jl}$ tendenziell größer ausfällt als der Erwartungswert $n_j n_l/2$ dieser Größe. Somit wird unter diesen

Umständen $\tilde{w}$ in der Regel einen Wert annehmen, der größer ist als der Erwartungswert unter H_o dieser Größe. Diese Überlegung rechtfertigt die Vorgehensweise, H_o abzulehnen, falls der Wert der Prüfvariablen größer wird als ein bestimmter theoretisch zu ermittelnder Wert, also von einem rechts oben gelegenen zusammenhängenden Ablehnungsbereich auszugehen. Der kritische Wert dieses Tests hängt ab von α, k und den Teilstichprobenumfängen $n_1,\ldots,n_k$. Eine detaillierte Erörterung der Bestimmung dieser kritischen Werte findet man bei *Jonckheere* (1954). Die Nullverteilung von $\tilde{w}$ ist symmetrisch zur Ordinatenachse.

Für große Stichprobenumfänge ist wieder eine Normalapproximation möglich. Wie man zeigen kann, gilt unter H_o

$$E\tilde{w} = \frac{1}{2}\sum_{j<l} n_j n_l = \frac{1}{4}(n^2 - \sum_{i=1}^{k} n_i^2),$$

$$\text{var } \tilde{w} = \frac{1}{72}[n^2(2n + 3) - \sum_{i=1}^{k} n_i^2(n_i + 3)],$$

und die standardisierte Prüfvariable

$$\tilde{z} = \frac{\tilde{w} - \frac{1}{4}(n^2 - \sum_{i=1}^{k} n_i^2)}{\{\frac{1}{72}[n^2(2n+3) - \sum_{i=1}^{k} n_i^2(n_i+3)]\}^{1/2}}$$

ist unter H_o asymptotisch, d.h. hier für $\min(n_1,\ldots,n_k) \to \infty$, standardnormalverteilt.

5.1.5.3. Die Prüfung der Nullhypothese

Man bezeichnet mit $w(1-\alpha)$ den kleinsten Werte der Prüfvariablen $\tilde{w}$, für welchen unter H_o

$$W(\tilde{w} \geq w(1-\alpha)) = \sum_{w \geq w(1-\alpha)} W(\tilde{w}=w) \leq \alpha$$

gilt (vgl. Abschnitt 5.1.4.2.). In *Tabelle XXV*, welche dem Buch von *Hollander* und *Wolfe* (1973), S. 311-327, entnommen wurde, sind für k = 3 und $2 \leq n_i \leq 5$ für Testzwecke geeignete Werte w mit zugehörigen Nullwahrscheinlichkeiten $W(\tilde{w} \geq w)$ angegeben. Vorausgesetzt ist hierbei, daß keine Bindungen auftreten. Mit diesen Angaben kann wiederum sowohl konservativ getestet als auch das Signifikanzniveau adjustiert als auch randomisiert werden (vgl. Abschnitt 1.11.1.).

Beispiel 5.-6

Siehe Beispiel 5.-5. Für $n_1 = 5$, $n_2 = 5$ und $n_3 = 5$ hat sich dort $w = 60$ ergeben. Ist das Signifikanzniveau $\alpha = 0{,}01$ zugrundegelegt, dann entnimmt man Tabelle XXV den Wert $w(0{,}99) = 60$; wegen $w \geq 60$ ist also H_0 abzulehnen.

Im nachfolgenden Beispiel 5.-7 wird die Normalapproximation veranschaulicht.

Beispiel 5.-7

Bei Teilstichprobenumfängen $n_1 = 6$, $n_2 = 8$ und $n_3 = 8$ habe sich der Wert $w = 112$ der *Jonckheere*-Prüfvariablen ergeben. Das Signifikanzniveau soll $\alpha = 0{,}05$ betragen. Man berechnet die Parameter

$$E\tilde{w} = \frac{1}{4}(n^2 - \sum_{i=1}^{3} n_i^2) = \frac{1}{4}(484 - 36 - 64 - 64) = 80$$

und

$$\text{var } \tilde{w} = \frac{1}{72}[n^2(2n + 3) - \sum_{i=1}^{3} n_i^2(n_i + 3)]$$

$$= \frac{1}{72}(22^2 \cdot 47 - 6^2 \cdot 9 - 8^2 \cdot 11) \approx 291{,}89$$

und damit

$$z \approx \frac{112 - 80}{\sqrt{291,89}} \approx 1,84 \ .$$

Wegen $z \approx 1,84 > z(0,95) = 1,64$ ist H_o abzulehnen.

5.1.5.4. Die Behandlung von Bindungen

Die Behandlung von Bindungen erfolgt in gleicher Weise wie beim *Wilcoxon-Mann-Whitney*-Test. Für die dabei resultierende Prüfvariable $\tilde{w}^*$ gibt es keine Tabellen der exakten Nullverteilung; bei größeren Stichprobenumfängen ist jedoch wieder eine Normalapproximation möglich. Der Erwartungswert von $\tilde{w}^*$ ist gleich dem Erwartungswert von $\tilde{w}$, also

$$E\tilde{w}^* = \frac{1}{2} \sum_{j<l} n_j n_l \ .$$

Die Varianz ist hingegen wesentlich komplizierter anzugeben als bei $\tilde{w}$. Sie beträgt

$$\text{var } \tilde{w}^* = \frac{1}{72}[n(n-1)(2n+5) - \sum_{i=1}^{k} n_i(n_i-1)(2n_i+5) - \sum_{i=1}^{l} t_i(t_i-1)(2d_i+5)]$$

$$+ \frac{1}{36n(n-1)(n-2)} [\sum_{i=1}^{k} n_i(n_i-1)(n_i-2)][\sum_{i=1}^{l} t_i(t_i-1)(d_i-2)]$$

$$+ \frac{1}{8n(n-1)} [\sum_{i=1}^{k} n_i(n_i-1)][\sum_{i=1}^{l} t_i(t_i-1)] \ ;$$

einen Beweis für diese Formel findet man bei *Kendall* (1970^4), S. 72. Die Variable

$$\tilde{z} = \frac{\tilde{w}^* - E\tilde{w}^*}{\sqrt{\text{var } \tilde{w}^*}}$$

ist bei ausreichend großen Teilstichprobenumfängen approximativ standardnormalverteilt.

5.1.5.5. Abschließende Bemerkungen

Verallgemeinerungen des *Jonckheere*-Tests für sogenannte "Trend-Alternativen" findet man beispielsweise bei *Puri* (1965), *Tryon* und *Hettmannsperger* (1973) sowie *Koziol* und *Reid* (1977). Vergleiche zwischen diesen *Trendtesten* und dem *Globaltest* von *Kruskal* und *Wallis* wurden von *Rothe* (1983) durchgeführt.

5.1.6. Erweiterungen des *Fisher-Yates*-Tests und des X-Tests von *van der Waerden*

Die Rangvarianzanalyse von *Kruskal* und *Wallis*, die eine Verallgemeinerung des *Wilcoxon-Mann-Whitney*-Tests darstellt, ist das am meisten verwendete verteilungsfreie Verfahren zur Prüfung von Mittelwertunterschieden bei mehr als 2 unabhängigen Stichproben. Daneben können auch Verallgemeinerungen der Prüfvariablen von *Fisher-Yates* (vgl. Abschnitt 3.2.2.) und *van der Waerden* (vgl. Abschnitt 3.2.3.) auf den Fall k unabhängiger Stichproben entwickelt werden, welche zu entsprechenden Prüfverfahren führen. Diese Verfahren werden nachfolgend kurz skizziert.

Bezeichnet man wieder mit $E\tilde{x}_{[k]}$ den Erwartungswert der k-t-kleinsten von

$$n = \sum_{i=1}^{k} n_i$$

unabhängigen Realisierungen einer standardnormalverteilten Variablen und mit $rg(x_{ij})$ den Rang des Beobachtungswerts x_{ij} $(i=1,\ldots,k;j=1,\ldots,n_i)$ in der gepoolten Stichprobe, so sind die Prüfgrößen des *Fisher-Yates*-Tests bzw. des X-Tests von *van der Waerden* für den k-Stichproben-Fall

$$\tilde{c} = \frac{(n-1)\sum_{i=1}^{k}\frac{1}{n_i}\left(\sum_{j=1}^{n_i} E\tilde{x}_{[rg(x_{ij})]}\right)^2}{\sum_{i=1}^{k}\sum_{j=1}^{n_i}\left(E\tilde{x}_{[rg(x_{ij})]}\right)^2}$$

bzw.

$$\tilde{x} = \frac{(n-1)\sum_{i=1}^{k}\frac{1}{n_i}\left(\sum_{j=1}^{n_i} \Phi^{-1}\left(\frac{rg(x_{ij})}{n+1}\right)\right)^2}{\sum_{i=1}^{k}\sum_{j=1}^{n_i}\left(\Phi^{-1}\left(\frac{rg(x_{ij})}{n+1}\right)\right)^2}$$

Dabei bezeichnet Φ wieder die Verteilungsfunktion der Standardnormalverteilung. Für eine Herleitung der Prüfgrößen vergleiche man beispielsweise *McSweeney* und *Penfield* (1969). Es läßt sich zeigen, daß $\tilde{c}$ und $\tilde{x}$ - wie bereits die Prüfvariable $\tilde{h}$ des *Kruskal-Wallis*-Tests - unter H_o asymptotisch eine χ^2-Verteilung mit k - 1 Freiheitsgraden aufweisen.

Beispiel 5.-8

Aus k = 3 unabhängigen Stichproben liegen $n_1 = 7$, $n_2 = 7$ und $n_3 = 6$ Beobachtungswerte vor. Sie sind in Tabelle 5.-9 zusammen mit den Werten $rg(x_{ij})$ und

$$E\tilde{x}_{[rg(x_{ij})]}$$

sowie

$$\Phi^{-1}\left(\frac{rg(x_{ij})}{n+1}\right)$$

angegeben; diese letzteren Werte wurden mit Hilfe der Tabellen XV und XVII ermittelt.

Nummer i der Teilstichprobe	angegebener Wert							
1	x_{ij}	94	130	85	65	100	93	105
	$rg(x_{ij})$	5	14	3	1	7	4	8
	$\tilde{Ex}[rg(x_{ij})]$	-0,7454	0,4483	-1,1309	-1,8675	-0,4483	-0,9210	-0,3149
	$\Phi^{-1}(\frac{rg(x_{ij})}{n+1})$	-0,71	0,43	-1,07	-1,67	-0,43	-0,88	-0,30
2	x_{ij}	80	120	132	138	110	98	109
	$rg(x_{ij})$	2	13	15	17	11	6	10
	$\tilde{Ex}[rg(x_{ij})]$	-1,4076	0,3149	0,5903	0,9210	0,0620	-0,5903	-0,0620
	$\Phi^{-1}(\frac{rg(x_{ij})}{n+1})$	-1,31	0,30	0,57	0,88	0,06	-0,57	-0,06
3	x_{ij}	115	151	164	146	107	134	
	$rg(x_{ij})$	12	19	20	18	9	16	
	$\tilde{Ex}[rg(x_{ij})]$	0,1870	1,4076	1,8675	1,1309	-0,1870	0,7454	
	$\Phi^{-1}(\frac{rg(x_{ij})}{n+1})$	0,18	1,31	1,67	1,07	-0,18	0,71	

Tabelle 5.-9

Als Werte der Prüfvariablen erhält man $c \approx 7{,}70$ und $x = 8{,}59$. Wegen $\chi^2(0{,}95;2) = 5{,}99$ ist - wie bei der Anwendung des *Kruskal-Wallis*-Tests - die Nullhypothese abzulehnen.

5.1.7. Der χ^2-Test bei k unabhängigen Stichproben

Der bereits mehrfach erörterte χ^2-Test (vgl. Abschnitte 2.2.7., 3.5.3. und 4.4.) kann auch zum *Vergleich von k Verteilungen* bei unabhängigen Stichproben eingesetzt werden. Dabei handelt es sich um eine Verallgemeinerung des in Abschnitt 3.5.3. behandelten Testverfahrens, das vielfach den Charakter eines *Omnibus*-Tests (vgl. Abschnitt 3.2.1.2.) hat.

Die k Untersuchungsvariablen können eine beliebige Skalierung aufweisen. Gegebenenfalls ist eine geeignete Klassenbildung vorzunehmen. Diese muß (vgl. Abschnitt 3.5.3.) bei allen Variablen in derselben Weise erfolgen; dabei sind gewisse Bedingungen zu beachten, auf welche noch eingegangen wird.

Es sei r die Anzahl der Klassen oder Kategorien, welche bei allen Untersuchungsvariablen in identischer Weise gebildet wurden. Der Stichprobenbefund liegt dann in Form der Häufigkeiten n_{ij} $(i=1,...,k; j=1,...,r)$ vor und kann wiederum (vgl. Abschnitt 4.4.) in einer Tabelle mit zweifachem Eingang angeordnet werden. Eine solche ist in Tabelle 5.-10 strukturiert.

Kategorie (Klasse) / Nr. der Stichprobe	1	...	j	...	r	Summe
1	n_{11}	...	n_{1j}	...	n_{1r}	n_1
⋮	⋮				⋮	⋮
i			n_{ij}			n_i
⋮	⋮				⋮	⋮
k	n_{k1}	...	n_{kj}	...	n_{kr}	n_k
Summe	$n_{.1}$	...	$n_{.j}$	...	$n_{.r}$	n

Tabelle 5.-10

Man bezeichnet (vgl. die entsprechende Vorgehensweise in Abschnitt 3.5.3.) mit θ_{ij} $(i=1,\dots,k;\ j=1,\dots,r)$ den Anteil der j-ten Kategorie (Klasse) in der Grundgesamtheit, aus welcher die i-te Stichprobe stammt. Verschiedene Effekte der k Treatments kommen durch Unterschiede dieser Anteile bei den r Klassen über die verschiedenen Grundgesamtheiten hinweg zum Vorschein. Die Nullhypothese, welche die *Homogenität* der k Verteilungen besagt, hat daher die Form $H_o: \theta_{1j} = \dots = \theta_{kj} =: \theta_j$ für alle $j = 1,\dots,r$. Sie ist in einem bestimmten Sinne eine Vergröberung der Nullhypothese des *Kruskal-Wallis*-Tests (vgl. Abschnitt 5.1.5.1.).

Ist H_o zutreffend, dann sind in der j-ten Kategorie bei der ersten ,..., k-ten Stichprobe $n_1 \cdot \theta_j, \dots, n_k \cdot \theta_j$ Stichprobenelemente zu erwarten. Die unbekannten Anteile θ_j können unter H_o mit Hilfe des Gesamt-Stichprobenbefundes jeweils durch $n_{.j}/n$ geschätzt werden, wobei diese Schätzung wiederum Maximum-Likelihood-Schätzung ist. Unter H_o erhält man eine *erwartete geschätzte* Häufigkeit in der j-ten Kategorie bei der i-ten Stichprobe von

$$n_{ij}^o = \frac{n_{.j} \cdot n_i}{n} \quad .$$

Diese geht in der bereits in Abschnitt 3.5.3. dargelegten Form in die Prüfvariable

$$\tilde{v}^* = \sum_{i=1}^{k} \sum_{j=1}^{r} \frac{(\tilde{n}_{ij} - \tilde{n}_{ij}^o)^2}{\tilde{n}_{ij}^o}$$

ein. Unter H_o ist $\tilde{v}^*$ asymptotisch χ^2-verteilt mit einer Anzahl von Freiheitsgraden, welche sich analog zu den Abschnitten 2.2.7. und 4.4. mit $(k-1)\cdot(r-1)$ ergibt. Das bedeutet, daß die Nullhypothese der Homogenität der k Verteilungen beim Signifikanzniveau α abzulehnen ist, falls der Wert der Prüfvariablen $\chi^2((1-\alpha);(k-1)(r-1))$ überschreitet.

Die Prüfverteilung wird durch die $\chi^2_{(k-1)(r-1)}$-Verteilung nur dann ausreichend gut approximiert, wenn die erwarteten Besetzungszahlen n_{ij}^o die Bedingungen erfüllen, welche in Abschnitt 2.2.7.

angegeben wurden und auf *Cochran* (1952) zurückgehen.

Beispiel 5.-9 (vgl. *Lienert* (1973^2), S. 189-190)

Mit einer Umfrage wurde die Reaktion der Befragten für den Fall erkundet, daß sich die Wirtschaftslage abrupt verschlechtert. Als Antworten waren die Alternativen

a: ich würde mein Geld von der Bank abholen;
b: ich würde mich unentschieden verhalten;
c: ich würde mein Geld auf der Bank belassen

möglich. In die Befragung wurden je n_i = 100 zufällig ausgewählte Personen aus den k = 4 Altersklassen: 18-29-jährige; 30-44-jährige; 45-59-jährige; 60-jährige und Ältere aufgenommen. Der Stichprobenbefund ist in Tabelle 5.-11 verzeichnet.

Nr. der Stichprobe \ Alternative	a	b	c	Summe
1	33	25	42	100
2	34	19	47	100
3	33	19	48	100
4	36	21	43	100

Tabelle 5.-11

Zu prüfen ist beim Signifikanzniveau α = 0,05 die Hypothese, die vier Altersklassen seien bezüglich ihrer Reaktionen insgesamt homogen.

Wie man leicht überprüft, sind die erforderlichen Bedingungen bezüglich der erwarteten Häufigkeiten erfüllt. Man errechnet

$$v^* = \sum_{i=1}^{3} \sum_{j=1}^{4} \frac{(n_{ij} - n_{ij}^o)^2}{n_{ij}^o} \approx 1,90.$$

Wegen $1,90 < \chi^2(0,95;6) = 12,59$ (vgl. Tabelle IV) ist H_o nicht abzulehnen.

Der hier beschriebene χ^2-Test sollte verwendet werden, wenn keine speziellen Alternativhypothesen präzisiert werden können. Falls die Untersuchungsvariablen nur nominal skaliert sind, kann der *Kruskal-Wallis*-Test nicht eingesetzt werden. Dann muß von vornherein der χ^2-Test verwendet werden. Werden die Untersuchungsvariablen in r ordinalen Kategorien gemessen und handelt es sich um Treatment-Vergleiche, dann ist die Anwendung des *Kruskal-Wallis*-Tests mit einer entsprechenden Korrektur für Bindungen zu empfehlen (vgl. *Hamerle* (1979)).

5.2. Verteilungsfreier Lokalisationsvergleich bei k abhängigen Stichproben (zufällige Blockdesigns)

5.2.1. Verschiedene Anwendungsmodelle zum k-Stichproben-Fall bei abhängigen Stichproben

Führt eine Varianzanalyse mit Einfach-Klassifikation, wie sie in Abschnitt 5.1. beschrieben wurde, zu keiner Ablehnung von H_o, so kann dies zunächst daran liegen, daß H_o richtig ist, weil die Treatments tatsächlich keinen Einfluß auf die Untersuchungsvariable ausüben. Es kann auch sein, daß ein Fehler 2. Art (vgl. Abschnitt 1.4.) vorgekommen ist.

Ein Fehler 2. Art kann insbesondere in der Form vorkommen, daß die Variabilität der Untersuchungsvariablen auch durch andere Einflüsse bestimmt und derart vergrößert wird, daß existierende Unterschiede, welche durch die Treatments verursacht wurden, überdeckt und verschleiert werden. In solchen Fällen ist die Variabilität *innerhalb* der Stichproben so groß, daß vorhandene Unterschiede *zwischen* den Stichproben durch den Test nicht mehr zum Vorschein gebracht werden können.

Bei experimentellen Versuchsplänen oder bei Erhebungen ist dies natürlich nicht erwünscht. In einigen Fällen erhält man trennschärfere Beurteilungen von k Treatments, wenn die Stichprobenelemente in *homogene Untergruppen ("Blöcke")* aufgeteilt werden und der Treatment-Vergleich innerhalb der Blöcke durchgeführt wird. Man gruppiert daher die Versuchspersonen oder Objekte nicht nur nach den Treatments, sondern zusätzlich nach Ausprägungen von Variablen, von denen anzunehmen ist, daß sie ebenfalls einen starken Einfluß auf den Wert der Untersuchungsvariablen ausüben. Der Effekt dieser Variablen wird auf diese Weise verringert; die Zahl der benötigten Versuchseinheiten allerdings manchmal erhöht. Für einen derartigen Versuchsplan sind mehrere Modellvorstellungen denkbar.

Modell 1: Es werden n vorgegebene Blöcke untersucht, etwa n Städte, Betriebe, landwirtschaftliche Parzellen, Krankenhäuser, Schulklassen. Die Blöcke sind Subpopulationen $\Omega_1,\ldots,\Omega_n$ der Grundgesamtheit Ω und bilden eine Zerlegung derselben. Aus jeder Subpopulation wird eine Zufallsstichprobe vom jeweiligen Umfang k entnommen. Die Einheiten werden zufällig den k Treatments oder Versuchsbedingungen zugewiesen. Die Beobachtungswerte x_{ij} der Untersuchungsvariablen, welche also dem i-ten Block entstammen und aus Treatment j resultieren ($i=1,\ldots,n$; $j=1,\ldots,k$), werden dann interpretiert als unabhängige Realisationen einer Zufallsvariablen $\tilde{x}_{ij}$ mit einer Verteilungsfunktion $F_{ij}(x)$.

Die Nullhypothese, daß keine Unterschiede zwischen den Treatments vorliegen, hat in diesem Falle die Form

$$H_0: F_{i1}(x) = \ldots = F_{ik}(x)$$

für alle $i=1,\ldots,n$ und alle x; sie besagt also, daß innerhalb jedes Blocks die Untersuchungsvariable bei allen k Treatments dieselbe Verteilung besitzt. Zwischen den Blöcken können durchaus Unterschiede vorhanden sein. Dies ist sogar anzunehmen und auch erwünscht, wenn der Einfluß auf die Untersuchungsvariable von Block zu Block verschieden ist.

Bei näherer Betrachtung stellt man fest, daß bei diesem Modell eigentlich *unabhängige* Stichproben vorliegen; die Beobachtungswerte sind stochastisch nicht miteinander verbunden. Das nachfolgend zu entwickelnde verteilungsfreie Prüfverfahren der zweifachen Varianzanalyse ist indessen auch bei diesem Modell 1 anwendbar.

Modell 2: a) Ein ausgewähltes Individuum oder Objekt wird selbst als Block betrachtet und sämtlichen k Treatments oder Versuchsbedingungen ausgesetzt. Dies ist natürlich nicht in jedem Sachzusammenhang möglich. In diesem Falle liegen *abhängige* Stichproben vor, weil die Komponenten der Zufallsvektoren $(\tilde{x}_{i1},\ldots,\tilde{x}_{ik})$ über die ausgewählten Versuchspersonen verbunden sind.

b) Aus der Grundgesamtheit werden zufällig n bezüglich der Untersuchungsvariablen homogene Blöcke vom jeweiligen Umfang k entnommen. In diesem Falle sind ebenfalls abhängige Stichproben gegeben; die Beobachtungswerte sind über die Zugehörigkeit zu einem bestimmten Block verbunden.

Für jeden Block i gibt es nun eine k-dimensionale Verteilung $F_{\tilde{\underline{x}}_i}(x_{i1},\ldots,x_{ik})$, welche sich nicht als Produkt der k Randverteilungen darstellen läßt. Die Nullhypothese, daß keine Treatment-Effekte vorliegen, bedeutet nun, daß die Verteilungen $F_{\tilde{\underline{x}}_i}$ symmetrisch in den Argumenten sind, d.h., daß

$$F_{\tilde{\underline{x}}_i}(x_{i,\Pi(1)},\ldots,x_{i,\Pi(k)}) = F_{\tilde{\underline{x}}_i}(x_{i,1},\ldots,x_{i,k})$$

für alle Permutationen $(\Pi(1),\ldots,\Pi(k))$ der Zahlen $1,\ldots,k$ gilt.

In Analogie zum Fall k unabhängiger Stichproben kann auch hier wieder der Spezialfall des shift models (vgl. Abschnitte 3.2.1.1. und 5.1.3.) betrachtet werden. Dabei wird vorausgesetzt, daß eventuelle Treatment-Effekte ausschließlich die Lokalisation der Verteilung der Untersuchungsvariablen beeinflussen. Zusätzlich wird unterstellt, daß auch die Blockbildung einen Einfluß ausübt. Dieser soll annahmegemäß gleichfalls ausschließlich die Lokalisation betreffen. Formal kann eine solche Modellvorstellung folgendermaßen präzisiert werden: Der Effekt des j-ten Treatments (j=1,...,k) verschiebt die Verteilung der Untersuchungsvariablen um eine Konstante λ_j, der Effekt des i-ten Blocks (i=1,...,n) entsprechend um eine Konstante θ_i. Damit läßt sich die Verteilung der Variablen $\tilde{x}_{ij}$ schreiben als

$$F_{ij}(x) = F(x-\theta_i-\lambda_j),$$

wobei eine unbekannte Verteilungsfunktion F(x) mit unbekannten Parametern θ_i und λ_j eingeht. Insbesondere wird angenommen, daß das Ausmaß λ_j des j-ten Treatment-Effekts *nicht abhängt* von der Größe des i-ten Block-Effekts θ_i und umgekehrt. Wechselwirkungen dieser Art werden im verteilungsfreien Modell der zweifaktoriellen Varianzanalyse ausgeschlossen.

Eine etwas andere und häufig bevorzugte Darstellung des Lokalisationsvergleichs bei k unabhängigen Stichproben ergibt sich durch die Einführung von Block- bzw. Treatment-Effekten als Differenzen vom jeweiligen Durchschnitt. Man setzt also

$$\alpha_i = \lambda_j - \bar{\lambda} \quad \text{mit} \quad \bar{\lambda} = \frac{1}{k} \sum_{j=1}^{k} \lambda_j$$

und

$$\beta_i = \theta_i - \bar{\theta} \quad \text{mit} \quad \bar{\theta} = \frac{1}{n} \sum_{i=1}^{n} \theta_i \quad .$$

Bezeichnet man den Gesamtmittelwert $\bar{\lambda} + \bar{\theta}$ mit μ, so ergibt sich die Darstellung

$$F_{ij}(x) = F(x-\mu-\alpha_j-\beta_i)$$

des shift models, wobei die Summen der α_j und β_i jeweils Null ergeben.

Mit dieser Formulierung wird die Schwierigkeit umgangen, daß die Parameter θ_i und λ_j nicht identifizierbar sind, denn $\tilde{x}_{ij}$ hat dieselbe Verteilung für θ_i, λ_j und θ_i', λ_j', falls nur $\theta_i + \lambda_j = \theta_i' + \lambda_j'$ gilt.

Mit der verteilungsfreien Varianzanalyse überprüft man ausschließlich Differenzen zwischen den Wirkungen der Treatments. Die Nullhypothese dieses speziellen Modells ist daher

$$H_o: \alpha_1 = \ldots = \alpha_k = 0 \ .$$

Da Wechselwirkungen zwischen Block- und Treatment-Effekten voraussetzungsgemäß ausgeschlossen sind, können sie auch nicht zum Gegenstand des Prüfverfahrens gemacht werden. Eine Überprüfung von eventuellen Block-Effekten ist jedoch auf einem Umweg ebenfalls möglich. Dazu führt man mit einer weiteren Stichprobe eine weitere Analyse durch, wobei die Rollen von Blöcken und Treatments vertauscht werden.

5.2.2. Die Rangvarianzanalyse von *Friedman*

5.2.2.1. Grundlagen und Definition der Prüfvariablen

Der verteilungsfreie Test von *Friedman* bei k abhängigen Stichproben (vgl. *Friedman* (1937)) setzt, ebenso wie der Test von *Kruskal-Wallis*, zunächst eine stetige Untersuchungsvariable voraus. Später wird auch hier eine Möglichkeit zur Behandlung vorkommender Verbundswerte beschrieben. Die Meßwerte x_{ij} werden zweckmäßigerweise in einer Tabelle mit n Zeilen, welche die Blöcke repräsentieren, und k Spalten, welche die den einzelnen Treatments entsprechenden Stichproben kennzeichnen, angeordnet (Tabelle 5.-11).

Nr. des Blocks \ Nr. des Treatments	1	...	j	...	k
1	x_{11}	...	x_{1j}	...	x_{1k}
⋮	⋮				⋮
i	x_{i1}		x_{ij}		x_{ik}
⋮	⋮				⋮
n	x_{n1}	...	x_{nj}	...	x_{nk}

Tabelle 5.-11

Die k Stichproben bzw. Treatments werden *innerhalb eines jeden Blocks* miteinander verglichen. Dazu werden *innerhalb jeder Zeile* die Variablenwerte $x_{i1},\ldots,x_{ik}$ durch ihre Rangwerte ersetzt. Dies ergibt eine Tabelle, deren Struktur in Tabelle 5.-12 skizziert ist.

Nr. des Blocks \ Nr. des Treatments	1	...	j	...	k
1	$rg(x_{11})$	...	$rg(x_{1j})$	...	$rg(x_{1k})$
⋮	⋮				⋮
i	$rg(x_{i1})$		$rg(x_{ij})$		$rg(x_{ik})$
⋮	⋮				⋮
n	$rg(x_{n1})$	...	$rg(x_{nj})$	...	$rg(x_{nk})$
Summe	r_1	...	r_j	...	r_k

Tabelle 5.-12

Im nächsten Schritt wird für jede Stichprobe, also jede Spalte in Tabelle 5.-12, die Summe

$$r_j = \sum_{i=1}^{n} rg(x_{ij})$$

der Rangwerte gebildet. Man beachte, daß die Rangwerte $rg(x_{1j}),\ldots,rg(x_{nj})$ der j-ten Stichprobe aus n verschiedenen Rangreihen stammen.

Als Prüfvariable des *Friedman*-Tests wird

$$\tilde{r} = \frac{12n}{k(k+1)} \sum_{j=1}^{k} [\tilde{\tilde{r}}_j - \frac{1}{2}(k+1)]^2 = \frac{12}{nk(k+1)} \sum_{j=1}^{k} \tilde{r}_j^2 - 3n(k+1)$$

verwendet, wobei

$$\tilde{\tilde{r}}_j = \frac{1}{n}\tilde{r}_j$$

$(j=1,\ldots,k)$ definiert ist. Zur Veranschaulichung der Berechnung des Wertes der Prüfvariablen dient Beispiel 5.-10.

Beispiel 5.-10

In einem Betrieb soll der Einfluß von drei Lärmbedingungen auf die Arbeitsleistung untersucht werden. Da angenommen wird, daß die Untersuchungsvariable Arbeitsleistung auch von den Einflußgrößen Handgeschicklichkeit und Konzentrationsfähigkeit der Beschäftigten beeinflußt wird, werden zur Kontrolle dieser beiden Faktoren 7 Blöcke mit jeweils 3 Personen mit ungefähr gleicher Konzentrationsfähigkeit und Handgeschicklichkeit gebildet. Die Blöcke sind jeweils eine Stichprobe; es liegt also Modell 2, Fall b) vor. Die Meßwerte der Variablen Arbeitsleistung unter den 3 Lärmstufen (Treatments) sind in Tabelle 5.-13 dargestellt. In dieser Tabelle sind auch bereits die Ränge der Variablenwerte innerhalb der Blöcke, also innerhalb der Zeilen, angegeben.

Nr. des Blocks \ Treatment	Lärmstufe I		Lärmstufe II		Lärmstufe III	
	Meßwert	Rang	Meßwert	Rang	Meßwert	Rang
1	3,0	3	2,1	2	1,7	1
2	2,0	2	4,2	3	1,5	1
3	5,9	3	3,3	2	1,9	1
4	6,3	3	3,9	1	4,2	2
5	7,0	3	4,1	2	3,8	1
6	6,8	3	4,1	1	4,2	2
7	8,4	3	6,5	2	3,9	1
	$r_1 = 20$		$r_2 = 13$		$r_3 = 9$	

Tabelle 5.-13

Der Wert der Prüfvariablen des *Friedman*-Tests ist in diesem Fall

$$r = \frac{12}{7 \cdot 3 \cdot 4}(20^2 + 13^2 + 9^2) - 3 \cdot 7 \cdot 4 \approx 8{,}9 \ .$$

5.2.2.2. Zur Nullverteilung der Prüfvariablen des *Friedman*-Tests

Bei Gültigkeit von H_o bilden die Rangwerte innerhalb einer Spalte eine Zufallsstichprobe vom Umfang n aus einer Gleichverteilung über der Menge der ersten k natürlichen Zahlen. Man wird erwarten, daß unter H_o die Ränge von 1 bis k in allen Spalten etwa gleich häufig auftreten und die Rangsummen $r_1, \ldots, r_k$ nur zufällig von ihrem Erwartungswert unter H_o abweichen. Dieser Erwartungswert beträgt, wie man leicht überlegt,

$$E\tilde{r}_j = n \cdot \frac{1}{2}(k + 1)$$

für alle $j=1,\dots,k$. Größere Abweichungen der r_j von $1/2\cdot n(k+1)$ bringen Unterschiede zwischen den Stichproben, also zwischen den Treatments, zum Vorschein. Unter H_0 impliziert die zufällige Zuordnung der k Treatments auf die Individuen eines Blocks, daß in jedem Block alle k! möglichen Aufteilungen der Rangwerte $rg(x_{i1}),\dots,$ $rg(x_{ik})$ gleich wahrscheinlich sind. Weiterhin sind die Meßwerte und damit die Rangwerte in verschiedenen Blöcken unabhängig, so daß unter H_0 jeder beliebigen Gesamtkonstellation der Ränge in allen n Blöcken die Wahrscheinlichkeit

$$\left(\frac{1}{k!}\right)^n$$

zukommt. Für jede der insgesamt $(k!)^n$ Konstellationen ist der Wert von $\tilde{r}$ zu berechnen. Bezeichnet t(r) die Anzahl der Aufteilungen mit einem speziellen Wert r von $\tilde{r}$, so gilt unter H_0

$$W(\tilde{r}=r) = t(r)\cdot\left(\frac{1}{k!}\right)^n .$$

Es sei $r(1-\alpha)$ der kleinste Wert der Prüfvariablen $\tilde{r}$, für welchen unter H_0

$$W(\tilde{r}\geq r(1-\alpha)) = \sum_{r\geq r(1-\alpha)} W(\tilde{r}=r) \leq \alpha$$

gilt.

Mit dieser Festlegung ist die Wahrscheinlichkeit dafür, daß $\tilde{r}$ der Wert $r(1-\alpha)$ annimmt oder überschreitet, α oder ein wenig kleiner als α. Tabellen der Nullverteilung und der kritischen Werte $r(1-\alpha)$ wurden von *Friedman* (1937), *Owen* (1962), S. 407-419, *Kraft* und *van Eeden* (1968), S. 266-271, und *Kendall* (1970[4]), S. 186-190, angegeben. *Tabelle XXVI* wurde dem Buch von *Hollander* und *Wolfe* (1973), S. 366-371, entnommen.

Bei großem Stichprobenumfang sind wieder Approximationen der Nullverteilung möglich. Unter H_0 ist für einen beliebigen Variablenwert x_{ij} in einem bestimmten Block i jeder der Rangwerte 1 bis k gleich wahrscheinlich. Damit ist, wie man leicht errechnet,

$$E\ rg(x_{ij}) = \frac{k+1}{2} ,$$

$$var\ rg(x_{ij}) = \frac{(k+1(k-1)}{12}$$

und

$$cov\ (rg(x_{ij}), rg(x_{il})) = -\frac{k+1}{12}$$

für $j=1,\ldots,k$ und $j \neq l$. Infolge der Unabhängigkeit der Blöcke ist dann nach bekannten Resultaten aus der Theorie der uneingeschränkten Zufallsstichprobe

$$E\tilde{\tilde{r}}_j = \frac{k+1}{2}$$

$$var\ \tilde{\tilde{r}}_j = \frac{(k+1)(k-1)}{12n}$$

und

$$cov\ (\tilde{\tilde{r}}_j, \tilde{\tilde{r}}_l) = -\frac{k+1}{12n}$$

Die Prüfvariable des *Friedman*-Tests läßt sich nun auch in der Form

$$\tilde{r} = \sum_{j=1}^{k} \tilde{z}_j^2$$

mit

$$\tilde{z}_j = \frac{\tilde{\tilde{r}}_j - \frac{k+1}{2}}{\sqrt{\frac{k(k+1)}{12n}}}$$

$(j=1,\ldots,k)$ schreiben. Aus der oben angegebenen Momentenstruktur der $\tilde{\tilde{r}}_j$ berechnet man

$$E\tilde{z}_j = 0$$

$$\text{var } \tilde{z}_j = \frac{k - 1}{k}$$

und

$$\text{cov } (\tilde{z}_j, \tilde{z}_l) = -\frac{1}{k}$$

für $j \neq l$.

Nach einem bekannten mehrdimensionalen Grenzwertsatz (vgl. z.B. *Rao* (1973²),S. 107) besitzt der Zufallsvektor $(\tilde{z}_1, \ldots, \tilde{z}_k)$ eine asymptotische Normalverteilung.

Man betrachtet nun k unabhängige standardnormalverteilte Zufallsvariablen $\tilde{x}_1, \ldots, \tilde{x}_k$, bildet die Funktionen

$$\tilde{z}'_j = \tilde{x}_j - \tilde{\bar{x}}$$

dieser Variablen für $j=1,\ldots,k$ und berechnet

$$E\ \tilde{z}'_j = 0,$$

$$\text{var } \tilde{z}'_j = \frac{k - 1}{k}$$

und

$$\text{cov } (\tilde{z}'_j, \tilde{z}'_l) = -\frac{1}{k}\ .$$

Daraus wird ersichtlich, daß die Variablen $\tilde{z}_1, \ldots, \tilde{z}_k$ für $n \to \infty$ asymptotisch dieselbe Verteilung besitzen wie die Variablen $\tilde{z}'_1, \ldots, \tilde{z}'_k$. Da die Zufallsvariable

$$\sum_{j=1}^{k} \tilde{z}'^{2}_j = \sum_{j=1}^{k} (\tilde{x}_j - \tilde{\bar{x}})^2$$

eine χ^2-Verteilung mit $k - 1$ Freiheitsgraden besitzt, gilt das auch für

$$\tilde{r} = \sum_{j=1}^{k} \tilde{z}_j^2 \quad .$$

Somit kann die Nullverteilung von $\tilde{r}$ für größere n approximiert werden durch die χ^2_{k-1}-Verteilung. Unter Verwendung dieser Approximation ist die Nullhypothese abzulehnen, falls $\tilde{r} > \chi^2(1-\alpha;k-1)$ ausfällt. Numerische Vergleiche haben ergeben, daß die Approximation bereits für $n \geq 8$ ausreichend genau ist.

5.2.2.3. Die Prüfung der Nullhypothese

In Tabelle XXVI sind für k = 3 und n = 2,...,12, für k = 4 und n = 2,...,8 und für k = 5 und n = 3,4,5 auf drei Kommastellen genau die Werte r zusammen mit den Wahrscheinlichkeiten $W(\tilde{r} \geq r)$ unter H_o angegeben, und zwar solche, welche für die Durchführung des *Friedman*-Tests bedeutsam werden können. Mit diesen Werten kann - bei geeigneten Werten k und n - sowohl konservativ getestet als auch das Signifikanzniveau adjustiert als auch randomisiert werden (vgl. Abschnitt 1.11.1.).

Beispiel 5.-11

In Beispiel 5.-10 hat sich für k = 3 und n = 7 der Wert 8,9 der Prüfvariablen des *Friedman*-Tests ergeben. Es sei ein Signifikanzniveau von $\alpha = 0{,}05$ zu beachten. Man entnimmt Tabelle XXVI für k = 3 und n = 7 den Wert r(0,95) = 7,143; beim Signifikanzniveau $\alpha = 0{,}05$ ist wegen $8{,}9 > 7{,}143$ H_o abzulehnen.

Da hier n = 7 ist, sind die Bedingungen für die Approximation der Prüfverteilung durch die χ^2-Verteilung mit k - 1 = 2 Freiheitsgraden nicht ganz erfüllt. Verwendet man diese Approximation trotzdem, dann ergibt sich wiederum Ablehnung von H_o, da $8{,}9 > \chi^2(0{,}95;2) = 5{,}99$ (vgl. Tabelle IV) ist.

5.2.2.4. Die Behandlung von Bindungen

Aus der Form der Prüfvariablen wird ersichtlich, daß nur Verbundwerte *innerhalb eines Blocks* Probleme aufwerfen. Man wendet wieder die bereits mehrfach erwähnte Methode der mittleren Ränge an. Die mittleren Ränge werden mit $rg^*(x_{ij})$ bezeichnet, ihre Spaltensummen gemäß Tabelle 5.-13 mit r_j^*. Über die Berechnung von Erwartungswert und Varianz der durchschnittlichen Rangsummen gelangt man im vorliegenden Fall zu der korrigierten Prüfvariablen

$$\tilde{r}^* = \frac{\frac{12}{nk(k+1)} \sum_{j=1}^{k} \tilde{r}_j^{*2} - 3n(k+1)}{1 - \frac{1}{nk(k^2-1)} \sum_{i=1}^{n} \sum_{j=1}^{a_i} (t_{ij}^3 - t_{ij})} ;$$

dabei bedeutet a_i die Anzahl der verschiedenen Variablenwerte in Block i ($a_i \leq k$); t_{ij} hat eine analoge Bedeutung wie in Abschnitt 3.2.1.6.

Die Verteilung von $\tilde{r}^*$ unter H_0 läßt sich grundsätzlich wieder durch Enumeration ermitteln. In der Praxis wird meist eine geeignete Approximation der Prüfverteilung verwendet. Es läßt sich zeigen (vgl. z.B. *Lehmann* (1975), S. 391), daß auch $\tilde{r}^*$ unter H_0 asymptotisch χ^2-verteilt ist mit k - 1 Freiheitsgraden.

5.2.2.5. Abschließende Bemerkungen

Der behandelte Test wurde erstmals von *Friedman* (1937) vorgeschlagen. Unabhängig davon wurde ein äquivalentes Prüfverfahren von *Kendall* und *Babington Smith* (1939) sowie von *Wallis* (1939) entwickelt. Ein allgemeineres Modell der verteilungsfreien Varianzanalyse, welches auch eventuelle Interaktionen zwischen Blöcken und Treatments berücksichtigt, wurde von *Lehmann* (1963 a) behandelt. Für eine Verallgemeinerung des *Friedman*-Tests, bei dem für jeden Block und jedes Treatment mehr als eine Beobachtung in die Untersuchung eingehen, vergleiche man z.B. *Marascuilo* und *McSweeney* (1977), Abschnitt 14.13.

Zur ARE des *Friedman*-Tests, bezogen auf den klassischen verteilungsgebundenen F-Test für Lagealternativen, kann festgestellt werden, daß sie immer mindestens $k/(k+1)\cdot 0{,}864$ beträgt. Sie kann aber auch unendlich sein. Einzelheiten entnehme man *van Elteren* und *Noether* (1959).

5.2.3. Ein Test gegen die spezielle Alternativhypothese wachsender Treatment-Effekte: Der Test von *Page*

Wie beim Fall von k unabhängigen Stichproben durch den Test von *Jonckheere* (vgl. Abschnitt 5.1.4.) ist auch im Fall von k abhängigen Stichproben die Prüfung der Nullhypothese

$$H_0 = \alpha_1 = \alpha_2 = \ldots = \alpha_k$$

gegen die Alternativhypothese

$$H_1: \alpha_1 \leq \alpha_2 \leq \ldots \leq \alpha_k$$

möglich. Eine geeignete Prüfvariable wurde von *Page* (1963) entwickelt. Sie hat die Form

$$\tilde{I} = \sum_{j=1}^{k} j\tilde{r}_j \quad ,$$

wobei die $\tilde{r}_j$ dieselbe Bedeutung wie beim Test von *Friedman* haben. Auf die Ableitung der Nullverteilung und die Möglichkeit ihrer Approximation durch die Normalverteilung wird hier nicht eingegangen. Die Prüfvariable von *Page* kann wie folgt plausibel gemacht werden: Trifft die Alternativhypothese $H_1: \alpha_1 \leq \alpha_2 \leq \ldots \leq \alpha_k$ zu, wobei mindestens einmal "$<$" gilt, wird r_{j1} tendenziell größer sein als r_{j2}, falls $j_1 < j_2$ ist. Dem wird durch die spezielle Gewichtung der Summanden $\tilde{r}_i$ in der Prüfvariablen Rechnung getragen. H_0 ist daher abzulehnen, falls $\tilde{I}$ einen besonders großen Wert annimmt.

Verallgemeinerungen des *Page*-Tests und weitere Tests zur Überprüfung spezieller Alternativen wachsender Treatment-Effekte in zufälligen Blockplänen findet man bei *Pirie* und *Hollander* (1972), *Hettmansperger* (1975) und *Skillings* und *Wolfe* (1977).

In *Tabelle XXVII* (vgl. *Hollander* und *Wolfe* (1973), S. 372) sind für Werte k zwischen 3 und 8 und für gebräuchliche kleinere Werte n die kritischen Werte der Prüfvariablen $\tilde{l}$ für Signifikanzniveaus α von 0,05, 0,01 und 0,001 angegeben. Dabei ist eine Adjustierung des Signifikanzniveaus zugrundegelegt (vgl. Abschnitt 1.11.1.); das faktische Signifikanzniveau ist also etwas kleiner oder etwas größer als das vorgegebene.

Bei großen Stichprobenumfängen ist eine Normalapproximation der Prüfverteilung des Tests von *Page* möglich. Man kann zeigen, daß unter H_0 die standardisierte Prüfvariable

$$\frac{\tilde{l} - E\tilde{l}}{\sqrt{\operatorname{var} \tilde{l}}} = \frac{\tilde{l} - \frac{nk(k+1)^2}{4}}{\left[\frac{n(k^3-k)^2}{144(k-1)}\right]^{1/2}}$$

asymptotisch standardnormalverteilt ist.

<u>Beispiel 5.-12</u> (vgl. *Cochran* und *Cox* (1957^2), S. 108 und *Hollander* und *Wolfe* (1973), S. 147-148)

Im Rahmen eines Experiments wurde die Wirkung von Pottasche-Düngungen unterschiedlicher Intensität auf die Festigkeit von Baumwollfasern untersucht. Es wurden k = 5 unterschiedliche Düngeintensitäten in n = 3 Blöcken berücksichtigt. Dabei resultierte ein Stichprobenbefund gemäß Tabelle 5.-14; in dieser Tabelle sind neben den Meßwerten für die Festigkeit auch deren Ränge innerhalb des Blocks angegeben.

Der Wert der Prüfvariablen dieses Tests beträgt

$$l = 5 + 2 \cdot 5 + \ldots + 5 \cdot 12 = 158 \ .$$

Aus Tabelle XXVII ersieht man, daß die (einseitige) Alternativhypothese, die besagt, daß mit zunehmenden Pottasche-Gaben die Festigkeit der Fasern abnimmt, beim Signifikanzniveau $\alpha = 0{,}01$ gestützt wird.

Nr. des Blocks \ Treatment (lb/acre)	144		108		72		54		36	
	Meßwert	Rang	Meßwert	Rang	Meßwert	Rang	Meßwert	Rang	Meßwert	Rang
1	7,46	2	7,17	1	7,76	4	8,14	5	7,63	3
2	7,68	2	7,57	1	7,73	3	8,15	5	8,00	4
3	7,21	1	7,80	3	7,74	2	7,87	4	7,93	5
	$r_1 = 5$		$r_2 = 5$		$r_3 = 9$		$r_4 = 14$		$r_5 = 12$	

Tabelle 5.-14

5.2.4. Der Test von *Cochran*

Ein für die Praxis besonders wichtiger Spezialfall des im letzten Abschnitt behandelten Verfahrens ergibt sich, wenn die Untersuchungsvariable dichotom ist oder dichotomisiert wurde; die Untersuchungsvariable wird dann also nur in zwei Kategorien gemessen, z.B. richtig - falsch, Erfolg - Mißerfolg. Der Test von *Cockran* stellt damit auch eine Verallgemeinerung des Tests von *McNemar* für zwei abhängige Stichproben (vgl. Abschnitt 4.2.2.) dar. Er ist bei allen Versuchsplänen der zweifaktoriellen Varianzanalyse anwendbar, soweit nur die Variable dichotom gemessen wird.

5.2.4.1. Darstellung des Stichprobenbefundes und Prüfung der Nullhypothese

Zweckmäßigerweise werden den beiden alternativen Ausprägungen der Untersuchungsvariablen, wie bei dichotomen Variablen üblich, die

Werte 1 und 0 zugeordnet. Die Daten werden analog zum *Friedman*-Test in einer Tabelle mit n Zeilen und k Spalten angeordnet. Die n Zeilen kennzeichnen die Blöcke und die k Spalten die Treatments oder Versuchsbedingungen; man vergleiche Tabelle 5.-15.

Nr. des Blocks \ Treatment	1	...	j	...	k	
1						l_1
⋮						⋮
i			"1" oder "0"			l_i
⋮						⋮
n						l_n
	g_1	...	g_j	...	g_k	

Tabelle 5.-15

In Tabelle 5.-15 bezeichnen

g_j: die Anzahl der Einsen in der j-ten Spalte (Anzahl der Einsen bei Treatment j, $j=1,\ldots,k$);

l_i: die Anzahl der Einsen in der i-ten Zeile (Anzahl der Einsen bei Block i, $i=1,\ldots,n$).

Außerdem wird mit $\bar{g}$ das arithmetische Mittel der $g_1,\ldots,g_k$ bezeichnet. Die Nullhypothese H_o ist die Homogenitätshypothese und besagt, daß kein Unterschied in den Wahrscheinlichkeiten θ_{ij} bzw. $1-\theta_{ij}$ $(j=1,\ldots,k)$ für das Auftreten der beiden Alternativen der Untersuchungsvariablen unter den k Treatments, also in den k

Stichproben, besteht. *Cochran* (1950) schlug für diesen Fall eine bedingte Prüfvariable vor, wobei die Bedingungen mit den Realisationen der Zeilensummen l_i gegeben sind. Die Prüfvariable von *Cochran*, welche in der Literatur durchgängig mit $\tilde{q}$ bezeichnet wird, ist

$$\tilde{q} = \frac{k(k-1) \sum_{j=1}^{k} (\tilde{g}_j - \tilde{\tilde{g}})^2}{k \sum_{i=1}^{n} l_i - \sum_{i=1}^{n} l_i^2}$$

Durch Umformung des Zählers erhält man die Form

$$\tilde{q} = \frac{(k-1)[k \sum_{j=1}^{k} \tilde{g}_i^2 - (\sum_{j=1}^{k} \tilde{\tilde{g}}_i^2)]}{k \sum_{i=1}^{n} l_i - \sum_{i=1}^{n} l_i^2}$$

der Prüfvariablen, welche in den Anwendungen in der Regel bevorzugt wird. Die Prüfvariable ist für großes n annähernd χ^2-verteilt mit k - 1 Freiheitsgraden; d.h. beim Signifikanzniveau α ist die Nullhypothese unter dieser Voraussetzung abzulehnen, falls $q > \chi^2(1-\alpha;k-1)$ ausfällt.

5.2.4.2. Zur Prüfvariablen $\tilde{q}$ und ihrer Nullverteilung

Die Prüfvariable $\tilde{q}$ läßt sich aus der *Friedman*schen Prüfvariablen ableiten, wenn man deren im Hinblick auf Bindungen korrigierte Variante

$$\tilde{r}^* = \frac{\frac{12}{nk(k+1)} \sum_{j=1}^{k} \tilde{r}_j^{*2} - 3n(k+1)}{1 - \frac{1}{nk(k^2-1)} \sum_{i=1}^{n} \sum_{j=1}^{a_i} (t_{ij}^3 - t_{ij})}$$

(vgl. Abschnitt 5.2.2.4.) heranzieht. Die Anzahl der verschiedenen Variablenwerte in Block i ist a_i. Da das Untersuchungsmerkmal nur die Werte 1 oder 0 annehmen kann, ist hier $a_i = 2$, es sei denn, in einer Zeile kommen ausschließlich Einsen oder ausschließlich Nullen vor; dann ist $a_i = 1$. Also ist $a_i = 1$ oder $a_i = 2$ für alle i. Die Anzahl der Einsen im i-ten Block wird mit l_i bezeichnet, sie wird als gegeben betrachtet. Den $k - l_i$ Nullen in Block i kommen bei der Anordnung die Rangwerte $1,2,\ldots,k-l_i$ zu. Da diese Variablenwerte aber alle gleich sind, und zwar gleich Null, wird ihnen gemäß Vorgehensweise bei Bindungen allen der mittlere Rang

$$\frac{1 + 2 + \ldots + (k-l_i)}{k - l_i} = \frac{1}{2}\,(k - l_i + 1)$$

zugewiesen. Entsprechend erhalten die l_i Einsen im i-ten Block den mittleren Rang

$$\frac{(k-l_i + 1) + \ldots + k}{l_i} = \frac{\frac{1}{2}k(k+1) - \frac{1}{2}(k-l_i)(k-l_i+1)}{l_i}$$

$$= k - \frac{1}{2}\,l_i + \frac{1}{2} \quad .$$

Ersetzt man nun in allen n Blöcken die Werte 0 durch die zugehörigen Ränge $1/2\cdot(k-l_i + 1)$ und die Werte 1 durch $(k-1/2\cdot l_i + 1/2)$, so erhält man als Rangsumme r_j^* dieser mittleren Rangwerte in der j-ten Stichprobe (Treatment j)

$$r_j^* = \sum_i \left(k - \frac{1}{2}l_i + \frac{1}{2}\right) + \sum_i \frac{1}{2}(k - l_i + 1) \quad .$$

Die erste Summe enthält g_i Summanden (Einsen), die zweite Summe enthält $n - g_i$ Summanden (Nullen). Damit ergibt sich

$$r_j^* = g_j\cdot\left(k+\frac{1}{2}\right) + \frac{1}{2}\,(n - g_j)\cdot(k+1) - \frac{1}{2}\sum_{i=1}^{n} l_i \quad .$$

Die Berechnung von $\sum_{j=1}^{k} r_j^{*2}$ liefert unter Berücksichtigung von

$$\sum_{i=1}^{n} l_i = \sum_{j=1}^{k} g_j$$

die Größe

$$\sum_{j=1}^{k} r_j^{*2} = \sum_{j=1}^{k} [g_j(k + \tfrac{1}{2}) + \tfrac{1}{2}(n - g_j)(k + 1) - \tfrac{1}{2}k\bar{g}]^2$$

$$= \sum_{j=1}^{k} [\tfrac{1}{4}(kg_j + n(k + 1))^2 - \tfrac{1}{2}(kg_j + n(k + 1))\cdot k\bar{g} + \tfrac{k^2}{4}\bar{g}^2] =$$

$$= \tfrac{1}{4}k^2 \sum_{j=1}^{k} g_j^{\,2} + \tfrac{1}{2}n\, k^2(k + 1)\bar{g} + \tfrac{1}{4}n^2k(k + 1)^2 - \tfrac{1}{2}\, k^3\bar{g}^2 -$$

$$- \tfrac{1}{2}n\, k^2(k + 1)\bar{g} + \tfrac{1}{4}\, k^3\bar{g}^2 =$$

$$= \frac{k^2}{4} \sum_{j=1}^{k} (g_j - \bar{g})^2 + \tfrac{1}{4}n^2k(k + 1)^2 \quad .$$

Damit wird

$$\frac{3k \sum_{j=1}^{k} (g_j - g)^2}{n(k + 1)}$$

der Zähler des Wertes der Prüfvariablen. Eine Betrachtung des Nenners liefert mit $t_{i1} = k - l_i$ und $t_{i2} = l_i$ und

$$\sum_{i=1}^{n} \sum_{j=1}^{a_i} (t_{ij}^3 - t_{ij}) = \sum_{i=1}^{n} [(k - l_i)^3 - (k - l_i) + l_i^3 - l_i] =$$

$$= nk^3 - 3k^2 \sum_{i=1}^{n} l_i + 3k \sum_{i=1}^{n} l_i^{\,2} - nk$$

den Wert

$$\frac{3k \sum\limits_{j=1}^{n} l_i - 3 \sum\limits_{i=1}^{n} l_i^2}{n(k^2 - 1)}$$

Somit erhält man für den Wert der Prüfvariablen insgesamt

$$r^* = \frac{\dfrac{3k \sum\limits_{j=1}^{k} (g_j - \bar{g})^2}{n(k+1)}}{\dfrac{3k \sum\limits_{i=1}^{n} l_i - 3 \sum\limits_{i=1}^{n} l_i}{n(k^2-1)}} = \frac{k(k-1) \sum\limits_{j=1}^{k} (g_j - \bar{g})^2}{k \sum\limits_{i=1}^{n} l_i - \sum\limits_{i=1}^{n} l_i^2} .$$

Dies ist exakt der Wert der Prüfvariablen $\tilde{q}$ des Tests von *Cochran*. Die asymptotische Verteilung von $\tilde{q}$ unter H_o muß somit dieselbe sein wie die von $\tilde{r}^*$.

Beispiel 5.-13

n = 30 Personen wurden nacheinander k = 3 Testaufgaben zur Lösung vorgelegt. Zu prüfen ist die Hypothese, alle drei Aufgaben seien gleich schwer. Der Stichprobenbefund ist in Tabelle 5.-16 festgehalten; dabei bezeichnet 1 die Ausprägung "Aufgabe gelöst", 0 die Ausprägung "Aufgabe nicht gelöst" der Untersuchungsvariablen. Für Zwecke der Ermittlung des Wertes der Prüfvariablen sind auch die Werte l_i bzw. l_i^2 angegeben.

Aus Tabelle 5.-16 erhält man für den Wert der Prüfvariablen

$$q \approx \frac{3 \cdot 2 \cdot [17 - 14{,}3)^2 + (21 - 14{,}3)^2 + (5 - 14{,}3)^2]}{3 \cdot 43 - 73} \approx \frac{6(7{,}29+44{,}89+86{,}49)}{56}$$

$$\approx 14{,}9 \ .$$

Aus Tabelle IV entnimmt man $\chi^2(0{,}95;2) = 5{,}99$. Wegen $q \approx 14{,}9 > 5{,}99$ wird H_o abgelehnt.

Nr. der Versuchsperson	Lösung von Aufgabe 1	Lösung von Aufgabe 2	Lösung von Aufgabe 3	l_i	l_i^2
1	1	0	0	1	1
2	0	1	0	1	1
3	1	1	0	2	4
4	1	0	1	2	4
5	0	1	0	1	1
6	0	1	0	1	1
7	1	0	0	1	1
8	1	1	0	2	4
9	0	1	0	1	1
10	0	1	0	1	1
11	0	1	0	1	1
12	1	0	1	2	4
13	1	1	1	3	9
14	0	1	0	1	1
15	1	1	0	2	4
16	1	0	0	1	1
17	0	1	0	1	1
18	0	1	1	2	4
19	0	1	0	1	1
20	1	1	0	2	4
21	1	0	0	1	1
22	0	1	0	1	1
23	1	0	0	1	1
24	1	1	1	3	9
25	0	1	0	1	1
26	1	0	0	1	1
27	1	0	0	1	1
28	0	1	0	1	1
29	1	1	0	2	4
30	1	1	0	2	4
	$g_1 = 17$	$g_2 = 21$	$g_3 = 5$	43	73

Tabelle 5.-16

5.3. Verteilungsfreie multiple Lokalisationsvergleiche zum k-Stichproben-Fall

5.3.1. Multiple Lokalisationsvergleiche

Bei den bisher zum k-Stichproben-Fall behandelten Verfahren war die Nullhypothese jeweils die Homogenitätshypothese, etwa, unter der Voraussetzung des shift models, die Hypothese der Homogenität der Lokalisationen der k Verteilungen. Die statistische Analyse eines vorliegenden Datenmaterials zum k-Stichproben-Fall ist dann abgeschlossen, wenn das Prüfverfahren Nichtsignifikanz liefert. Ist die Nullhypothese jedoch abzulehnen, ist vorläufig keine Aussage darüber möglich, welche und wieviele der k Treatments effektiv sind oder welche der k Grundgesamtheiten verschiedene Strukturen haben. Aus dem Testresultat folgt nur, daß sich mindestens zwei Lokalisationen bzw. Treatment-Effekte wesentlich unterscheiden. Im Falle der Ablehnung der Nullhypothese ist also der Informationsstand des Anwenders sehr niedrig; eine Spezifizierung der Alternative Nichthomogenität, etwa Nichthomogenität der Lokalisationen beim shift model, erscheint höchst wünschenswert.

Liefert der Sachzusammenhang im Einzelfall spezielle und präzise Hypothesen über Unterschiede der k Verteilungen, dann besteht grundsätzlich die Möglichkeit, das Prüfverfahren auf diese speziellen Hypothesen zu reduzieren. Etwa könnten in einer speziellen Situation zwei Homogenitätsprüfungen im Sinne des Zwei-Stichproben-Falles (unabhängige Stichproben) durchgeführt werden; dies ist methodisch allerdings nur dann korrekt, wenn jeweils verschiedene, insgesamt also vier verschiedene Stichproben beteiligt sind. In der Forschungspraxis sind solche Fälle selten; meist fehlt es an konkreten Vorstellungen über mögliche Unterschiede der Verteilungen. Auf den ersten Blick erscheint es naheliegend, einen k-Stichproben-Test durch zusätzliche $\binom{k}{2}$ Zwei-Stichproben-Vergleiche zu ergänzen. Eine solche Verfahrensweise würde jedoch dazu führen, daß das Signifikanzniveau der Testprozedur insgesamt in nicht kontrollierbarer Weise erhöht wird (vgl. Abschnitt 6.4.3.).

Die nachfolgend zu behandelnden multiplen Lokalisationsvergleiche sind so angelegt, daß ein vorgegebenes Signifikanzniveau α *für den Testvorgang insgesamt* eingehalten werden kann. Die jeweils zugrundegelegte Nullhypothese hat die Struktur

$$H_o: \lambda_1 = \ldots = \lambda_k = 0 ,$$

welche identisch ist mit der Nullhypothese etwa des *Kruskal-Wallis*-Tests (vgl. Abschnitt 5.1.3.). Diese *globale* Nullhypothese ergibt sich als Durchschnitt mehrerer Teil-Nullhypothesen H_o^i, hier etwa als Durchschnitt der k - 1 Teil-Nullhypothesen $H_o^i: \lambda_i = \lambda_{i+1}$, $i = 1,\ldots,k-1$. Ist die Wahrscheinlichkeit, unter H_o bei mindestens einem Teilvergleich zur Ablehung zu gelangen, höchstens gleich α, obwohl die globale Nullhypothese

$$H_o: \bigcap_i H_o^i$$

zutrifft, so spricht man von einer *multiplen Testprozedur zum globalen Niveau* α. Die globale Nullhypothese umfaßt insbesondere alle $\binom{k}{2}$ Einzelvergleiche im Sinne von Paarvergleichen $H_o: \lambda_j = \lambda_l$ $(j \neq l)$. Damit wird auch der wesentliche Unterschied zu den Paarvergleichen im Rahmen wiederholter Berücksichtigung des Zwei-Stichproben-Falles deutlich. Bei solchen Paarvergleichen können nur *einzelne* Hypothesen der Art $H_o: \lambda_j = \lambda_l$ $(j \neq l)$ zugrundeliegen; ein bilateraler Vergleich sämtlicher $\binom{k}{2}$ Paare von Verteilungen im Sinne des Zwei-Stichproben-Falles ist, wie bereits begründet wurde, methodisch nicht korrekt.

In jüngerer Zeit wurden die multiplen Testprozeduren zum globalen Niveau α häufig kritisiert (vgl. z.B. *Holm* (1979); *Sonnemann* (1983)). Es wird vorgeschlagen, den Fehler 1. Art bei multiplen Testproblemen umfassender zu definieren. Nach diesen Gedankengängen liegt ein Fehler 1. Art genau dann vor, wenn mindestens eine Teil-Nullhypothese H_o^i abgelehnt wird, obwohl H_o^i richtig ist. Sind etwa zwei Teil-Nullhypothesen H_o^1 und H_o^2 mit den zugehörigen Alternativen H_1^1 und H_1^2 gegeben, so liegt z.B. ein Fehler 1. Art auch dann vor, wenn man sich für H_1^1 und H_1^2 entscheidet, obwohl $H_o^1 \cap H_1^1$ richtig ist. Bei einer *multiplen Testprozedur zum multiplen Niveau* α

wird die Wahrscheinlichkeit, eine wahre Teil-Nullhypothese abzulehnen, kleiner oder gleich α gehalten und zwar gleichgültig, welche der Teil-Nullhypothesen H_o^i wahr sind.

Bei einigen der zu behandelnden multiplen Lokalisationsvergleichen wird neben dem globalen auch das multiple Niveau eingehalten. Man erhält auf jeden Fall Teste zum multiplen Niveau α, wenn man die bei *Sonnemann* (1983) näher beschriebenen *Abschlußteste* verwendet.

Neben den multiplen Lokalisationsvergleichen können auch Schätz- und Prüfverfahren zu sogenannten *linearen Kontrasten* durchgeführt werden. Lineare Kontraste sind spezielle Linearkombinationen der Konstruktion

$$\sum_{j=1}^{k} a_j \lambda_j \quad \text{mit} \quad \sum_{j=1}^{k} a_j = 0$$

der Treatment-Effekte λ_j; $a_1,...,a_k$ sind hierbei Konstanten. Die verteilungsungebundene Erörterung solcher Kontraste erfolgt beispielsweise bei *Spjøtvoll* (1968) und *Lehmann* (1964). Hier wird auf lineare Kontraste nicht näher eingegangen.

Es sei noch erwähnt, daß die nachfolgend beschriebenen multiplen Lokalisationsvergleiche in der Regel verbessert werden können, wenn man sequentiell verwerfende Varianten verwendet. Man vergleiche dazu *Holm* (1979), *Naik* (1975) oder *Marcus, Peritz* und *Gabriel* (1976).

Bei den multiplen Lokalisationsvergleichen im nunmehr eingegrenzten Sinn werden zwei Unterfälle unterschieden: Im Rahmen der multiplen *k-Stichproben-Paarvergleiche (all treatment comparisons)* wird jede der k Stichproben mit jeder anderen Stichprobe paarweise verglichen, damit festgestellt werden kann, bei welchen Paaren wesentliche Lokalisationsunterschiede bestehen. Im zweiten Unterfall, den multiplen *Versuchs-versus-Kontrollgruppen-Paarvergleichen (treatment vs. control)* wird eine bestimmte der k Verteilungen mit allen anderen k-1 Verteilungen paarweise verglichen. Meist handelt es sich hierbei um den Vergleich einer Kontrollgruppe mit k-1 Versuchsgruppen. Man denke etwa an einen Wirkungsvergleich von verschiedenen Dosierungen einer pharmazeutischen Substanz mit einer Kontrollsituation, welche in der Verabreichung eines Placebos bestehen könnte. Bei diesen Versuchs-versus-Kontrollgruppen-Paarvergleichen werden, wie aus diesem Beispiel ersichtlich wird, meist einseitige Fragestellungen zugrundegelegt.

5.3.2. k-Stichproben-Paarvergleiche (all treatment comparisons) bei unabhängigen Stichproben (einfaktorielle Versuchspläne)

Die in diesem Abschnitt zu behandelnden k-Stichproben-Paarvergleiche basieren auf der Prüfvariablen $\tilde{h}$ von *Kruskal* und *Wallis*. Man geht also aus von einer Gesamtstichprobe vom Umfang

$$n = \sum_{j=1}^{k} n_j \quad ,$$

die aus k Teilstichproben zusammengesetzt ist. Die n Variablenwerte werden der Größe nach geordnet und mit den entsprechenden Rängen versehen. Mit $\bar{\bar{r}}_1,\ldots,\bar{\bar{r}}_k$ werden wieder die Durchschnitte der Rangwerte in den k Stichproben bezeichnet. Wie bei der Rangvarianzanalyse wird zunächst vorausgesetzt, daß die Untersuchungsvariable eine stetige Verteilung besitzt.

5.3.2.1. Multiple Lokalisationsvergleiche

Die multiplen Lokalisationsvergleiche erfolgen bei kleinen Stichprobenumfängen mit Hilfe der $\binom{k}{2}$ Ungleichungen

$$\text{(I.)} \quad |\bar{\bar{r}}_j - \bar{\bar{r}}_l| \leq \sqrt{h(1-\alpha)} \cdot \left[\frac{n(n+1)}{12}\right]^{1/2} \cdot \left(\frac{1}{n_j} + \frac{1}{n_l}\right)^{1/2}$$

für j,l=1,...k und j < l bzw. bei größeren Stichprobenumfängen durch

$$\text{(II.)} \quad |\bar{\bar{r}}_j - \bar{\bar{r}}_l| \leq \sqrt{\chi 2(1-\alpha;k-1)} \cdot \left[\frac{n(n+1)}{12}\right]^{1/2} \cdot \left(\frac{1}{n_j} + \frac{1}{n_l}\right)^{1/2}$$

ebenfalls für $j,l=1,\ldots,k$ und $j < l$. Trifft die Nullhypothese H_0 zu, so besitzt der Durchschnitt der $\binom{k}{2}$ zufälligen Ereignisse, welche durch diese Ungleichungen beschrieben werden, eine Wahrscheinlichkeit von (ungefähr) $1-\alpha$. Überschreitet eine absolute Differenz $|\bar{r}_j - \bar{r}_l|$ den Wert auf der rechten Seite der Ungleichungen (I.) bzw. (II.), so zeigt dies einen signifikanten Unterschied in den Lokalisationen an, welcher durch die Treatments j und l bewirkt wird. Dies bedeutet, daß man sich beim vorgegebenen Signifikanzniveau für die Aussage $\lambda_j \neq \lambda_l$ entscheidet, falls $|\bar{r}_j - \bar{r}_l|$ den Wert auf der rechten Seite von (I.) bzw. (II.) überschreitet. Für den Spezialfall, daß die Stichprobenumfänge $n_1, \ldots, n_k$ alle gleich sind, also n/k betragen, lassen sich die Ungleichungen (I.) und (II.) etwas vereinfachen und präzisieren (*Miller* (1981[2]), S. 166 ff.). Man kann sie mit

$$\text{(III.)} \quad |\tilde{\bar{r}}_j - \tilde{\bar{r}}_l| \leq w(1-\alpha;k) \cdot \left[\frac{k(n+1)}{12}\right]^{1/2}$$

für $j,l=1,\ldots,k$ und $j < l$ angeben, wobei mit $w(1-\alpha;k)$ das $(1-\alpha)$-Quantil der Verteilung der Spannweite $\tilde{w}$ von k unabhängigen standardnormalverteilten Zufallsvariablen gekennzeichnet wird (vgl. z. B. *Gibbons* (1971), S. 30-34). Während es sich bei den durch die Ungleichungen (I.) und (II.) gekennzeichneten Verfahren um konservative simultane Teste im Sinne des konservativen Testens (vgl. Abschnitt 1.11.1.) handelt, wird bei Verwendung des Tests auf der Grundlage der Ungleichungen (III.) das Signifikanzniveau exakt ausgeschöpft. Dessen Durchführung ist mit Hilfe von Tabellen geeigneter Quantile der Verteilung der Spannweite unabhängiger standardnormalverteilter Zufallsvariabler möglich (vgl. z. B. *Pearson* und *Hartley* I (1976[3]), S. 177-183). Ein Auszug aus einer solchen Tabelle ist *Tabelle XXVIII.*

Dunn (1964) entwickelte multiple Lokalisationsvergleiche gemäß den Ungleichungen (I.) und (II.), bei welchen statt der Größen $[h(1-\alpha)]^{1/2}$ bzw. $[\chi^2(1-\alpha;k-1)]^{1/2}$ das Quantil $z(1-\alpha/k(k-1))$ der Standardnormalverteilung eingeht.

Die Durchführung multipler Lokalisationsvergleiche wird nun an einem Beispiel erläutert.

Beispiel 5.-14

Aus k = 3 unabhängigen Teilstichproben mit den Umfängen $n_1 = 7$, $n_2 = 7$ und $n_3 = 6$ haben sich die Rangdurchschnitte $\bar{r}_1 = 6{,}0$, $\bar{r}_2 = 10{,}6$ und $\bar{r}_3 = 15{,}7$ (Ränge in der zusammengefaßten Stichprobe) ergeben. Man ermittelt $|\bar{r}_1 - \bar{r}_2| = 4{,}6$, $|\bar{r}_1 - \bar{r}_3| = 9{,}7$ und $|\bar{r}_2 - \bar{r}_3| = 5{,}1$.

Die kritischen Werte gemäß der rechten Seite der Ungleichungen (II.) sind 7,74, 8,06 und 8,06; dabei ist $\chi^2(0{,}95;2) = 5{,}99$ (vgl. Tabelle II) zu verwerten. Wegen $4{,}6 < 7{,}74$, $5{,}1 < 8{,}06$, jedoch $9{,}7 > 8{,}06$ ergibt nur der Vergleich der ersten und der dritten Grundgesamtheit beim Signifikanzniveau $\alpha = 0{,}05$ einen wesentlichen Unterschied.

5.3.2.2. Herleitung der Verfahren

Ausgangspunkt für die Ableitung der beiden in Abschnitt 5.3.2.1. beschriebenen Verfahren sind die Zufallsvariablen $\tilde{\bar{r}}_1, \ldots \tilde{\bar{r}}_k$. Schon in Abschnitt 5.1.4.2. wurden die Erwartungswerte, die Varianzen und die Kovarianzen für diese Variablen bei Gültigkeit der Nullhypothese $H_o: \lambda_1 = \ldots = \lambda_k$ mit

$$E\tilde{\bar{r}}_j = \frac{n+1}{2}$$

$$\text{var } \tilde{\bar{r}}_j = \frac{(n+1)(n-n_j)}{12 n_j}$$

und

$$\text{cov } (\tilde{\bar{r}}_j, \tilde{\bar{r}}_l) = -\frac{n+1}{12}$$

für $j,l=1,\ldots,k$ und $j \neq l$ ermittelt. Auch wurde bereits darauf hingewiesen, daß der Zufallsvektor der zugehörigen standardisierten Variablen

$$\frac{\tilde{\tilde{r}}_j - E\tilde{\tilde{r}}_j}{\sqrt{\mathrm{var}\ \tilde{\tilde{r}}_j}}$$

(j=1,...,k) asymptotisch eine (singuläre, also degenerierte) Normalverteilung besitzt.

Der Nachweis der simultanen Gültigkeit der Ungleichungssysteme (I.) bzw. (II.) erfolgt mit Hilfe des folgenden Lemmas, das auf der Anwendung der *Cauchy-Schwarzschen* Ungleichung beruht (vgl. z. B. *Miller* (1981^2), S. 63):

Mit c > O gilt

$$\left|\sum_{i=1}^{r} a_i\, y_i\right| \le c\ \left(\sum_{i=1}^{r} a_i^2\right)^{1/2}$$

für alle $a_1,\ldots,a_r$ dann und nur dann, wenn

$$\sum_{i=1}^{r} y_i^2 \le c^2$$

ist. Dieses Lemma ist wie folgt zu beweisen:

a) Man setzt $a_i = y_i$ für i=1,...,r. Dann folgen aus

$$\left|\sum_{i=1}^{r} a_i y_i\right| \le c\cdot\left(\sum_{i=1}^{r} a_i^2\right)^{1/2}$$

die Ungleichungen

$$\left|\sum_{i=1}^{r} y_i^2\right| \le c\ \left(\sum_{i=1}^{r} y_i^2\right)^{1/2} \quad \text{und} \quad \sum_{i=1}^{r} y_i^2 \le c^2 .$$

b) Die Anwendung der *Cauchy-Schwarz*schen Ungleichung ergibt

$$\left|\sum_{i=1}^{r} a_i y_i\right| < \left(\sum_{i=1}^{r} y_i^2\right)^{1/2} \cdot \left(\sum_{i=1}^{r} a_i^2\right)^{1/2} \quad ;$$

aus

$$\sum_{i=1}^{r} y_i^2 \leq c^2$$

folgt sofort

$$\left|\sum_{i=1}^{r} a_i y_i\right| \leq c \left(\sum_{i=1}^{r} a_i^2\right)^{1/2} \quad .$$

Nun kehrt man zurück zum Test von *Kruskal* und *Wallis*. Unter H_o gilt für die Prüfvariable $\tilde{h}$

$$W(\tilde{h} \leq h(1-\alpha)) \approx 1 - \alpha$$

bzw. bei großen Stichprobenumfängen

$$W[\tilde{h} \leq \chi^2(1-\alpha;k-1)] \approx 1 - \alpha \quad .$$

Hier wird nur der Fall größerer Stichprobenumfänge weiter verfolgt; für kleine Stichprobenumfänge besteht der einzige Unterschied darin, daß das $(1-\alpha)$-Quantil $\chi^2(1-\alpha;k-1)$ der χ^2-Verteilung mit k-1 Freiheitsgraden durch das Quantil $h(1-\alpha)$ der (nur ungefähren) Ordnung $(1-\alpha)$ der Nullverteilung von $\tilde{h}$ (vgl. Tabelle XXIV) ersetzt werden muß. Es gilt approximativ unter H_o mit

$$\tilde{h} = \frac{12}{n(n+1)} \sum_{j=1}^{k} n_j \left(\tilde{\tilde{r}}_j - \frac{n+1}{2}\right)^2$$

die Beziehung

$$W(\tilde{h} \leq \chi^2(k-1,1-\alpha)) = 1 - \alpha$$

oder

$$W\Big[\sum_{j=1}^{k} n_j(\tilde{\tilde{r}}_j - \frac{n+1}{2})^2 \leq \chi^2(k-1;1-\alpha) \cdot \frac{n(n+1)}{12}\Big] = 1 - \alpha .$$

Nunmehr wird das formulierte Lemma mit

$$y_j = \sqrt{n_j}\,(\tilde{\tilde{r}}_j - \frac{n+1}{2})$$

für j=1,...,k,

$$a_j = \frac{1}{\sqrt{n_j}}\,,\ a_l = -\frac{1}{\sqrt{n_l}}\,,\ a_i = 0 \text{ für } i \neq j,l$$

sowie

$$c^2 = \chi^2(1-\alpha;k-1) \cdot \frac{n(n+1)}{12}$$

angewendet. Damit ergibt die zweite Ungleichung des genannten Lemmas gerade die Beziehung

$$\sum_{j=1}^{k} n_j(\tilde{\tilde{r}}_j - \frac{n+1}{2})^2 \leq \chi^2(1-\alpha;k-1) \cdot \frac{n(n+1)}{12} \quad .$$

Aus ihr folgt die erste Ungleichung, welche das gewünschte Resultat

$$|\tilde{\tilde{r}}_j - \tilde{\tilde{r}}_l| \leq [\chi^2(1-\alpha;k-1)]^{1/2} \cdot [\frac{n(n+1)}{12}]^{1/2}(\frac{1}{n_j} + \frac{1}{n_l})^{1/2}$$

liefert.

Aus der Anwendung des Lemmas wird ersichtlich, daß bei der Formulierung der Ungleichungen (I.) bzw. (II.) des Abschnitts 5.3.2.1. *ganz spezielle* Linearkombinationen ausgewählt wurden. Da nach der Aussage des Lemmas *beliebige* Koeffizienten $a_1,...,a_k$ zugelassen sind, gelten die beiden Systeme von Ungleichungen aus Abschnitt 5.3.2.1. simultan mit einer Wahrscheinlichkeit von mindestens $1-\alpha$. Das Verfahren ist also konservativ im Sinne des Abschnitts 1.11.1. Daher besteht auch die Möglichkeit, daß der Test von *Kruskal* und *Wallis* gemäß Abschnitt 5.1.4.3. zur Ablehnung der Nullhypothese führt, während das System von Ungleichungen gemäß Abschnitt 5.3.2.1. erfüllt ist.

Es ist möglich, neben den absoluten Differenzen $|\approx{r}_j - \approx{r}_l|$ andere Linearkombinationen der $\approx{r}_j$ in einen simultanen Lokalisationsvergleich einzubeziehen. Die Verwendung solcher Linearkombinationen muß sich dann aus dem Sachzusammenhang ergeben.

Für eine allgemeine multiple Testprozedur, bei der das vorgegebene Signifikanzniveau voll ausgeschöpft wird und die sich auf die hier vorliegende Situation anwenden läßt, vergleiche man *Sonnemann* (1983).

Zur Ableitung des Ungleichungssystems (III.) aus Abschnitt 5.3.2.1. betrachtet man die $\binom{k}{2}$ Differenzen $\approx{r}_j - \approx{r}_l$ für $j,l=1,...,k$. Da die $\approx{r}_j$ asymptotisch normalverteilt sind, gilt dies auch für die Differenzen $\approx{r}_j - \approx{r}_l$ $(j \neq l)$. Für deren Momente erhält man

$$E(\approx{r}_j - \approx{r}_l) = 0,$$

$$\begin{aligned} \operatorname{var}(\approx{r}_j - \approx{r}_l) &= \operatorname{var} \approx{r}_j + \operatorname{var} \approx{r}_l - 2\operatorname{cov}(\approx{r}_j,\approx{r}_l) \\ &= \frac{n(n+1)}{12}\cdot\left(\frac{1}{n_j} + \frac{1}{n_l}\right) \end{aligned}$$

und

$$\operatorname{cov}(\approx{r}_j - \approx{r}_l, \approx{r}_j - \approx{r}_s) = \frac{n(n+1)}{12n_j}$$

sowie

$$\mathrm{cov}(\tilde{\tilde{r}}_j - \tilde{\tilde{r}}_l, \tilde{\tilde{r}}_m - \tilde{\tilde{r}}_s) = 0,$$

falls die j,l,m,s alle verschieden sind.

Sind speziell die k Stichprobenumfänge alle gleich, betragen also n/k, so reduziert sich die angegebene Momentenstruktur auf

$$E(\tilde{\tilde{r}}_j - \tilde{\tilde{r}}_l) = 0$$

$$\mathrm{var}(\tilde{\tilde{r}}_j - \tilde{\tilde{r}}_l) = \frac{k(n + 1)}{6}$$

und

$$\mathrm{cov}(\tilde{\tilde{r}}_j - \tilde{\tilde{r}}_l, \tilde{\tilde{r}}_j - \tilde{\tilde{r}}_s) = \frac{k(n + 1)}{12}$$

sowie wiederum

$$\mathrm{cov}(\tilde{\tilde{r}}_j - \tilde{\tilde{r}}_l, \tilde{\tilde{r}}_m - \tilde{\tilde{r}}_s) = 0 ,$$

falls die j,l,m,s alle verschieden sind.

Man betrachtet nun folgende völlig andere Situation:

Es seien $\tilde{x}_1, \dots, \tilde{x}_k$ unabhängige standardnormalverteilte Zufallsvariablen; außerdem seien die Zufallsvariablen $\tilde{z}_{jl}$ durch

$$\tilde{z}_{jl} = \tilde{x}_j - \tilde{x}_l$$

für $j,l = 1,\dots,k$ und $j < l$ festgelegt. Dann gilt für die Momente dieser Variablen

$$E\ \tilde{z}_{jl} = 0$$

$$\text{var}\ \tilde{z}_{jl} = 2$$

und

$$\text{cov}\ (\tilde{z}_{jl}, \tilde{z}_{js}) = 1$$

sowie

$$\text{cov}\ (\tilde{z}_{jl}, \tilde{z}_{ms}) = 0,$$

falls die j,l,m,s alle verschieden sind.

Aus diesen Befunden folgt, daß die asymptotische Verteilung der Zufallsvariablen

$$\sqrt{\frac{12}{k(n+1)}}\ (\tilde{\tilde{r}}_j - \tilde{\tilde{r}}_l)$$

mit der Verteilung der $\tilde{z}_{jl}$ übereinstimmt. Damit stimmt auch die Verteilung der Zufallsvariablen

$$\max_{j<l} \sqrt{\frac{12}{k(n+1)}}\ |\tilde{\tilde{r}}_j - \tilde{\tilde{r}}_l|$$

asymptotisch mit der Verteilung der Spannweite $\tilde{w}_k$ von k unabhängigen standardnormalverteilten Zufallsvariablen überein. Damit ist auch das System (III.) von Ungleichungen aus Abschnitt 5.3.2.1. bewiesen.

5.3.2.3. Die Behandlung von Bindungen

Liegen Bindungen vor, so wird wiederum die Methode der Zuweisung von mittleren Rängen verwendet. Die multiplen Lokalisationsvergleiche, welche durch die drei Systeme von Ungleichungen in Abschnitt 5.3.2.1. beschrieben werden, können unverändert durchgeführt werden, wenn nur die $\tilde{\bar{r}}_j$ durch die entsprechenden $\tilde{\bar{r}}_j^*$ ersetzt werden. Dabei sollten die Stichprobenumfänge so groß sein, daß eine Approximation durch die χ^2_{k-1}- Verteilung möglich ist. Denn die Nullverteilung von $\tilde{h}$ hängt, wie bereits in Abschnitt 5.1.4.4. ausgeführt wurde, von der vorliegenden Konfiguration der Verbundwerte ab. Somit wären Quantile $h(1-\alpha)$ bei Vorliegen von Bindungen nur mit großem Aufwand zu ermitteln.

5.3.2.4. Dichotome Untersuchungsvariablen

Für den Spezialfall dichotomer Untersuchungsvariabler können die auftretenden Häufigkeiten der beiden Reaktionskategorien bei den k Stichproben in eine Kontingenztabelle mit 2 Zeilen und k Spalten eingebracht werden. Eine solche ist in Tabelle 5.-17 skizziert.

Ausprägung der Untersuchungsvariablen	Nummer des Treatments			
	1	...	k	
1	n_{11}	...	n_{1k}	m_1
2	n_{21}	...	n_{2k}	m_2
	n_1	...	n_k	n

Tabelle 5.-17

Die multiplen Vergleiche erfolgen mit Hilfe der $\binom{k}{2}$ Ungleichungen

$$\text{(IV.)} \quad |p_j - p_l| < [\chi^2(1-\alpha;k)]^{1/2} \left[\frac{m_1 m_2}{n(n-1)}\right]^{1/2} \left(\frac{1}{n_j} + \frac{1}{n_l}\right)^{1/2}$$

($j, l = 1, \ldots, k; j < l$). Dabei sind die $\tilde{p}_j$ die Stichprobenanteilswerte $\tilde{n}_{1j}/n_j$. Überschreitet eine Differenz $|p_j - p_l|$ den kritischen Wert gemäß Beziehung (IV.), so hat der Unterschied zwischen Gruppe j und Gruppe l als wesentlich zu gelten. Eine detaillierte Ableitung des Ungleichungssystems (IV.) wird bei *Hamerle* und *Kemény* (1978) angegeben; für ein Anwendungsbeispiel aus dem Bereich der gesetzlichen Schülerunfallversicherung vergleiche man außerdem *Hamerle* und *Kemény* (1979).

Für den Fall, daß die Stichprobenumfänge $n_1, \ldots, n_k$ alle gleich n/k sind, läßt sich ein trennschärferes multiples Testverfahren durch die $\binom{k}{2}$ Ungleichungen

(V.) $\quad |\tilde{p}_l - \tilde{p}_j| < w(1-\alpha; k) \cdot \frac{1}{n} \cdot \left(\frac{m_1 \cdot m_2 \cdot k}{n-1}\right)^{1/2}$

($j, l = 1, \ldots, k, j < l$) kennzeichnen.

Bei der Ableitung dieses Systems von Ungleichungen ordnet man den m_1 Meßwerten der ersten Kategorie der Untersuchungsvariablen den mittleren Rang

$$\frac{1}{m_1}(1 + 2 + \ldots + m_1) = \frac{1}{2}(m_1 + 1)$$

und entsprechend den m_2 Meßwerten der zweiten Kategorie der Untersuchungsvariablen den mittleren Rang

$$m_1 + \frac{1}{2}(m_2 + 1)$$

zu. Für die durchschnittliche Rangsumme $\tilde{\bar{r}}^*$ erhält man

$$\tilde{\bar{r}}^*_j = \frac{1}{2}(n + m_1 + 1 - n\tilde{p}_j);$$

hieraus folgt

$$\tilde{\bar{r}}^*_j - \tilde{\bar{r}}^*_l = \frac{1}{2}n(\tilde{p}_l - \tilde{p}_j)$$

für j,l=1,...,k. Nun wird die Kovarianz $\tilde{p}_j$ und $\tilde{p}_l$ ermittelt. Wegen

$$m_1 = \sum_{j=1}^{k} n_j p_j$$

ist

$$0 = \operatorname{var} \sum_{j=1}^{k} n_j \tilde{p}_j = \sum_{j=1}^{k} \operatorname{var} n_j \tilde{p}_j + \sum_{j=1}^{k} \sum_{\substack{l=1 \\ j \neq l}}^{k} \operatorname{cov}(n_j \tilde{p}_j, n_l \tilde{p}_l) .$$

Unter H_o sind aus Symmetriegründen die $\operatorname{cov}(\tilde{p}_j, \tilde{p}_l)$ alle gleich; man errechnet

$$\operatorname{cov}(\tilde{p}_j, \tilde{p}_l) = - \frac{m_1 m_2}{n^2 (n-1)\, k\, (k-1)} \sum_{i=1}^{k} \frac{n - n_i}{n_i} .$$

Sind die Stichprobenumfänge n_i alle gleich, dann folgt speziell

$$\operatorname{cov}(\tilde{p}_j, \tilde{p}_l) = - \frac{m_1 m_2}{n^2 (n-1)} .$$

Damit resultiert für die Erwartungswerte, Varianzen und Kovarianzen der Differenzen $\tilde{\tilde{r}}_j^* - \tilde{\tilde{r}}_l^*$ im vorliegenden Fall

$$E(\tilde{\tilde{r}}_j^* - \tilde{\tilde{r}}_l^*) = 0 \quad ,$$

$$\operatorname{var}(\tilde{\tilde{r}}_j^* - \tilde{\tilde{r}}_l^*) = \frac{1}{4} n^2 \operatorname{var}(\tilde{p}_l - \tilde{p}_j) = \frac{1}{4} n^2 \left[\frac{2 m_1 m_2 (k-1)}{n^2 (n-1)} + 2 \frac{m_1 m_2}{n^2 (n-1)}\right]$$

$$= \frac{1}{2} \frac{m_1 m_2\, k}{n - 1}$$

und

$$\operatorname{cov}(\tilde{\tilde{r}}_j^* - \tilde{\tilde{r}}_l^*, \tilde{\tilde{r}}_j^* - \tilde{\tilde{r}}_s^*) = \frac{1}{4} n^2 (E\tilde{p}_l \tilde{p}_s - E\tilde{p}_j \tilde{p}_s - E\tilde{p}_l \tilde{p}_j + E\tilde{p}_j^2) =$$

$$= \frac{1}{4}\,\frac{m_1 m_2 k}{n-1}$$

sowie

$$\operatorname{cov}(\tilde{\bar{r}}_j^* - \tilde{\bar{r}}_l^*, \tilde{\bar{r}}_m^* - \tilde{\bar{r}}_s^*) = 0 \;,$$

falls die j,l,m,s alle verschieden sind.

Die Differenzen $\tilde{\bar{r}}_j^* - \tilde{\bar{r}}_l^*$ sind ebenfalls asymptotisch normalverteilt. Ein Vergleich in völliger Analogie zu den Ausführungen in Abschnitt 5.3.2.2. ergibt unmittelbar, daß die asymptotische Verteilung von

$$\max_{j<l} \frac{|\tilde{\bar{r}}_j^* - \tilde{\bar{r}}_l^*|}{\sqrt{\frac{1}{4}\,\frac{m_1 m_2 k}{n-1}}}$$

identisch ist mit der Verteilung der Spannweite von k unabhängigen standardnormalverteilten Zufallsvariablen. Daraus ergibt sich das Ungleichungssystem (V.).

5.3.2.5. Abschließende Bemerkungen

Die Anwendung der beschriebenen Teste zum multiplen Lokalisationsvergleich macht eine Anordnung der Beobachtungswerte in der gepoolten Stichprobe erforderlich. Daher hängt eine Differenz $\bar{r}_j - \bar{r}_l$ auch von den Meßwerten in den anderen Stichproben ab. So kann eine ursprünglich nicht signifikante Differenz $\bar{r}_j - \bar{r}_l$ beispielsweise dadurch signifikant werden, daß die anderen Treatments verändert werden oder ein weiteres Treatment hinzugefügt wird; denn solche Maßnahmen beeinflussen auch die Rangwerte der Elemente der Stichproben j und l. Dieser eventuelle Nachteil wird vermieden, wenn eine von *Steel* (1959) vorgeschlagene Verfahrensweise angewendet wird. Sie beruht auf der Verwendung der *Wilcoxon*schen Prüfvariablen zum Vergleich von jeweils 2 der k Stichproben. Zu weiteren Einzelheiten vergleiche man *Steel* (1959) oder *Miller* (1981^2), Abschnitt 4.3.

Will man nicht nur jeweils zwei von k unabhängigen Stichproben vergleichen, sondern benötigt man Kontrastvergleiche etwa einer Gruppe von k_1 Stichproben mit einer anderen Gruppe von k_2 Stichproben ($k_1+k_2 < k$), so können von *Dunn* (1964) entwickelte spezielle Kontrastvergleiche durchgeführt werden.

Besteht Grund zur Annahme, daß die Lokalisationen der k Grundgesamtheiten einem *Trend* gehorchen, so sind die multiplen Verfahren von *Marascuilo* und *McSweeney* (1967) vorzuziehen.

5.3.3. Versuchs-versus-Kontrollgruppen-Paarvergleiche (treatment vs. control) für k unabhängige Stichproben (einfaktorielle Versuchspläne)

Bei Versuchs-vs.-Kontrollgruppen-Paarvergleichen wird eine bestimmte Stichprobe, die sogenannte *Kontrollstichprobe*, mit den restlichen k - 1 Stichproben (*Vergleichsstichproben*) paarweise verglichen. Der Einfachheit halber wird hier angenommen, daß es sich bei der Kontrollstichprobe um Stichprobe 1 handelt. Außerdem wird unterstellt, daß die Kontrollstichprobe den Umfang m_1 besitzt und die k - 1 Vergleichsstichproben alle *denselben* Umfang m_2 haben. Damit ist der Gesamtstichprobenumfang $n = m_1 + (k-1)m_2$. Von vornherein wird hier davon ausgegangen, daß m_1 und m_2 groß sind.

5.3.3.1. Multiple Lokalisationsvergleiche

Bei einseitiger Fragestellung, bei welcher die Nullhypothese die Aussagen $\lambda_j \leq \lambda_1$ für alle j=2,...,k umfaßt, sind die k - 1 Ungleichungen (vgl. *Miller* (1981^2), S. 149-152)

$$\text{(VI.)}\quad \tilde{\tilde{r}}_j - \tilde{\tilde{r}}_1 \leq m\left(1-\alpha;k-1;\frac{m_2}{m_1+m_2}\right) \cdot \left[\frac{n(n+1)}{12}\right]^{1/2} \left(\frac{1}{m_2}+\frac{1}{m_1}\right)^{1/2}$$

zu überprüfen. Sie werden im nächsten Abschnitt hergeleitet. In sie geht die Größe $m(1-\alpha;k-1;m_2/(m_1+m_2))$ ein, welche alsbald erklärt wird. Diese Ungleichungen sind unter H_0 simultan mit einer Wahrscheinlichkeit von (ungefähr) $1-\alpha$ zutreffend. Überschreitet die Differenz $\bar{r}_j - \bar{r}_1$ den Wert auf der rechten Seite von (VI.), so ist zugunsten der Aussage $\lambda_j > \lambda_1$ zu entscheiden. Manchmal wird speziell $\lambda_1 = 0$ eingerichtet; dann wird die Aussage: Treatment j bewirkt gegenüber der Kontrollgruppe eine "Verbesserung" durch $\lambda_j > 0$ gekennzeichnet. Die Größe $m[1-\alpha;k-1;\ m_1/(m_1+m_2)]$ ist das $(1-\alpha)$-Quantil der Verteilung des Maximums von $k - 1$ standardnormalverteilten Zufallsvariablen, welche paarweise mit einem identischen Korrelationskoeffizienten $\rho = m_1/(m_1+m_2)$ korreliert sind. Für $\rho = 0{,}5$, also den Fall $m_1 = m_2$ findet man solche Quantile bei *Gupta* (1963); ein Auszug aus der Tabelle von *Gupta* ist Tabelle XXIX.

Bei zweiseitiger Fragestellung, bei welcher also die Nullhypothese $H_0: \lambda_1 = \lambda_2 = \ldots = \lambda_k$ lautet, sind die $k - 1$ Ungleichungen

$$\text{(VII.)}\quad |\tilde{\bar{r}}_j - \tilde{\bar{r}}_1| \le m'(1-\alpha;k-1;\ \frac{m_2}{m_1+m_2})\ [\frac{n(n+1)}{12}]^{1/2}\ (\frac{1}{m_2} + \frac{1}{m_1})^{1/2}$$

in analoger Weise zu überprüfen. Die Größe $m'(1-\alpha;k-1;\ m_2/(m_1+m_2))$ ist hierbei das $(1-\alpha)$-Quantil der Verteilung des Maximums des Absolutbetrags von $k - 1$ standardnormalverteilten Zufallsvariablen mit dem identischen Korrelationskoeffizientenwert $m_2/(m_1+m_2)$. Hierzu existieren Tabellen für $\rho = 0$, $\rho = 1/2$ und $\rho = 1$. Für andere Werte von ρ stehen lediglich Approximationen zur Verfügung (vgl. *Dunnett* (1964)).

Eine andere Möglichkeit eines approximativen Verfahrens für Versuchs-vs.-Kontrollgruppen-Paarvergleiche wurde von *Dunn* (1964) entwickelt. Es ist auch anwendbar bei ungleichen Stichprobenumfängen und wird durch das System

$$\text{(VIII.)}\quad \tilde{\bar{r}}_j - \tilde{\bar{r}}_1 \le z(1-\alpha/(k-1))[\frac{n(n+1)}{12}]^{1/2}\ (\frac{1}{n_j} + \frac{1}{n_1})^{1/2}$$

bei einseitiger Fragestellung im oben angegebenen Sinne bzw. durch das System

$$\text{(IX.)}\quad |\tilde{\tilde{r}}_j - \tilde{\tilde{r}}_1| \leq z(1-\alpha/2(k-1))\left[\frac{n(n+1)}{12}\right]^{1/2} \left(\frac{1}{n_j} + \frac{1}{n_1}\right)^{1/2}$$

bei zweiseitiger Fragestellung gekennzeichnet. Die Verfahrensweise ist völlig analog zu den bisher dargestellten. Die Größen $z(1-\alpha/(k-1))$ bzw. $z(1-\alpha/2(k-1))$ sind Quantile der Standardnormalverteilung.

5.3.3.2. Herleitung der Verfahren

Die multiplen Lokalisationsvergleiche, welche durch die Ungleichungssysteme (VI.) bzw. (VII.) gekennzeichnet sind, basieren wieder auf der Momentenstruktur der Differenzen der durchschnittlichen Rangsummen $\tilde{\tilde{r}}_j - \tilde{\tilde{r}}_l$, welche in Abschnitt 5.3.2.2. entwickelt wurde. Für die Erwartungswerte, Varianzen und Kovarianzen ergaben sich die Ausdrücke

$$E(r_j - r_l) = 0,$$

$$\text{var}(\tilde{\tilde{r}}_j - \tilde{\tilde{r}}_l) = \frac{n(n+1)}{12}\left(\frac{1}{n_j} + \frac{1}{n_l}\right),$$

$$\text{cov}(\tilde{\tilde{r}}_j - \tilde{\tilde{r}}_l, \tilde{\tilde{r}}_j - \tilde{\tilde{r}}_s) = \frac{n(n+1)}{12n_j}$$

und

$$\text{cov}(\tilde{\tilde{r}}_j - \tilde{\tilde{r}}_l, \tilde{\tilde{r}}_m - \tilde{\tilde{r}}_s) = 0,$$

falls die j,l,m und s alle verschieden sind. Setzt man $l = 1$ und $n_1 = m_1$ sowie $n_j = m_2$ für $j = 2,\ldots,k$, so ergibt sich für die Momente 1. und 2. Ordnung

$$E(\tilde{\tilde{r}}_j - \tilde{\tilde{r}}_1) = 0$$

$$\mathrm{var}(\tilde{\tilde{r}}_j - \tilde{\tilde{r}}_1) = \frac{n(n+1)}{12}\left(\frac{1}{m_2} + \frac{1}{m_1}\right)$$

und

$$\mathrm{cov}(\tilde{\tilde{r}}_j - \tilde{\tilde{r}}_1, \tilde{\tilde{r}}_l - \tilde{\tilde{r}}_1) = \frac{n(n+1)}{12m_1} \ ;$$

der zugehörige Korrelationskoeffizient ist

$$\rho(\tilde{\tilde{r}}_j - \tilde{\tilde{r}}_1, \tilde{\tilde{r}}_l - \tilde{\tilde{r}}_1) = \frac{m_2}{m_1+m_2} \ .$$

Da die asymptotische Normalität für die $\tilde{\tilde{r}}_j - \tilde{\tilde{r}}_1$ unverändert erhalten bleibt, folgen damit bereits die Ungleichungssysteme (VI.) und (VII.). Für eine detaillierte Ableitung der multiplen Lokalisationsvergleiche, welche durch die Ungleichungssysteme (VIII.) und (IX.) gekennzeichnet sind, wird auf *Dunn* (1964) verwiesen.

Bei Vorliegen von Bindungen sind hier wiederum mittlere Ränge im bisher behandelten Sinne zu verwenden.

5.3.4. k-Stichproben-Paarvergleiche (all treatment comparisons) für abhängige Stichproben (zufällige Blockdesigns)

Die in diesem Abschnitt zu behandelnden multiplen Testverfahren basieren auf der Prüfvariablen $\tilde{r}$ von *Friedman*. Es wird wie in allen Abschnitten dieses Kapitels auch hier unterstellt, daß eventuelle Treatment- oder Block-Effekte ausschließlich die Lokalisation der Untersuchungsvariablen betreffen, also das shift model zugrundeliegt. Mit der Nullhypothese wird unterstellt, daß keine Treatment-Effekte vorhanden sind. Hingegen sind Block-Effekte durchaus eingeplant. Die multiplen Vergleichsteste ermöglichen Aufschlüsse über Zahl und Art der Lokalisationsunterschiede.

Grundsätzlich geht man aus von n Blöcken mit jeweils k Individuen oder Objekten, die zufällig auf die k Treatments aufgeteilt werden. Innerhalb jedes Blocks werden die Variablenwerte der Größe nach geordnet. Jedem Meßwert wird sein Rang zwischen 1 und k zugeteilt; mit $\tilde{\tilde{r}}_j$ werden wieder die Durchschnitte der n Rangwerte in den k Stichproben bezeichnet, also die Durchschnitte der Spaltenwerte im Sinne von Tabelle 5.-12. Ansonsten sollen dieselben Voraussetzungen wie beim Test von *Friedman* (vgl. Abschnitt 5.2.2.) gelten.

5.3.4.1. Multiple Lokalisationsvergleiche

Dieses Testverfahren macht die Überprüfung der k(k-1)/2 Ungleichungen

$$(X.)\quad |\tilde{\tilde{r}}_j - \tilde{\tilde{r}}_l| \leq [r(1-\alpha)]^{1/2}\left[\frac{k(k+1)}{6n}\right]^{1/2}$$

für j,l = 1,...,k und j < l bei kleinen Stichprobenumfängen bzw.

$$(XI.)\quad |\tilde{\tilde{r}}_j - \tilde{\tilde{r}}_l| \leq [\chi^2(1-\alpha;k-1)]^{1/2}\left[\frac{k(k+1)}{6n}\right]^{1/2}$$

für j,l = 1,...,k, j < l bei großen Stichprobenumfängen erforderlich. Dabei hat $r(1-\alpha)$ dieselbe Bedeutung wie in Abschnitt 5.2.2.2.; man vergleiche auch Tabelle XXVI. Mit $\chi^2(1-\alpha;k-1)$ wird wieder das $(1-\alpha)$-Quantil der χ^2-Verteilung mit k - 1 Freiheitsgraden bezeichnet. Überschreitet eine absolute Differenz $|\tilde{\tilde{r}}_j - \tilde{\tilde{r}}_l|$ den Wert auf der rechten Seite von (X.) bzw. (XI.), so wird dadurch ein signifikanter Lokalisationsunterschied zwischen den Treatments j und l angezeigt. Das Verfahren insgesamt ist konservativ in dem Sinne, daß die k(k-1)/2 Ungleichungen unter H_0 mit einer Wahrscheinlichkeit von *mindestens* $1-\alpha$ gelten. Sind die Stichprobenumfänge ausreichend groß, so ist ein approximatives multiples Vergleichsverfahren angebbar, welches das Signifikanzniveau ausschöpft (*Miller* (1981^2), Seite 174). Es ist durch das System von Ungleichungen

$$\text{(XII.)} \quad |\tilde{\bar{r}}_j - \tilde{\bar{r}}_l| \leq w(1-\alpha;k)\left[\frac{k(k+1)}{12n}\right]^{1/2}$$

für $j,l = 1,\ldots,k$; $j < l$ gekennzeichnet. Dabei ist die Konstante $w(1-\alpha;k)$ wiederum das $(1-\alpha)$-Quantil der Verteilung der Spannweite $\tilde{w}$ von k unabhängigen standardnormalverteilten Zufallsvariablen.

Zur Anwendung der beschriebenen multiplen Lokalisationsvergleiche wird nun Beispiel 5.-10 aus Abschnitt 5.2.2. erneut aufgegriffen.

Beispiel 5.-15

In Beispiel 5.-10 ergaben sich für die Rangdurchschnitte die Werte $\bar{r}_1 = 2{,}86$, $\bar{r}_2 = 1{,}86$ und $\bar{r}_3 = 1{,}29$ (vgl. Tabelle 5.-13). Will man das Ungleichungssystem (XII.) verwerten, so entnimmt man Tabelle XXVIII den Wert $w(0{,}95;3) = 3{,}31$.Die rechte Seite der Ungleichung (XII.) wird damit 1,25. Die absoluten Differenzen der Rangdurchschnitte sind $|\bar{r}_1 - \bar{r}_2| = 1$, $|\bar{r}_1 - \bar{r}_3| = 1{,}57$ und $|\bar{r}_2 - \bar{r}_3| = 0{,}57$. Somit besteht nur ein signifikanter Unterschied in der Lokalisation zwischen den Treatments 1 und 3.

5.3.4.2. Herleitung der Verfahren

Der Nachweis der Gültigkeit der Ungleichungssysteme (X.) bzw. (XI.) verläuft völlig analog zu den bisherigen Nachweisen. Lediglich die Prüfvariable von *Kruskal-Wallis* ist durch die Prüfvariable von *Friedman* zu ersetzen. Zur Ableitung des Systems (XII.) vergleiche man insbesondere die Ausführungen in Abschnitt 5.2.2.2. Dort wurde bereits gezeigt, daß unter H_0 die Erwartungswerte, Varianzen und Kovarianzen der Rangdurchschnitte durch

$$E\tilde{\bar{r}}_j = \frac{k+1}{2},$$

$$\operatorname{var} \tilde{\bar{r}}_j = \frac{(k+1)(k-1)}{12n}$$

und

$$\operatorname{cov}(\tilde{\tilde{r}}_j, \tilde{\tilde{r}}_l) = -\frac{k+1}{12n}$$

für j,l=1,...,k und j < l gegeben sind. Damit resultieren für die Differenzen $\tilde{\tilde{r}}_j - \tilde{\tilde{r}}_l$ (j,l=1,...,k,j < l):

$$E(\tilde{\tilde{r}}_j - \tilde{\tilde{r}}_l) = 0 ,$$

$$\operatorname{var}(\tilde{\tilde{r}}_j - \tilde{\tilde{r}}_l) = \frac{k(k+1)}{6n} ,$$

$$\operatorname{cov}(\tilde{\tilde{r}}_j - \tilde{\tilde{r}}_l, \tilde{\tilde{r}}_j - \tilde{\tilde{r}}_s) = \frac{k(k+1)}{12n}$$

und

$$\operatorname{cov}(\tilde{\tilde{r}}_j - \tilde{\tilde{r}}_l, \tilde{\tilde{r}}_m - \tilde{\tilde{r}}_s) = 0 ,$$

falls die j,l,m und s alle verschieden sind.

Schon in Kapitel 5.2.2. wurde die asymptotische Normalität der Variablen $\tilde{\tilde{r}}_j$ ausgewertet. Sie gilt dann auch für die Differenzen $\tilde{\tilde{r}}_j - \tilde{\tilde{r}}_l$. Ein Vergleich ergibt analog zum Fall von k unabhängigen Stichproben unmittelbar, daß die asymptotische Verteilung von

$$\max_{j<l} \frac{|\tilde{\tilde{r}}_j - \tilde{\tilde{r}}_l|}{\sqrt{\frac{k(k+1}{12n}}}$$

identisch ist mit der Verteilung der Spannweite von k unabhängigen standardnormalverteilten Zufallsvariablen.

5.3.4.3. Abschließende Bemerkungen

Treten Verbundwerte auf, so arbeitet man wieder mit mittleren Rängen und verfährt ansonsten völlig analog.

Für den Spezialfall einer dichotomen Untersuchungsvariablen wurden multiple Vergleichsteste für zufällige Blockpläne (abhängige Stichproben) von *Hamerle* (1978) angegeben, welche als Erweiterung des Tests von *Cochran* in Frage kommen. Zu überprüfen sind hier die k(k - 1)/2 Ungleichungen

$$\text{(XIII.)} \quad |g_j - g_l| \leq w(1-\alpha;k) \cdot \left[\frac{k \sum_{i=1}^{n} l_i - \sum_{i=1}^{n} l_i^2}{k(k-1)} \right]^{1/2} ,$$

$j,l = 1,\ldots,k; j < l$, wobei sich die Bedeutung der in Beziehung (XIII.) verwendeten Symbole aus Tabelle 5.-15 (vgl. Kapitel 5.2.4.) ergibt.

Reichen für einen praktischen Anwendungsfall simultane Paarvergleiche nicht aus, sondern sind darüber hinaus Kontrast-Vergleiche erforderlich, kann ein Verfahren von *Doksum* (1967) angewendet werden.

Wie bei den multiplen Vergleichstesten, die auf der Prüfvariablen von *Kruskal-Wallis* basieren, hängen auch hier die Differenzen $\tilde{\tilde{r}}_j - \tilde{\tilde{r}}_l$ ab von den Meßwerten in den übrigen Stichproben. Wird dies als Nachteil empfunden, ist es empfehlenswert, Vorzeichentests (*Steel* (1959), *Miller* (1981^2), Kap. 4.1 und 4.2) zu verwenden.

5.3.5. Versuchs-vs.-Kontrollgruppen-Paarvergleiche (treatment vs. control) für abhängige Stichproben (zufällige Blockdesigns)

Der Einfachheit halber wird wieder angenommen, daß die Kontrollstichprobe die erste der k Stichproben ist. Diese Kontrollstichprobe wird mit allen k-1 übrigen Stichproben verglichen. Die Stichprobenumfänge seien groß.

5.3.5.1. Multiple Lokalisationsvergleiche

Bei einseitigen Fragestellungen im früher definierten Sinne sind die multiplen Vergleichstests gegeben durch die k - 1 Ungleichungen

$$\text{(XIV.)}\quad \tilde{\tilde{r}}_j - \tilde{\tilde{r}}_1 \leq m(1-\alpha;k-1;0,5)\left(\frac{k(k+1)}{6n}\right)^{1/2}$$

für j = 2,...,k bzw. durch

$$\text{(XV.)}\quad |\tilde{\tilde{r}}_j - \tilde{\tilde{r}}_1| \leq m'(1-\alpha;k-1;0,5)\left(\frac{k(k+1)}{6n}\right)^{1/2}$$

für j = 2,...,k bei zweiseitigen Fragestellungen. Mit $m(1-\alpha;k-1;0,5)$ bzw. $m'(1-\alpha;k-1;0,5)$ wird das $(1-\alpha)$-Quantil der Verteilung des Maximums bzw. des Maximums des Absolutbetrags von k - 1 standardnormalverteilten Zufallsvariablen mit gemeinsamen Wert $\rho = 0,5$ des Korrelationskoeffizienten bezeichnet. *Tabelle XXIX* ist ein Auszug aus einer von *Gupta* (1963) veröffentlichten Tabelle.

5.3.5.2. Herleitung der Verfahren

Die simultane Gültigkeit der Ungleichungssysteme (XIV.) bzw. (XV.) folgt wieder aus der Momentenstruktur der Variablen $\tilde{\tilde{r}}_j - \tilde{\tilde{r}}_1$. Schon im Abschnitt 5.3.4.2. wurde gezeigt, daß

$$E(\tilde{\tilde{r}}_j - \tilde{\tilde{r}}_1) = 0\,,$$

$$\operatorname{var}(\tilde{\tilde{r}}_j - \tilde{\tilde{r}}_1) = \frac{k(k+1)}{6n}$$

und

$$\operatorname{cov}(\tilde{\tilde{r}}_j - \tilde{\tilde{r}}_1, \tilde{\tilde{r}}_j - \tilde{\tilde{r}}_s) = \frac{k(k+1)}{12n}$$

gilt. Daraus resultieren speziell

$$E(\tilde{\tilde{r}}_j - \tilde{\tilde{r}}_1) = 0 ,$$

$$\operatorname{var}(\tilde{\tilde{r}}_j - \tilde{\tilde{r}}_1) = \frac{k(k+1)}{6n} ,$$

$$\operatorname{cov}(\tilde{\tilde{r}}_j - \tilde{\tilde{r}}_1, \tilde{\tilde{r}}_l - \tilde{\tilde{r}}_1) = \frac{k(k+1)}{12n}$$

und für den zugehörigen Korrelationskoeffizienten

$$\rho(\tilde{\tilde{r}}_j - \tilde{\tilde{r}}_1, \tilde{\tilde{r}}_l - \tilde{\tilde{r}}_1) = \frac{1}{2} .$$

Berücksichtigt man außerdem die asymptotische Normalität der Differenzen $\tilde{\tilde{r}}_j - \tilde{\tilde{r}}_1$, so gilt für große n unter H_o approximativ

$$W\left\{\frac{\tilde{\tilde{r}}_j - \tilde{\tilde{r}}_1}{\sqrt{\frac{k(k+1)}{6n}}} \leq m(1-\alpha;k-1;0,5)\right\} \approx 1 - \alpha$$

bzw.

$$W\left\{\frac{|\tilde{\tilde{r}}_j - \tilde{\tilde{r}}_1|}{\sqrt{\frac{k(k+1)}{6n}}} \leq m'(1-\alpha;k-1;0,5)\right\} \approx 1 - \alpha$$

simultan für j = 2,...,k; daraus folgen die Ungleichungssysteme (XIV.) und (XV.) unmittelbar.

Die Behandlung von Bindungen erfolgt auch hier durch Verwendung gebundener Ränge.

6. Grundfragen des Einsatzes von Testen in den Anwendungen

In den Anwendungen ergeben sich für den adäquaten Einsatz statistischer Teste, insbesondere auch verteilungsungebundener Prüfverfahren, zahlreiche grundsätzliche Probleme, hinter welche die Einzelheiten der Testdurchführung mit ihrem Gewicht zurücktreten. Ihre Lösung ist Voraussetzung für eine sachgemäße Interpretation von Testresultaten. Diese allgemeinen Probleme betreffen die *Formulierung der Nullhypothese*, die *Auswahl des adäquaten Prüfverfahrens*, die *Festlegung von Fehlerwahrscheinlichkeiten, insbesondere des Signifikanzniveaus*, das *Vorliegen einer zureichenden Datengrundlage* und die *Verwendung mehrerer Teste bei Vorliegen eines einzigen Datensatzes*. Sie werden abschließend auf der Grundlage zweier Arbeiten von *Schaich* (1982 a,1982 b) erörtert, wobei verteilungsfreie Verfahren im Vordergrund stehen.

6.1. Die Formulierung der Nullhypothese

6.1.1. Testvoraussetzungen und Testgegenstände

Bei jedem statistischen Prüfverfahren sind *Testvoraussetzungen* und *Testgegenstände* konsequent auseinanderzuhalten. Testvoraussetzungen sind dabei diejenigen Sachverhalte, die zutreffen müssen, damit ein Test überhaupt durchführbar ist. Testgegenstände sind hingegen die Behauptungen oder Aussagen, über deren Gültigkeit der Test eine weiterführende Information liefern soll.

Beispiel 6.-1

a) Beim *Wilcoxon-Mann-Whitney*-Test (vgl. Abschnitt 3.2.1.) ist Testgegenstand die behauptete Menge von Werten des Lageparameters, welche oft einelementig sein mag. Hingegen umfassen die Testvoraussetzungen die Stetigkeit der beiden Verteilungen sowie ihre Eigenschaft, durch Parallelverschiebung ineinander übergeführt werden zu können.

b) Analoges gilt für den verteilungsfreien Lokalisationsvergleich bei k unabhängigen Stichproben (vgl. Abschnitt 5.1.3.). Beim *shift model* sind Testvoraussetzungen die Stetigkeit der Verteilungen und deren Identität bis auf ihre Lokalisation. Die Nullhypothese hingegen besagt, daß die Differenzen zwischen den Lokalisationsparametern zweier beliebiger dieser Verteilungen jeweils 0 ist.

Hinzu kommt insbesondere jeweils die Voraussetzung unabhängiger Beobachtungen im Sinne uneingeschränkter Zufallsstichproben (vgl. Abschnitte 0.3. und 6.4.1.).

Für die Anwendung ist die *Unsicherheit* des Verwenders statistischer Prüfverfahren in bezug auf die Testvoraussetzungen typisch. Diese Unsicherheit, insbesondere bezüglich einer erforderlichen Normalverteilungsannahme, ist, wie in Abschnitt 1.9. erläutert wurde, der Hauptgrund für die Bevorzugung verteilungsungebundener Prüfverfahren gegenüber den klassischen Verfahren. Jedoch ist sie auch für verteilungsungebundene Verfahren von erstrangiger Bedeutung.

Ist man bezüglich der Gültigkeit einzelner oder aller methodischer Voraussetzungen eines Prüfverfahrens nicht sicher, so besteht grundsätzlich immer die Möglichkeit, diese *in den Prüfgegenstand aufzunehmen* und damit eine Hypothese zu prüfen, welche in dem Sinne umfassender ist als die ursprünglich genannte, daß eine präzisere Behauptung zu den Eigenschaften der Grundgesamtheit bzw. der Grundgesamtheiten formuliert wird. Dies ist ohne weiteres möglich. Die Begründung hierfür liegt ganz einfach in einem Grundgedanken der statistischen Hypothesenprüfung: Man geht davon aus, daß ein bestimmtes Aussagensystem zutrifft und stellt fest, ob der Stichprobenbefund damit verträglich ist. Welche der Aussagen *von vornherein wirklich wahr sind* (Testvoraussetzungen) und welche dabei nur *als wahr unterstellt werden* (Testgegenstand), ist dabei theoretisch von zweitrangiger Bedeutung, allerdings für die Interpretation von Testergebnissen höchst bedeutsam.

Beispiel 6.-2

Zur Prüfung einer Hypothese über den Median einer symmetrischen Verteilung im Ein-Stichproben-Fall kann der Vorzeichen-Rang-Test von *Wilcoxon* (vgl. Abschnitt 2.3.2.) herangezogen werden. Vorausgesetzt werden müssen Stetigkeit und Symmetrie der Verteilung der Variablen. Resultiert bei gesicherten Voraussetzungen Ablehnung der Nullhypothese, ist der behauptete Medianwert zu verwerfen. Ist umgekehrt der Median der Verteilung bekannt, also gar nicht Prüfgegenstand, so kann mit diesem Test die Symmetrie der Verteilung der vorliegenden Variablen überprüft werden, die dann nur als stetig vorausgesetzt werden muß. Resultiert bei gesicherten Voraussetzungen Ablehnung, so ist die Hypothese der Symmetrie zu verwerfen. Ist, was in der Praxis häufig der Fall sein dürfte, weder der Median bekannt noch die Voraussetzung der Symmetrie gesichert, dann kann man diesen Test trotzdem durchführen, und zwar als Test zur Prüfung einer verbundenen Nullhypothese, welche bei zweiseitiger Fragestellung lautet: Der Median der Variablen ist δ_o *und* die Verteilung ist symmetrisch.

Erfolgt die Übernahme von Testvoraussetzungen, derer man nicht sicher ist, in den Testgegenstand, wird also der Test in Richtung auf einen *Omnibus-Test* (vgl. Abschnitt 1.1.1.) erweitert, so ergeben sich anders geartete Probleme der Testverwendung: Führt ein solcher Test zur Ablehnung einer (erweiterten) Nullhypothese, dann weiß der Anwender nicht oder nicht zuverlässig, *welcher Bestandteil des mehrgliedrigen Testgegenstandes* in welchem Ausmaß die Ablehnung verursacht hat. Sein Erkenntnisfortschritt bei Ablehnung der Nullhypothese ist umso geringer, je umfassender der Testgegenstand ist. Anders mag man die Situation auf den ersten Blick beurteilen, wenn ein solcher als Omnibus-Test eingesetzter Test Nichtablehnung der Nullhypothese liefert. Falls aus dem Sachzusammehang heraus keine neuen Erkenntnisse anfallen, wird man in diesem Falle die (umfassendere) Nullhypothese natürlich nicht in Frage stellen. Über die Risiken dafür, daß dabei ein Fehler 2. Art vorkommt, die Nullhypothese also nicht als falsch erkannt wird, obwohl sie es ist, kann dann besonders wenig gesagt werden. Denn die Klasse der Fälle: Die Nullhypothese ist falsch ist ganz besonders umfangreich. Zu Beispiel 6.2. etwa ist durchaus denkbar, daß die Verteilung tatsächlich asymmetrisch ist *und* ein bestimmter Wert des Medians zutrifft, der durch H_0 nicht abgedeckt ist, diese Konstellation aber *insgesamt* dazu führt, daß mit sehr hoher Wahrscheinlichkeit ein nicht kritischer Wert der Prüfvariablen resultiert.

6.1.2. Nullhypothese und Stichprobenbefund

Jedem statistischen Test liegt die nur selten explizit genannte Voraussetzung zugrunde, daß die Formulierung der Nullhypothese unabhängig vom vorliegenden Stichprobenbefund erfolgt ist. Es ist daher nicht zulässig, auf der Grundlage und unter Berücksichtigung eines vorliegenden Stichprobenbefundes die Nullhypothese zu formulieren oder zu präzisieren. Würde dies geschehen, dann wäre der Inhalt der Nullhypothese eine *Funktion der Beobachtungswerte* und damit zufällig. In ein Testverfahren geht jedoch immer die Voraussetzung ein, daß behauptete Werte fest und autonom vorgegeben sind.

Zu diesem methodisch-theoretischen Grund kommt ein psychologisches Argument: Es gibt bei einer empirischen Untersuchung häufig eine deutliche *Interessenlage* eines fachwissenschaftlich orientierten Forschers zum Ergebnis eines statistischen Testverfahrens, das eingesetzt wird: Manchmal erhofft er sich Ablehnung, manchmal Nichtablehnung einer Nullhypothese, deren Formulierung nur ungefähr feststeht. Diese Interessenlage könnte sich auf die Formulierung einer Nullhypothese, auch vielleicht auf die Festlegung des Signifikanzniveaus, auswirken, wenn diese erst nach einer vorläufigen Analyse des Stichprobenbefundes erfolgen.

Beispiel 6.-3

Bei einer Fragestellung zum Zwei-Stichproben-Fall, unabhängige Stichproben, sei der *Wilcoxon-Mann-Whitney*-Test zu verwenden. Die Arbeitshypothese des Anwenders besage, daß die Lokalisation der ersten Verteilung mehr oder minder deutlich niedriger liegt als die Lokalisation der zweiten; er erhoffe sich eine Bestätigung dieser Hypothese. Wie man leicht überlegt, gelingt die Ablehnung einer Nullhypothese H_0: $\delta = \mu_1 - \mu_2 \geq \delta_0$ am ehesten für $\delta_0 = 0$; außerdem ist diese Ablehnung bei einem höheren Signifikanzniveau eher zu erzielen. Unzulässig wäre hier, die Festlegung von δ_0 auf den vorliegenden Stichprobenbefund auszurichten, die Nullhypothese also so zu formulieren, daß ihre Ablehnung *gerade noch* erreicht wird.

6.2. Die Auswahl des adäquaten Prüfverfahrens

Wie in diesem Text veranschaulicht wurde, kommen für ein und denselben Testgegenstand meist mehrere konkurrierende Testverfahren in Frage, welche zur Gruppe der klassischen, auf der Normalverteilungsannahme aufgebauten Teste oder auch zu den verteilungsungebundenen Testen gehören können. Die Aussicht, eine bestimmte Nullhypothese zur Ablehnung zu bringen, die oft im Interesse des Anwenders liegt, ist bei sonst gleichen Umständen umso größer, je strengere Testvoraussetzungen zugrundegelegt werden dürfen. Dies bedeutet, daß für eine Ablehnung der Nullhypothese die Auswahl eines *klassischen Prüfverfahrens* förderlich ist. Liegen, wie es in den Anwendungen regelmäßig der Fall ist, keine zuverlässigen Erkenntnisse darüber vor, ob solche Testvoraussetzungen tatsächlich erfüllt sind, dann ist es korrekt, Verfahren mit schwachen Testvoraussetzungen insbesondere also *verteilungsungebundene Testverfahren*, zu bevorzugen. Umgekehrt kann dem Argument, im Zweifel einen verteilungsfreien Test zu verwenden, mit dem Einwand begegnet werden, viele klassische Testverfahren seien *robust* gegen die Normalverteilungsannahme (vgl. Abschnitt 1.9.).

Beispiel 6.-4

Der t-Test zur Prüfung des Erwartungswertes einer normalverteilten Variablen und der t-Test zum Vergleich der Erwartungswerte zweier Normalverteilungen (vgl. Abschnitt 3.2.) gelten als robust gegenüber der Gültigkeit der Normalverteilungsannahme. Hingegen sind der χ^2-Test zur Prüfung der Varianz einer normalverteilten Variablen und der F-Test zum Vergleich der Varianzen zweier Normalverteilungen nicht robust gegen die Normalverteilungsannahme.

Allerdings ist wiederum die Robustheit von Prüfverfahren eine *einzelfallbezogene Qualität*. Je nachdem, wie die Nullhypothese lautet, welches Signifikanzniveau festgelegt wurde, wie groß der Stichprobenumfang ist oder welcher der behauptete Parameterwert ist, werden die Fehlerwahrscheinlichkeiten mehr oder weniger beeinflußt. Eine Robustheit eines (verteilungsgebundenen) Testes in einem generellen Sinn kann es daher eigentlich nicht geben; ob sie in einem gegebenen Einzelfall vorliegt, ist schwer feststellbar.

Für verteilungsfreie Verfahren hingegen spricht umgekehrt oft die Tatsache, daß die *asymptotische relative Effizienz*, bezogen auf einen konkurrierenden verteilungsgebundenen Test, sehr hoch liegt. Allerdings kann dieses Argument nur bei großen Stichprobenumfängen ins Feld geführt werden. Solche liegen in der Praxis häufig gar nicht vor. Im übrigen ist die Frage zu klären, was "große" Stichproben in diesem Sinne sind.

Insgesamt ist festzustellen, daß das Problem der Auswahl des adäquaten Prüfverfahrens im Einzelfall oft keiner eindeutigen Lösung zugeführt werden kann.

6.3. Die Festlegung von Fehlerwahrscheinlichkeiten, insbesondere des Signifikanzniveaus

6.3.1. Der Wert des Signifikanzniveaus

Der Wert des Signifikanzniveaus, der einem Test zugrundezulegen ist, soll sich *aus einer fachwissenschaftlichen Einschätzung* ergeben. Mit dieser unter Statistikern dominierenden Auffassung ist allerdings dem Anwender nicht allzu sehr gedient. Zwar gibt es Konventionen, die darauf hinauslaufen, daß ein Signifikanzniveau immer zwischen 0,10 und 0,001 liegt. Aber diese Spanne ist in der Praxis häufig groß genug, daß eine Hypothese abzulehnen ist, wenn man einen Wert nahe bei 0,10 gewählt, und nicht abzulehnen ist, wenn man einen Wert bei 0,001 festgelegt hat. In der statistischen Entscheidungstheorie wird die Festlegung des Signifikanzniveaus an den - gegebenenfalls supremalen - Schaden geknüpft, den der Entscheidungsträger erleidet, falls eine Nullhypothese fälschlicherweise verworfen wird. In den Anwendungen kann man allerdings eine solche Bewertung kaum vollziehen. Deshalb hat der Anwender statistischer Teste mit der Festlegung des Signifikanzniveaus auch oft prinzipielle Schwierigkeiten. Ihm fehlt eine überzeugende Verfahrensregel, wenn er versucht, ausschließlich aus dem Sachzusammenhang heraus einen Wert zu fixieren. Gängig sind folgende Verfahrensweisen:

1. Der Anwender orientiert sich ohne allzu großes Problembewußtsein an *Konventionen*, setzt also beispielsweise immer $\alpha = 0{,}05$. Dies ist insoferne nicht überzeugend, weil der Sachzusammenhang eigentlich unbeachtet bleibt. Aus methodischer Sicht ist dieses Vorgehen immerhin vergleichsweise harmlos.

2. Der Anwender *analysiert den bereits vorliegenden Stichprobenbefund* und orientiert sich bei der Fixierung des Signifikanzniveaus an diesem. Dieses Vorgehen ist nicht korrekt. Denn dann ist das Signifikanzniveau abhängig vom Stichprobenresultat und nicht, wie es sein muß, autonom festgelegt.

3. Ein Risiko besteht auch darin, daß sich der Anwender bewußt oder unbewußt *an seiner Interessenlage orientiert* und je nachdem, ob ihm Ablehnung oder Nichtablehnung der Nullhypothese gelegen kommt, ein hohes oder niedriges Signifikanzniveau wählt. Auch dies ist natürlich unkorrekt.

Bei diesen wenig befriedigenden Verfahrensalternativen der Praxis wurde versucht, die Festlegung eines Signifikanzniveaus überhaupt entbehrlich zu machen. Statt eines kategorialen Testresultats: Ablehnung oder Nichtablehnung der Nullhypothese ermittelt man die sogenannte Überschreitungswahrscheinlichkeit. Die *Überschreitungswahrscheinlichkeit* ist der Wert des Signifikanzniveaus, mit welchem die Nullhypothese beim eingesetzten Prüfverfahren gerade noch abzulehnen wäre. Bei vielen Testen, insbesondere auch bei zahlreichen in diesem Buch behandelten verteilungsungebundenen Prüfverfahren, ist dies allerdings gar nicht oder nicht leicht möglich. Denn die verfügbaren Tabellen von Nullverteilungen haben nicht die hierfür erforderliche Ausführlichkeit.

Beispiel 6.-5

Mit Hilfe der n = 10 Beobachtungswerte 12,5; 8,6; 10,8; 10,1; 11,3; 11,5; 8,3; 10,3; 10,4; 11,6 ist die Hypothese H_0: x(0,5) = 10,0 zu prüfen, die also besagt, der Median der Verteilung betrage gerade 10,0.

a) Zu verwenden sei der Vorzeichentest (vgl. Abschnitt 2.3.1.). Die Anzahl der negativen Differenzen beträgt 2. Aus Tabelle XII entnimmt man $B(2|10;0,5) = 0,055$. Da hier eine zweiseitige Problemstellung vorliegt, beträgt die Überschreitungswahrscheinlichkeit 0,11.

b) Für den Fall, daß die realisierte Variable symmetrisch verteilt ist, könnte alternativ der Vorzeichen-Rang-Test von *Wilcoxon* (vgl. Abschnitt 2.3.2.) verwendet werden. Man errechnet den Wert $t_+ = 40$ der Prüfvariablen. Aus Tabelle XIII kann die Überschreitungswahrscheinlichkeit in diesem Falle nicht entnommen werden. Allenfalls ist ersichtlich, daß diese über 0,1054 beträgt.

Der Wert der Überschreitungswahrscheinlichkeit soll, falls er ermittelt werden kann, vom Anwender unmittelbar argumentativ verwertet werden. Allerdings bringt dieses Vorgehen dem Anwender häufig keine echte Entscheidungshilfe:

1. Liefert der Test nicht einen *extrem deutlichen Wert der Überschreitungswahrscheinlichkeit*, hat der Anwender also etwa einen Wert zwischen 0,05 und 0,25 errechnet, so weiß er im Grunde nicht, was er zur Gültigkeit der Nullhypothese zu folgern hat. Er kann mit gutem Gewissen für oder gegen die Ablehnung der Nullhypothese plädieren.

2. Bei einem *extrem deutlichen Testresultat* mag dies anders sein. Der Test kann dann allerdings keinen allzu wesentlichen Entscheidungsbeitrag leisten. Denn Folgerungen aus dem Stichprobenbefund

sind dann unmittelbar, ohne Einsatz von Testen, möglich.

3. Wie auch das Beispiel 6.-5 ersichtlich wird, ist der Wert der Überschreitungswahrscheinlichkeit *vom verwendeten Testverfahren abhängig:* Die in der Stichprobe enthaltene Information kann in sehr unterschiedlicher Perfektion ausgewertet werden. Darüber hinaus ist mit der Wahl eines Tests auch das Problem der Gültigkeit von Testvoraussetzungen eng verknüpft (vgl. Abschnitt 6.1.1.). Schließlich mag sich auch der Stichprobenumfang auswirken.

6.3.2. Wahrscheinlichkeiten von Fehlern 2. Art

Ein wesentlicher Grundgedanke der Hypothesenprüfung besagt: Ein Fehler 1. Art, also die fälschliche Ablehnung der Nullhypothese, ist gravierender als ein Fehler 2. Art, also eine fälschliche Nichtablehnung der Nullhypothese. Deshalb erfolgt auch eine Festlegung eines nahe bei 0 gelegenen Signifikanzniveaus und damit eine Inkaufnahme gegebenenfalls hoher Wahrscheinlichkeiten für Fehler 2. Art. In Abschnitt 1.4., insbesondere auch in Beispiel 1.-8.,wird dies ersichtlich.Dies beruht auf der Überlegung, daß es positive Gründe aus dem Sachzusammenhang heraus gegeben haben muß, welche zur Formulierung der Nullhypothese geführt haben. Diese Gründe müssen zur Folge haben, daß man die Nullhypothese *nicht leichtfertig verwirft.*

Häufig, beispielsweise in der Ökonometrie, aber auch in vielen sozialwissenschaftlichen Forschungsfeldern, ist diese Grundüberlegung unpassend. Denn häufig werden Teste eingesetzt, um *einfachere Modelle für die Beschreibung realer Vorgänge* zu rechtfertigen. In diesen Fällen erhofft sich der Anwender in der Regel Nichtablehnung der Nullhypothese. Eine Forschungsstrategie, welche besagt, die Nullhypothese sollte nicht leichtfertig abgelehnt werden, ist hier nicht abgebracht. Wissenschaftlicher Vorsicht entspricht es viel eher, eine Nullhypothese, mit welcher vereinfachte Modelle unterstellt werden, *nicht von vornherein zu favorisieren.*

In vielen Anwendungen ist daher eine sorgfältige Inrechnungstellung auch von Wahrscheinlichkeiten für Fehler zweiter Art angebracht. Gerade bei verteilungsungebundenen Prüfverfahren wird dieser Forderung zu wenig entsprochen, weil teilweise auch die nötige theoretische Vorarbeit noch nicht geleistet ist.

6.4. Die Datengrundlage von Testen

Die Tauglichkeit von Daten für Zwecke der Testdurchführung ist ein letzter höchst gewichtiger Problemkreis, dem in den Anwendungen meist zu wenig Beachtung geschenkt wird. Er hat mehrere Teilaspekte.

6.4.1. Der qualitative Aspekt

Die Qualität der Daten, welche in einen Test eingehen, kann in mehrfacher Hinsicht suspekt sein. Zunächst besteht die Gefahr, daß mehr oder minder große *Nichtstichprobenfehler* vorliegen, also Fehler, welche durch nicht perfektes Vorgehen bei der Gewinnung der Variablenwerte vorkommen. Sie können ein unkorrektes Testresultat bewirken. Daneben sind viele Testverfahren bei sozialwissenschaftlichen Anwendungen mit der Ungewißheit über Variablenwerte belastet, welche unter den Begriffen *Objektivität, Reliabilität* und *Validität* von Daten diskutiert wird (vgl. Abschnitt O.2.). Auch die oft strittige Frage des Skalenniveaus einer Variablen, deren Beantwortung auch unmittelbar auf die Anwendbarkeit mancher Teste einwirkt, setzt dem praktischen Einsatz von Testen mancherlei Grenzen.

Beispiel 6.-7

Ein Test zur Prüfung der Lokalisation der Verteilung einer Variablen, welche "Intelligenz" von Personen kennzeichnen soll, ist praktisch mit sämtlichen hier skizzierten Problemen der Datenqualität belastet.

Ein weiterer wesentlicher Aspekt der Datenqualität betrifft die Frage, ob n vorliegende Beobachtungen einer Variablen als *Zufallsstichprobe* verstanden und verwertet werden dürfen (vgl. Abschnitt

0.3.). Die mit dieser Frage verbundenen Interpretationsprobleme wurden bereits in Beispiel 0.-2 ausführlich erörtert.

6.4.2. Kleine Stichprobenumfänge

Ist die Datenbeschaffung schwierig, wie oft bei sozialwissenschaftlichen Untersuchungen, dann muß sich der Anwender nicht nur mit bescheidener Datenqualität, sondern auch mit kleinen Stichprobenumfängen begnügen. Dies hat folgende Konsequenzen:

1. Bestimmte Gruppen von Testverfahren, etwa die Gruppe der χ^2-Teste, ist *nicht einsetzbar*.

2. Das Kriterium der ARE ist als Testvergleichskriterium *belanglos*.

3. Insbesondere wirkt sich ein kleiner Stichprobenumfang in Richtung einer *Aufrechterhaltung der Nullhypothese* aus.

Gerade der letzte Gesichtspunkt bringt es mit sich, daß kleine Stichprobenumfänge einem Anwender entgegenkommen, dessen Interesse auf die Aufrechterhaltung der Nullhypothese gerichtet ist. Man muß hieraus folgern, daß ein statistischer Test möglichst so angesetzt sein sollte, daß die fachwissenschaftliche Vermutung durch *Ablehnung von* H_o erhärtet wird. Dort, wo Teste jedoch zur Absicherung eines vereinfachten Modells der Realität eingesetzt werden, läßt sich dies in der Regel nicht einrichten (vgl. Abschnitt 6.3.2.).

6.4.3. Der Einsatz mehrerer Teste bei einem Datensatz

6.4.3.1. Die Problematik im einzelnen

Bei dürftigen zur Verfügung stehenden Daten neigt ein Anwender statistischer Teste naturgemäß dazu, mehrere erforderliche Teste mit einem Datensatz zu bestreiten. Verfährt man so, dann treten grundlegende Schwierigkeiten auf, welche die Fehlerwahrscheinlichkeiten und die Testvoraussetzungen betreffen. Eine prinzipiell gleiche Problematik ist bei verschiedenen theoretischen Gedankengängen in diesem Text zum Vorschein gekommen.

Beispiel 6.-8

a) In einem speziellen Anwendungszusammenhang zum Zwei-Stichproben-Fall (unabhängige Stichproben) wird erwogen, unter jeweiligem Einsatz desselben Stichprobenbefundes

- je einen Run-Test (vgl. Abschnitt 2.1.1.) zur Prüfung der Zufälligkeit der beiden Stichproben und
- einen Test zum Lokalisationsvergleich der beiden Verteilungen, etwa den *Wilcoxon-Mann-Whitney*-Test (vgl. Abschnitt 3.2.1.) und
- einen Test zum Variabilitätsvergleich der beiden Verteilungen, etwa den *Siegel-Tukey*-Test (vgl. Abschnitt 3.3.2.)

durchzuführen. Die Frage, ob statt der beiden zuletzt genannten Teste nicht eher ein Verteilungsvergleich durchgeführt werden sollte, etwa der *Kolmogorov-Smirnov*-Zwei-Stichproben-Test (vgl. Abschnitt 3.5.2.) soll hier unerörtert bleiben.

b) (Vgl. Abschnitt 2.1.3.) Zur Vermeidung eines Problems der Auswahl des adäquaten Zufälligkeitstestes werden häufig auf denselben Datensatz *mehrere Zufälligkeitsteste* angewendet.

c) (Vgl. Abschnitt 2.2.4.) Zur Prüfung einer Verteilungshypothese mit Hilfe von Positionsstichprobenfunktionen wird häufig so verfahren, daß *sämtliche* Werte $F_o(x_{[i]})$ der behaupteten Verteilungsfunktion für die n Positionsstichprobenwerte $x_{[i]}$ mit geeigneten Quantilen der als Prüfverteilung fungierenden Betaverteilung verglichen werden; gibt es unter diesen einen kritischen Wert, wird diese Nullhypothese abgelehnt.

d) (Vgl. Abschnitt 2.2.5.) Zur Prüfung einer Verteilungshypothese mit Hilfe kumulierter Häufigkeiten für vorgegebene Klassengrenzen werden oft mehrere Binomialteste eingesetzt; gibt es unter den kumulierten Häufigkeiten einen Wert, der kritisch ist, wird die Verteilungshypothese abgelehnt.

e) (Vgl. Abschnitt 5.3.1.) Gelegentlich wird erwogen, statt einem Lokalisationsvergleich zum k-Stichproben-Fall $\binom{k}{2}$ Lokalisationsvergleiche im Sinne des Zwei-Stichproben-Falles durchzuführen. Ergibt einer dieser Zwei-Stichproben-Lokalisationsvergleiche Ablehnung, wird die Homogenitätshypothese der k Lokalisationen abgelehnt.

Bei jeder dieser Vorgehensweisen geht es um die statistische Überprüfung einer *umfassenden* Hypothese, welche aus mehreren Teil-Hypothesen besteht. Bei Beispiel 6.-8 a) ist diese umfassende Hypothese die Aussage: Die beiden Stichprobenentnahmen sind korrekt *und* die Lokalisation der beiden Verteilungen ist gleich *und* die Variabilität der beiden Verteilungen ist gleich.

Speziell bei Beispiel 6.-8 a) kommt die Komplikation hinzu, daß der Test zum Lokalisationsvergleich die Homogenität der beiden Variabilitäten voraussetzt und umgekehrt für einen Streuungsvergleichstest identische oder bekannte Lokalisationen vorausgesetzt werden müssen. Beide Homogenitätsteste setzen die Zufälligkeit der beiden Stichprobenentnahmen voraus. Das bedeutet, daß die in Beispiel 6.-8 a) erwogene Testprozedur abgebrochen werden muß, falls einer der Zufälligkeitsteste Ablehnung liefert oder falls der Lokalisationsvergleich zur Verwerfung der Homogenitätsvermutung führt. Denn die Voraussetzungen zur Durchführung der weiteren Teil-Teste können dann nicht als gegeben betrachtet werden.

Der Anwender muß sich in einem solchen Falle bei der Kontrolle von Fehlerwahrscheinlichkeiten an der *umfassenden mehrgliedrigen Nullhypothese* orientieren. Legt er, etwa im Falle des Beispiels 6.-8 a), jedem der beiden Zufälligkeitsteste und jedem der beiden weiteren ins Auge gefaßten Teste ein identisches Signifikanzniveau α zugrunde, dann ist das Signifikanzniveau der Überprüfung der genannten mehrgliedrigen Hypothese nicht α, sondern liegt höher. Denn sie wird abgelehnt, wenn *mindestens einer* der Teil-Teste Ablehnung liefert. Bezüglich der Wahrscheinlichkeiten von Fehlern

2. Art bei der Prüfung der umfassenderen Hypothese ist die Situation besonders unübersichtlich. Sowohl zur Ermittlung des Signifikanzniveaus (bei gegebener Verfahrensweise) als auch zur Eingrenzung einer kritischen Region als auch zur Ermittlung von Wahrscheinlichkeiten für Fehler 2. Art muß die *verbundene* (Null-) Verteilung sämtlicher beteiligter Prüfvariablen der Teil-Teste herangezogen werden. Hingegen liegen den einzelnen Teil-Testen die Verteilungen der jeweiligen eindimensionalen Prüfverteilungen zugrunde. Das Verhältnis zwischen diesen Randverteilungen und den verbundenen Verteilungen der Prüfvariablen ist dann besonders übersichtlich, wenn stochastische Unabhängigkeit der beteiligten Prüfvariablen vorliegt. Davon kann nur in seltenen Ausnahmefällen ausgegangen werden.

6.4.3.2. Die allgemeine Kennzeichnung des Problems

Hier wird in erster Linie auf Beispiel 6.-8 a) Bezug genommen. Die Anzahl der Teil-Hypothesen, welche die übergeordnete Hypothese insgesamt zusammensetzen, sei allgemein k. Die übergeordnete Hypothese sei H_o. H_o^i sei die i-te Teil-Hypothese (i=1,...,k). H_o besagt also, daß H_o^1 *und* ... *und* H_o^k richtig sind. Mit C_i wird das Ereignis bezeichnet, daß der i-te Teil-Test zur Ablehnung führt. Zur Vereinfachung und in Anlehnung an gängige Verfahrensweisen in der Praxis wird unterstellt, daß jedem Teil-Test ein *gleiches* Signifikanzniveau α zugrundegelegt wird. Dann wird also

$$W(C_1|H_o^1) = \ldots = W(C_k|H_o^k) = \alpha$$

eingerichtet. Verfährt man nun so, daß H_o insgesamt verworfen wird, falls einer der Teil-Teste beim Signifikanzniveau α zur Ablehnung führt, dann weist diese Verfahrensweise zur Überprüfung von H_o das Signifikanzniveau

$$\alpha^* = W(C_1 \cup \ldots \cup C_k|H_o)$$

auf. Es gilt, wie man leicht überprüft, die Abschätzung

$$\alpha \leq \alpha^* \leq \min(1;k\alpha).$$

Selbst wenn es gelingt, verbundene Verteilungen mehrerer Prüfvariablen zu ermitteln, entstünde das ebenfalls schwer lösbare Folgeproblem, solche Verteilungen in für Testzwecke geeigneter Form auswertbar zu machen, etwa durch geeignete Tabellen. Dem Anwender müßten überdies spezielle Festlegungen abverlangt werden, zu welchen er nur schwerlich fähig sein dürfte. Denn bei einem Test mit mehrdimensionaler Prüfvariablen ist die Festlegung eines Ablehnungsbereiches mit Signifikanzniveau α auf sehr verschiedene Art und Weise möglich.

6.4.3.3. Eine Verallgemeinerung der Problemstellung

Es kann bei Anwendungen vorkommen, daß eine zu prüfende übergeordnete Nullhypothese auch Teilaussagen umfaßt, welche besagen, daß eine Teil-Hypothese *nicht* zutrifft.

Beispiel 6.-9

Siehe Beispiel 6.-8 a). Zu prüfen sei die übergeordnete Hypothese H_o: Die beiden Stichprobenentnahmen sind korrekt *und* die Lokalisation der beiden Verteilungen ist *verschieden und* die Variabilität der beiden Verteilungen ist gleich. H_o ist insgesamt aufrechtzuerhalten, wenn - unter Verwendung der in Abschnitt 6.4.3.2. eingeführten Symbolschreibweise - H_o^1: *die Stichprobenentnahmen sind korrekt* nicht abzulehnen ist, H_o^2: die *Lokalisationen sind gleich* abzulehnen ist und H_o^3: die *Variabilitäten sind gleich* nicht abzulehnen ist. H_o fälschlich ablehnen heißt hier: H_o ist wahr und beim ersten Teil-Test ergibt sich ein Fehler 1. Art oder beim zweiten Teil-Test ein Fehler 2. Art oder beim dritten Teil-Test ein Fehler 1. Art. Da über Wahrscheinlichkeiten für Fehler 2. Art bei dem zweiten Teil-Test nichts ausgesagt werden kann, ist hier das Signifikanzniveau der Prüfung von H_o *völlig außer Kontrolle* und auch nicht, wie zuvor bei dem Beispiel in Abschnitt 6.4.3.2., grob abschätzbar. Bezüglich fälschlicher Nichtablehnung der übergeordneten Hypothese ist die Lage entsprechend unübersichtlich.

6.4.3.4. Folgerungen

Steht in einem bestimmten Sachzusammenhang eine mehrgliedrige Hypothese zur Prüfung an, so ist dies nur dann problemlos, wenn für jeden Teil-Test ein gesonderter Stichprobenbefund verwendet werden kann. Dies ist indessen nur sehr selten der Fall.

Werden mehrere eindimensionale Teste mit einem Datensatz bestritten, dann muß bedacht werden, daß das Signifikanzniveau der Gesamtprozedur außer Kontrolle ist. Sie kann dann nicht mehr als statistischer Test mit kontrollierten Fehlerwahrscheinlichkeiten gelten, sondern hat nur die Qualität einer *Heuristik*.

7. Tabellenanhang

Für die nachstehenden Tabellen I bis XXIX werden folgende Quellenangaben gemacht:

Tabelle I: *Standardnormalverteilung*

Pearson, E.S., Hartley, H.O: Biometrika tables for statisticians, Vol. I. 3. Auflage, Cambridge, S. 110-116 (1976).

Tabelle II: *Quantile der Standardnormalverteilung (Kurzfassung)*

Pearson, E.S., Hartley, H.O: Biometrika tables for statisticians, Vol. I. 3. Auflage, Cambridge, S. 118 (1976).

Tabelle III: *Untere Quantile der* χ^2*-Verteilung*

Wetzel, W., Jöhnk, M.-D., Naeve, P.: Statistische Tabellen. Berlin, S. 104 (1967).

Tabelle IV: *Obere Quantile der* χ^2*-Verteilung*

Wetzel, W., Jöhnk, M.-D., Naeve, P.: Statistische Tabellen. Berlin, S. 104-105 (1967).

Tabelle V: *0,975-Quantile der F-Verteilung*

Graf, U., Henning, H.-J., Stange, K.: Formeln und Tabellen der mathematischen Statistik. 2. Auflage, Berlin-Heidelberg-New York, S. 296-297 (1966).

Tabelle VI: *Obere Quantile der t-Verteilung*

Wetzel, W., Jöhnk, M.-D., Naeve, P.: Statistische Tabellen. Berlin, S. 108-109 (1967).

Tabelle VII: *Ausschnitt aus einer (Pseudo-)Zufallszahlentafel*

Owen, D.B.: Handbook of statistical tables. Reading Mass. usw., S. 520 (1962).

Tabelle VIII: *Kritische Werte beim einfachen Run-Test*

Swed, F.S., Eisenhart, C.: Tables for testing randomness of grouping in a sequence of alternatives. The Annals of Mathematical Statistics 14, S. 66-87 (1943).

Tabelle IX: *Kritische Werte beim Zufälligkeitstest mit Hilfe der Anzahl der Runs Up or Down*

Edgington, E.S.: Probability table for number of runs of signs of first differences in ordered series. Journal of the American Statistical Association 56, S. 156-159 (1961).

Tabelle X: *Kritische Werte der Prüfvariablen des OS-Tests (0,025- und 0,975-Quantile der Betaverteilung)*

Pearson, E.S., Hartley, H.O: Biometrika tables for statisticians, Vol. I. 3. Auflage, Cambridge, S. 158-159 (1976).

Tabelle XI: *Kritische Werte beim Kolmogorov-Smirnov-Ein-Stichproben-Test*

Owen, D.B.: Handbook of statistical tables. Reading Mass., S. 424 (1962).

Conover, W.D.: Practical nonparametric statistics. New York usw., S. 397 (1971).

Tabelle XII: *Biomialverteilung mit* $\Theta = 0{,}5$

Owen, D.B.: Handbook of statistical tables. Reading Mass., S. 265-272 (1962).

Tabelle XIII: *Kritische Werte beim Vorzeichen-Rang-Test von Wilcoxon*

Bradley, J.V.: Distribution-free statistical tests. Englewood Cliffs N.J., S. 315-316 (1968).

Tabelle XIV: *Kritische Werte beim Wilcoxon-Mann-Whitney-Test*

Siegel, S.: Nonparametric statistics for the behavioral sciences. New York, S. 275-276 (1956).

Tabelle XV: *Expected normal scores*

Bradley, J.V.: Distribution-free statistical tests. Englewood Cliffs N.J., S. 326 (1968).

Tabelle XVI: *Kritische Werte beim Fisher-Yates-Test*

Bradley, J.V.: Distribution-free statistical tests. Englewood Cliffs N.J., S. 327-330 (1968).

Tabelle XVII: *Obere Quantile der Standardnormalverteilung (ausführliche Fassung)*

Pearson, E.S., Hartley, H.O.: Biometrika tables for statisticans, Vol. I. 3. Auflage, Cambridge, S. 118 (1976).

Tabelle XVIII: *Kritische Werte beim X-Test von van der Waerden*

Waerden, B.L. van der: Mathematische Statistik. 3. Auflage, Berlin-Heidelberg-New York, S. 348 (1971).

Tabelle XIX: *Hilfstabelle zur Durchführung des X-Tests von van der Waerden*

Waerden, B.L. van der: Mathematische Statistik. 3. Auflage, Berlin-Heidelberg-New York, S. 349 (1971).

Tabelle XX: *Kritische Werte bei Fishers Exact Probability Test*

Siegel, S.: Nonparametric statistics for the behavioral sciences. New York, S. 256-258 (1956).

Tabelle XXI: *Kritische Werte beim Kolmogorov-Smirnov-Zwei-Stichproben-Test*

Birnbaum, Z.W., Hall, R.A.: Small sample distributions for multisample statistics of the *Smirnov* type. The Annals of Mathematical Statistics 31, S. 710-720 (1960).

Massey, F.J.: Distribution table for the deviation between two sample cumulatives. The Annals of Mathematical Statistics 23, S. 435-441 (1952).

Tabelle XXII: *Kritische Werte zur Unabhängigkeitsprüfung mit Hilfe des Spearman-Pearsonschen Rangkorrelationskoeffizienten*

Graf, U., Henning, H.-J., Stange, K.: Formeln und Tabellen der mathematischen Statistik. 2. Auflage, Berlin, S. 159-160 (1966).

Tabelle XXIII: *Kritische Werte zur Unabhängigkeitsprüfung mit Hilfe des Kendallschen Rangkorrelationskoeffizienten*

Graf, U., Henning, H.-J., Stange, K.: Formeln und Tabellen der mathematischen Statistik. 2. Auflage, Berlin, S. 161-162 (1966).

Tabelle XXIV: *Kritische Werte beim Kruskal-Wallis-Test*

Kruskal, W.H., Wallis, W.A.: Use of ranks in one-criterion variance analysis. Journal of the American Statistical Association 47, S. 583-621 (1952).

Tabelle XXV: *Kritische Werte beim Jonckheere-Test*

Hollander, M., Wolfe, D.A.: Nonparametric statistical methods. New York usw., S. 311-327 (1973).

Tabelle XXVI: *Kritische Werte beim Friedman-Test*

Hollander, M., Wolfe, D.A.: Nonparametric statistical methods. New York usw., S. 366-371 (1973).

Tabelle XXVII: *Kritische Werte beim Test von Page*

Hollander, M., Wolfe, D.A.: Nonparametric statistical methods. New York usw., S. 372 (1973).

Tabelle XXVIII: *Obere Quantile der Spannweite von n unabhängigen standardnormalverteilten Variablen*

Pearson, E.S., Hartley, H.O.: Biometrika tables for statisticans, Vol. I. 3. Auflage, Cambridge, S. 177 (1976).

Tabelle XXIX: *Obere Quantile der Verteilung des Maximums von n standardnormalverteilten Zufallsvariablen, welche je mit $\rho = 0{,}5$ korreliert sind*

Gupta, S.S.: Probability integrals of multivariate normal and multivariate t. The Annals of Mathematical Statistics 34, S. 792-828, insbes. S. 810 (1963).

<u>Tabelle I:</u> *Verteilungsfunktion der Standardnormalverteilung*

Tabelliert sind für Variablenwerte z zwischen 0,00 und 3,29 die zugehörigen Werte der Verteilungsfunktion $\Phi_{\tilde{z}}(z)$.

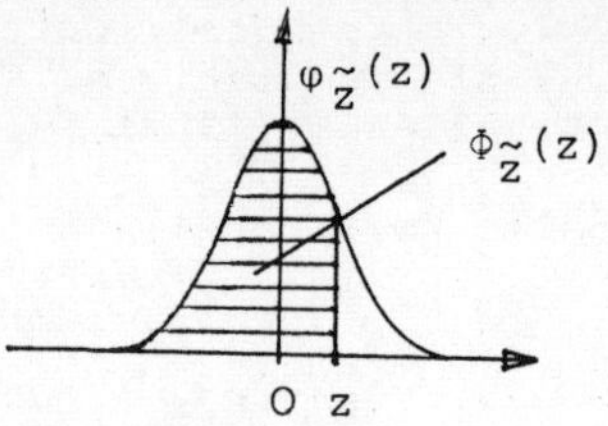

z	0,00	0,01	0,02	0,03	0,04	0,05	0,06	0,07	0,08	0,09
0,0	.5000	.5040	.5080	.5120	.5160	.5199	.5239	.5279	.5319	.5359
0,1	.5398	.5438	.5478	.5517	.5557	.5596	.5636	.5675	.5714	.5753
0,2	.5793	.5832	.5871	.5910	.5948	.5987	.6026	.6064	.6103	.6141
0,3	.6179	.6217	.6255	.6293	.6331	.6368	.5406	.6443	.6480	.6517
0,4	.6554	.6591	.6628	.6664	.6700	.6736	.6772	.6808	.6844	.6879
0,5	.6915	.6950	.6985	.7019	.7054	.7088	.7123	.7157	.7190	.7224
0,6	.7257	.7291	.7324	.7357	.7389	.7422	.7454	.7486	.7517	.7549
0,7	.7580	.7611	.7642	.7673	.7704	.7734	.7764	.7794	.7823	.7852
0,8	.7881	.7910	.7939	.7967	.7995	.8023	.8051	.8078	.8106	.8133
0,9	.8159	.8186	.8212	.8238	.8264	.8289	.8315	.8340	.8365	.8389
1,0	.8413	.8438	.8461	.8485	.8508	.8531	.8554	.8577	.8599	.8621
1,1	.8643	.8665	.8686	.8708	.8729	.8749	.8770	.8790	.8810	.8830
1,2	.8849	.8869	.8888	.8907	.8925	.8944	.8962	.8980	.8997	.9015
1,3	.9032	.9049	.9066	.9082	.9099	.9115	.9131	.9147	.9162	.9177
1,4	.9192	.9207	.9222	.9236	.9251	.9265	.9279	.9292	.9306	.9319
1,5	.9332	.9345	.9357	.9370	.9382	.9394	.9406	.9418	.9429	.9441
1,6	.9452	.9463	.9474	.9484	.9495	.9505	.9515	.9525	.9535	.9545
1,7	.9554	.9564	.9573	.9582	.9591	.9599	.9608	.9616	.9625	.9633
1,8	.9641	.9649	.9656	.9664	.9671	.9678	.9686	.9693	.9699	.9706
1,9	.9713	.9719	.9726	.9732	.9738	.9744	.9750	.9756	.9761	.9767
2,0	.9772	.9778	.9783	.9788	.9793	.9798	.9803	.9808	.9812	.9817
2,1	.9821	.9826	.9830	.9834	.9838	.9842	.9846	.9850	.9854	.9857
2,2	.9861	.9864	.9868	.9871	.9875	.9878	.9881	.9884	.9887	.9890
2,3	.9893	.9896	.9898	.9901	.9904	.9906	.9909	.9911	.9913	.9916
2,4	.9918	.9920	.9922	.9925	.9927	.9929	.9931	.9932	.9934	.9936
2,5	.9938	.9940	.9941	.9943	.9945	.9946	.9948	.9949	.9951	.9952
2,6	.9953	.9955	.9956	.9957	.9959	.9960	.9961	.9962	.9963	.9964
2,7	.9965	.9966	.9967	.9968	.9969	.9970	.9971	.9972	.9973	.9974
2,8	.9974	.9975	.9976	.9977	.9977	.9978	.9979	.9979	.9980	.9981
2,9	.9981	.9982	.9982	.9983	.9984	.9984	.9985	.9985	.9986	.9986
3,0	.9987	.9987	.9987	.9988	.9988	.9989	.9989	.9989	.9990	.9990
3,1	.9990	.9991	.9991	.9991	.9992	.9992	.9992	.9992	.9993	.9993
3,2	9993	.9993	.9994	.9994	.9994	.9994	.9994	.9995	.9995	.9995

<u>Tabelle II:</u> *Obere Quantile der Standardnormalverteilung (Kurzfassung)*

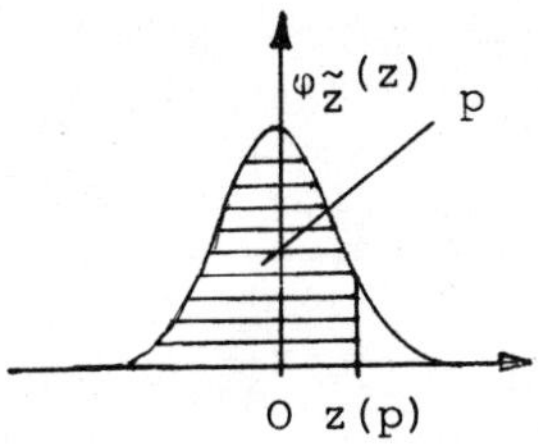

Tabelliert sind für ausgewählte Wahrscheinlichkeiten p die zugehörigen Quantile z(p) der Standardnormalverteilung. Ein sehr viel ausführlicheres Verzeichnis von Quantilen der Standardnormalverteilung enthält Tabelle XVII.

p	z(p)
0,800	0,8416
0,900	1,2816
0,950	1,6449
0,960	1,7507
0,970	1,8808
0,975	1,9600
0,980	2,0537
0,990	2,3263
0,995	2,5758
0,999	3,0902

Tabelle III: *Untere Quantile der* χ^2*-Verteilung*

Tabelliert sind für ausgewählte Wahrscheinlichkeiten p (0,001; 0,005;0,025;0,05;0,1) die zugehörigen Quantile $\chi^2(p;k)$ bei alternativen Anzahlen k von Freiheitsgraden. Für k > 30 kann die Zufallsvariable $\sqrt{2\tilde{y}} - \sqrt{2k-1}$ näherungsweise als standardnormalverteilt angesehen werden.

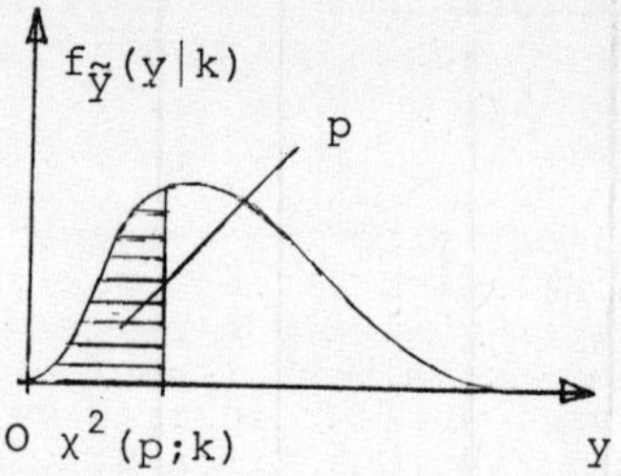

Anzahl k der Freiheitsgrade	Werte p der Verteilungsfunktion				
	0,001	0,005	0,025	0,05	0,1
1	-	-	-	0,004	0,016
2	0,002	0,010	0,051	0,103	0,211
3	0,024	0,072	0,216	0,352	0,584
4	0,091	0,207	0,484	0,711	1,06
5	0.210	0,412	0,831	1,15	1,61
6	0,381	0,676	1,24	1,64	2,20
7	0,598	0,989	1,69	2,17	2,83
8	0,857	1,34	2,18	2,73	3,49
9	1,15	1,73	2,70	3,33	4,17
10	1,48	2,16	3,25	3,94	4,87
11	1,83	2,60	3,82	4,57	5,58
12	2,21	3,07	4,40	5,23	6,30
13	2,62	3,56	5,01	5,89	7,04
14	3,04	4,07	5,63	6,57	7,79
15	3,48	4,60	6,26	7,26	8,55
16	3,94	5,14	6,91	7,96	9,31
17	4,42	5,70	7,56	8,67	10,09
18	4,90	6,26	8,23	9,39	10,86
19	5,41	6,84	8,91	10,12	11,65
20	5,92	7,43	9,59	10,85	12,44
21	6,45	8,03	10,28	11,59	13,24
22	6,98	8,64	10,98	12,34	14,04
23	7,53	9,26	11,69	13,09	14,85
24	8,08	9,89	12,40	13,85	15,66
25	8,65	10,52	13,12	14,61	16,47
26	9,22	11,16	13,84	15,38	17,29
27	9,80	11,81	14,58	16,15	18,11
28	10,39	12,46	15,31	16,93	18,94
29	10,99	13,12	16,05	17,71	19,77
30	11,59	13,79	16,79	18,49	20,60
40	17,92	20,71	24,43	26,51	29,05

Tabelle IV: *Obere Quantile der χ^2-Verteilung*

Tabelliert sind für ausgewählte Wahrscheinlichkeiten p (0,50; 0,90; 0,95; 0,975; 0,99; 0,995; 0,999) die zugehörige Quantile $\chi^2(p;k)$ bei alternativen Anzahlen k von Freiheitsgraden. Für k > 30 kann die Zufallsvariable $\sqrt{2\tilde{y}} - \sqrt{2k-1}$ näherungsweise als standardnormalverteilt angesehen werden.

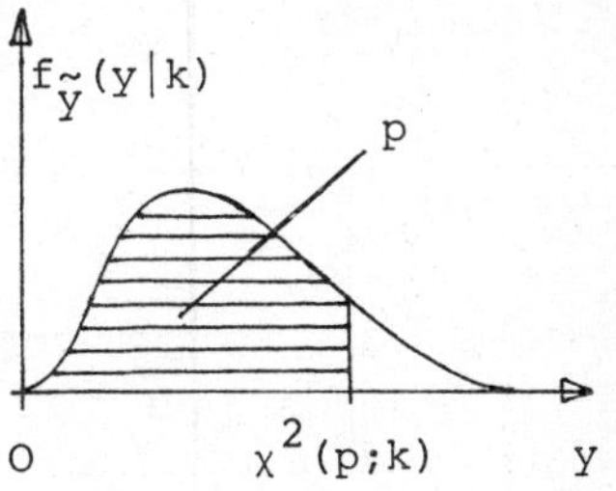

Anzahl k der Freiheitsgrade	Werte p der Verteilungsfunktion						
	0,50	0,90	0,95	0,975	0,99	0,995	0,999
1	0,455	2,71	3,84	5,02	6,63	7,88	10,83
2	1,39	4,61	5,99	7,38	9,21	10,60	13,81
3	2,37	6,25	7,81	9,35	11,34	12,84	16,26
4	3,36	7,78	9,49	11,14	13,28	14,86	18,47
5	4,35	9,24	11,07	12,83	15,08	16,75	20,41
6	5,35	10,64	12,59	14,45	16,81	18,55	22,46
7	6,35	12,01	14,06	16,01	18,47	20,28	24,32
8	7,34	13,36	15,51	17,53	20,09	21,96	26,13
9	8,34	14,68	16,92	19,02	21,67	23,59	27,88
10	9,34	15,99	18,31	20,48	23,21	25,19	29,59
11	10,34	17,27	19,67	21,92	24,72	26,76	31,26
12	11,34	18,55	21,03	23,34	26,22	28,30	32,91
13	12,34	19,81	22,36	24,74	27,69	29,82	34,53
14	13,34	21,06	23,68	26,12	29,14	31,32	36,12
15	14,34	22,31	25,00	27,49	30,58	32,80	37,70
16	15,34	23,54	26,30	28,85	32,00	34,27	39,25
17	16,34	24,77	27,59	30,19	33,41	35,72	40,79
18	17,34	25,99	28,87	31,53	34,81	37,16	42,31
19	18,34	27,20	30,14	32,85	36,19	38,58	43,82
20	19,34	28,41	31,41	34,17	37,57	40,00	45,31
21	20,34	29,62	32,67	35,48	38,93	41,40	46,80
22	21,34	30,81	33,92	36,78	40,29	42,80	48,27
23	22,34	32,01	35,17	38,08	41,64	44,18	49,73
24	23,34	33,20	36,42	39,36	42,98	45,56	51,18
25	24,34	34,38	37,65	40,65	44,31	46,93	52,62
26	25,34	35,56	38,89	41,92	45,64	48,29	54,05
27	26,34	36,74	40,11	43,19	46,96	49,64	55,48
28	27,34	37,92	41,34	44,46	48,28	50,99	56,89
29	28,34	39,09	42,56	45,72	49,59	52,34	58,30
30	29,34	40,26	43,77	46,98	50,89	53,67	59,70
40	39,34	51,81	55,76	59,34	63,69	66,77	73,40

<u>Tabelle V:</u> *0,975-Quantile der F-Verteilung*

Tabelliert sind für die Wahrscheinlichkeit p = 0,975 die zugehörigen Quantile $f(0{,}975;k_1;k_2)$ für alternative Freiheitsgrade (k_1,k_2).

k_2 \ k_1	1	2	3	4	5	6	7	8	9	10	11	12
1	648	800	864	900	922	937	948	957	963	969	973	977
2	38,5	39,0	39,2	39,2	39,3	39,3	39,4	39,4	39,4	39,4	39,4	39,4
3	17,4	16,0	15,4	15,1	14,9	14,7	14,6	14,5	14,5	14,4	14,4	14,3
4	12,2	10,6	9,98	9,60	9,36	9,20	9,07	8,98	8,90	8,84	8,79	8,75
5	10,0	8,43	7,76	7,39	7,15	6,98	6,85	6,76	6,68	6,62	6,57	6,52
6	8,81	7,26	6,60	6,23	5,99	5,82	5,70	5,60	5,52	5,46	5,41	5,37
7	8,07	6,54	5,89	5,52	5,29	5,12	4,99	4,90	4,82	4,76	4,71	4,67
8	7,57	6,06	5,42	5,05	4,82	4,65	4,53	4,43	4,36	4,30	4,24	4,20
9	7,21	5,71	5,08	4,72	4,48	4,32	4,20	4,10	4,03	3,96	3,91	3,87
10	6,94	5,46	4,83	4,47	4,24	4,07	3,95	3,85	3,78	3,72	3,66	3,62
11	6,72	5,26	4,63	4,28	4,04	3,88	3,76	3,66	3,59	3,53	3,47	3,43
12	6,55	5,10	4,47	4,12	3,89	3,73	3,61	3,51	3,44	3,37	3,32	3,28
13	6,41	4,97	4,35	4,00	3,77	3,60	3,48	3,39	3,31	3,25	3,20	3,15
14	6,30	4,86	4,24	3,89	3,66	3,50	3,38	3,29	3,21	3,15	3,09	3,05
15	6,20	4,76	4,15	3,80	3,58	3,41	3,29	3,20	3,12	3,06	3,01	2,96
16	6,12	4,69	4,08	3,73	3,50	3,34	3,22	3,12	3,05	2,99	2,93	2,89
17	6,04	4,62	4,01	3,66	3,44	3,28	3,16	3,06	2,98	2,92	2,87	2,82
18	5,98	4,56	3,95	3,61	3,38	3,22	3,10	3,01	2,93	2,87	2,81	2,77
19	5,92	4,51	3,90	3,56	3,33	3,17	3,05	2,96	2,88	2,82	2,76	2,72
20	5,87	4,46	3,86	3,51	3,29	3,13	3,01	2,91	2,84	2,77	2,72	2,68
22	5,79	4,38	3,78	3,44	3,22	3,05	2,93	2,84	2,76	2,70	2,65	2,60
24	5,72	4,32	3,72	3,38	3,15	2,99	2,87	2,78	2,70	2,64	2,59	2,54
26	5,66	4,27	3,67	3,33	3,10	2,94	2,82	2,73	2,65	2,59	2,54	2,49
28	5,61	4,22	3,63	3,29	3,06	2,90	2,78	2,69	2,61	2,55	2,49	2,45
30	5,57	4,18	3,59	3,25	3,03	2,87	2,75	2,65	2,57	2,51	2,46	2,41
40	5,42	4,05	3,46	3,13	2,90	2,74	2,62	2,53	2,45	2,39	2,33	2,29
50	5,34	3,98	3,39	3,06	2,83	2,67	2,55	2,46	2,38	2,32	2,26	2,22
60	5,29	3,93	3,34	3,01	2,79	2,63	2,51	2,41	2,33	2,27	2,22	2,17
80	5,22	3,86	3,28	2,95	2,73	2,57	2,45	2,36	2,28	2,21	2,16	2,11
100	5,18	3,38	3,25	2,92	2,70	2,54	2,42	2,32	2,24	2,18	2,12	2,08
200	5,10	3,76	3,18	2,85	2,63	2,47	2,35	2,26	2,18	2,11	2,06	2,01
300	5,08	3,74	3,16	2,83	2,61	2,45	2,33	2,23	2,16	2,09	2,04	1,99
500	5,05	3,72	3,14	2,81	2,59	2,43	2,31	2,22	2,14	2,07	2,02	1,97
1000	5,04	3,70	3,13	2,80	2,58	2,42	2,30	2,20	2,13	2,06	2,01	1,96
∞	5,02	3,69	3,12	2,79	2,57	2,41	2,29	2,19	2,11	2,05	1,99	1,94

Es gilt $f(0{,}975;k_1;k_2) = \dfrac{1}{f(0{,}025;k_2;k_1)}$

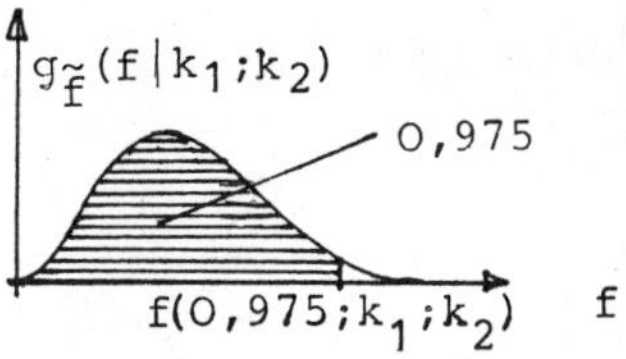

k_2 \ k_1	13	14	15	16	18	20	30	40	50	100	500	∞
1	980	983	985	987	990	993	1001	1006	1008	1013	1017	1018
2	39,4	39,4	39,4	39,4	39,4	39,4	39,5	39,5	39,5	39,5	39,5	39,5
3	14,3	14,3	14,3	14,2	14,2	14,2	14,1	14,0	14,0	14,0	13,9	13,9
4	8,72	8,69	8,66	8,64	8,60	8,56	8,46	8,41	8,38	8,32	8,27	8,26
5	6,49	6,46	6,43	6,41	6,37	6,33	6,23	6,18	6,14	6,08	6,03	6,02
6	5,33	5,30	5,27	5,25	5,21	5,17	5,07	5,01	4,98	4,92	4,86	4,85
7	4,63	4,60	4,57	4,54	4,50	4,47	4,36	4,31	4,28	4,21	4,16	4,14
8	4,16	4,13	4,10	4,08	4,03	4,00	3,89	3,84	3,81	3,74	3,68	3,67
9	3,83	3,80	3,77	3,74	3,70	3,67	3,56	3,51	3,47	3,40	3,35	3,33
10	3,58	3,55	3,52	3,50	3,45	3,42	3,31	3,26	3,22	3,15	3,09	3,08
11	3,39	3,36	3,33	3,30	3,26	3,23	3,12	3,06	3,03	2,96	2,90	2,88
12	3,24	3,21	3,18	3,15	3,11	3,07	2,96	2,91	2,87	2,80	2,74	2,72
13	3,12	3,08	3,05	3,03	2,98	2,95	2,84	2,78	2,74	2,67	2,61	2,60
14	3,01	2,98	2,95	2,92	2,88	2,84	2,73	2,67	2,64	2,56	2,50	2,49
15	2,92	2,89	2,86	2,84	2,79	2,76	2,64	2,58	2,55	2,47	2,41	2,40
16	2,85	2,82	2,79	2,76	2,72	2,68	2,57	2,51	2,47	2,40	2,33	2,32
17	2,79	2,75	2,72	2,70	2,65	2,62	2,50	2,44	2,41	2,33	2,26	2,25
18	2,73	2,70	2,67	2,64	2,60	2,56	2,44	2,38	2,35	2,27	2,20	2,19
19	2,68	2,65	2,62	2,59	2,55	2,51	2,39	2,33	2,30	2,22	2,15	2,13
20	2,64	2,60	2,57	2,55	2,50	2,46	2,35	2,29	2,25	2,17	2,10	2,09
22	2,56	2,53	2,50	2,47	2,43	2,39	2,27	2,21	2,17	2,09	2,02	2,00
24	2,50	2,47	2,44	2,41	2,36	2,33	2,21	2,15	2,11	2,02	1,95	1,94
26	2,45	2,42	2,39	2,36	2,31	2,28	2,16	2,09	2,05	1,97	1,90	1,88
28	2,41	2,37	2,34	2,32	2,27	2,23	2,11	2,05	2,01	1,92	1,85	1,83
30	2,37	2,34	2,31	2,28	2,23	2,20	2,07	2,01	1,97	1,88	1,81	1,79
40	2,25	2,21	2,18	2,15	2,11	2,07	1,94	1,88	1,83	1,74	1,66	1,64
50	2,18	2,14	2,11	2,08	2,03	1,99	1,87	1,80	1,75	1,66	1,57	1,55
60	2,13	2,09	2,06	2,03	1,98	1,94	1,82	1,74	1,70	1,60	1,51	1,48
80	2,07	2,03	2,00	1,97	1,93	1,88	1,75	1,68	1,63	1,53	1,43	1,40
100	2,04	2,00	1,97	1,94	1,89	1,85	1,71	1,64	1,59	1,48	1,38	1,35
200	1,97	1,93	1,90	1,87	1,82	1,78	1,64	1,56	1,51	1,39	1,27	1,23
300	1,95	1,91	1,88	1,85	1,80	1,75	1,62	1,54	1,48	1,36	1,23	1,18
500	1,93	1,89	1,86	1,83	1,78	1,74	1,60	1,51	1,46	1,34	1,19	1,14
1000	1,92	1,88	1,85	1,82	1,77	1,72	1,58	1,50	1,44	1,32	1,16	1,09
∞	1,90	1,87	1,83	1,80	1,75	1,71	1,57	1,48	1,43	1,30	1,13	1,00

Tabelle VI: *Obere Quantile der t-Verteilung (Student-Verteilung)*

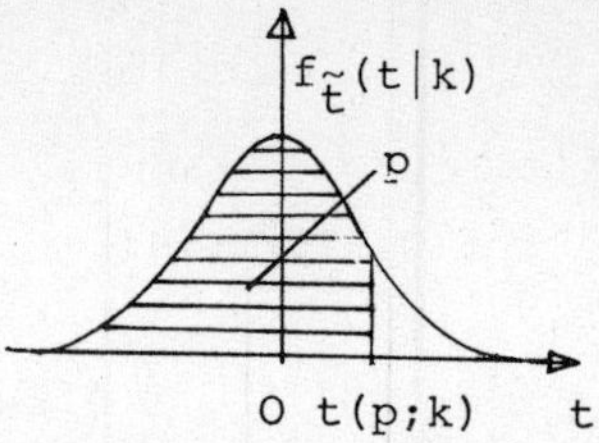

Tabelliert sind für ausgewählte Wahrscheinlichkeiten p (0,90;0,95; 0,975;0,995;0,9995) die zugehörigen Quantile t(p;k) bei alternativen Anzahlen k von Freiheitsgraden.

Anzahl k der Freiheitsgrade	Werte p der Verteilungsfunktion				
	0,90	0,95	0,975	0,995	0,9995
1	3,078	6,314	12,71	63,66	636,6
2	1,886	2,920	4,303	9,925	31,59
3	1,638	2,353	3,182	5,841	12,82
4	1,533	2,132	2,776	4,604	8,610
5	1,476	2,015	2,571	4,032	6,869
6	1,440	1,943	2,447	3,707	5,959
7	1,415	1,895	2,365	3,499	5,408
8	1,397	1,860	2,306	3,355	5,041
9	1,383	1,833	2,262	3,250	4,781
10	1,372	1,812	2,228	3,169	4,587
11	1,363	1,796	2,201	3,106	4,437
12	1,356	1,782	2,179	3,055	4,318
13	1,350	1,771	2,160	3,012	4,221
14	1,345	1,761	2,145	2,977	4,140
15	1,341	1,753	2,131	2,947	4,073
16	1,337	1,746	2,120	2,921	4,015
17	1,333	1,740	2,110	2,898	3,965
18	1,330	1,734	2,101	2,878	3,922
19	1,328	1,729	2,093	2,861	3,883
20	1,325	1,725	2,086	2,845	3,850
21	1,323	1,721	2,080	2,831	3,819
22	1,321	1,717	2,074	2,819	3,792
23	1,319	1,714	2,069	2,807	3,768
24	1,318	1,711	2,064	2,797	3,745
25	1,316	1,708	2,060	2,787	3,725
26	1,315	1,706	2,056	2,779	3,707
27	1,314	1,703	2,052	2,771	3,690
28	1,313	1,701	2,048	2,763	3,674
29	1,311	1,699	2,045	2,756	3,659
30	1,310	1,697	2,042	2,750	3,546
40	1,303	1,684	2,021	2,704	3,551
60	1,296	1,671	2,000	2,660	3,460
120	1,289	1,658	1,980	2,617	3,373
∞	1,282	1,645	1,960	2,576	3,290

<u>Tabelle VII:</u> *Ausschnitt aus einer (Pseudo-)Zufallszahlentafel*

2671	4690	1550	2262	2597	8034	0785	2978	4409	0237
9111	0250	3275	7519	9740	4577	2064	0286	3398	1348
0391	6035	9230	4999	3332	0608	6113	0391	5789	9926
2475	2144	1886	2079	3004	9686	5669	4367	9306	2595
5336	5845	2095	6446	5694	3641	1085	8705	5416	9066
6808	0423	0155	1652	7897	4335	3567	7109	9690	3739
8525	0577	8940	9451	6726	0876	3818	7607	8854	3566
0398	0741	8787	3043	5063	0617	1770	5048	7721	7032
3623	9636	3638	1406	5731	3978	8068	7238	9715	3363
0739	2644	4917	8866	3632	5399	5175	7422	2476	2607
6713	3041	8133	8749	8835	6745	3597	3476	3816	3455
7775	9315	0432	8327	0861	1515	2297	3375	3713	9174
8599	2122	6842	9202	0810	2936	1514	2090	3067	3574
7955	3759	5254	1126	5553	4713	9605	7909	1658	5490
4766	0070	7260	6033	7997	0109	5993	7592	5436	1727
5165	1670	2534	8811	8231	3721	7947	5719	2640	1394
9111	0513	2751	8256	2931	7783	1281	6531	7259	6993
1667	1084	7889	8963	7018	8617	6381	0723	4926	4551
2145	4587	8585	2412	5431	4667	1942	7238	9613	2212
2739	5528	1481	7528	9368	1823	6979	2547	7268	2467
8769	5480	9160	5354	9700	1362	2774	7980	9157	8788
6531	9435	3422	2474	1475	0159	3414	5224	8399	5820
2937	4134	7120	2206	5084	9473	3958	7320	8978	8609
1581	3285	3727	8924	6204	0797	0882	5945	9375	9153
6268	1045	7076	1436	4165	0143	0293	4190	7171	7932
4293	0523	8625	1961	1039	2856	4889	4358	1492	3804
6936	4213	3212	7229	1230	0019	5998	9206	6753	3762
5334	7641	3258	3769	1362	2771	6124	9813	7915	8906
9373	1158	4418	8826	5665	5896	0358	4717	8232	4859
6968	9428	8950	5346	1741	2348	8143	5377	7695	0658
4229	0587	8794	4009	9691	4579	3302	7673	9629	5246
3807	7785	7097	5701	6639	0723	4819	0900	2713	7650
4891	9929	1642	2155	0796	0466	2946	2970	9143	6590
1055	2968	7911	7479	8199	9735	8271	5339	7058	2964
2983	2345	0568	4125	0894	8302	0506	6761	7706	4310
4026	3129	2968	8053	2797	4022	9838	9611	0975	2437
4075	0260	4256	0337	2355	9371	2954	6021	5783	2827
8488	5450	1327	7358	2034	8060	1788	6913	6123	9405
1976	1749	5742	4098	5887	4567	6064	2777	7830	5668
2793	4701	9466	9554	8294	2160	7486	1557	4769	2781
0916	6272	6825	7188	9611	1181	2301	5516	5451	6832
5961	1149	7946	1950	2010	0600	5655	0796	0569	4365
3222	4189	1891	8172	8731	4762	2782	1325	4238	9279
1176	7834	4600	9992	9499	5824	5344	1008	6678	1921
2369	8971	2314	4806	5071	8908	8274	4936	3357	4441

<u>Tabelle VIII:</u> *Kritische Werte der Prüfvariablen $\tilde{r}$ (Anzahl der Runs beider Sorten) zur Prüfung der Zufälligkeit einer Stichprobenentnahme bei einer dichotomen Variablen*

Tabelliert sind für ein Signifikanzniveau von $\alpha = 0{,}05$ zweiseitig und alternative Paare $(n_1, n-n_1)$ von Anzahlen von Stichprobenelementen der beiden Sorten die größten bzw. kleinsten Werte r, die dem unteren bzw. oberen Teil der kritischen Region zugehören (konservatives Testen).

	Größter Wert im unteren Teil des Ablehnungsbereiches																		
n_1 \ $n-n_1$	2	3	4	5	6	7	8	9	10	11	12	13	14	15	16	17	18	19	20
2											2	2	2	2	2	2	2	2	2
3					2	2	2	2	2	2	2	2	2	3	3	3	3	3	3
4				2	2	2	3	3	3	3	3	3	3	3	4	4	4	4	4
5			2	2	3	3	3	3	3	4	4	4	4	4	4	4	5	5	5
6		2	2	3	3	3	3	4	4	4	4	5	5	5	5	5	5	6	6
7		2	2	3	3	3	4	4	5	5	5	5	5	6	6	6	6	6	6
8		2	3	3	3	4	4	5	5	5	6	6	6	6	6	7	7	7	7
9		2	3	3	4	4	5	5	5	6	6	6	7	7	7	7	8	8	8
10		2	3	3	4	5	5	5	6	6	7	7	7	7	8	8	8	8	9
11		2	3	4	4	5	5	6	6	7	7	7	8	8	8	9	9	9	9
12	2	2	3	4	4	5	6	6	7	7	7	8	8	8	9	9	9	10	10
13	2	2	3	4	5	5	6	6	7	7	8	8	9	9	9	10	10	10	10
14	2	2	3	4	5	5	6	7	7	8	8	9	9	9	10	10	10	11	11
15	2	3	3	4	5	6	6	7	7	8	8	9	9	10	10	11	11	11	12
16	2	3	4	4	5	6	6	7	8	8	9	9	10	10	11	11	11	12	12
17	2	3	4	4	5	6	7	7	8	9	9	10	10	11	11	11	12	12	13
18	2	3	4	5	5	6	7	8	8	9	9	10	10	11	11	12	12	13	13
19	2	3	4	5	6	6	7	8	8	9	10	10	11	11	12	12	13	13	13
20	2	3	4	5	6	6	7	8	9	9	10	10	11	12	12	13	13	13	14

Für $n_1 > 20$ und $n-n_1 > 20$ kann man davon ausgehen, daß $\tilde{r}$ unter H_0 approximativ normalverteilt ist mit Erwartungswert

$$E\tilde{r} = 1 + \frac{2n_1(n-n_1)}{n}$$

und Varianz

$$\operatorname{var} \tilde{r} = \frac{2n_1(n-n_1)[2n_1(n-n_1)-n]}{n^2(n-1)}$$

(Stetigkeitskorrektur beachten).

	Kleinster Wert im oberen Teil des Ablehnungsbereiches																		
n_1 \ $n-n_1$	2	3	4	5	6	7	8	9	10	11	12	13	14	15	16	17	18	19	20
2																			
3																			
4				9	9														
5			9	10	10	11	11												
6			9	10	11	12	12	13	13	13	13								
7				11	12	13	13	14	14	14	14	15	15	15					
8				11	12	13	14	14	15	15	16	16	16	16	17	17	17	17	17
9					13	14	14	15	16	16	16	17	17	18	18	18	18	18	18
10					13	14	15	16	16	17	17	18	18	18	19	19	19	20	20
11					13	14	15	16	17	17	18	19	19	19	20	20	20	21	21
12					13	14	16	16	17	18	19	19	20	20	21	21	21	22	22
13						15	16	17	18	19	19	20	20	21	21	22	22	23	23
14						15	16	17	18	19	20	20	21	22	22	23	23	23	24
15						15	16	18	18	19	20	21	22	22	23	23	24	24	25
16							17	18	19	20	21	21	22	23	23	24	25	25	25
17							17	18	19	20	21	22	23	23	24	25	25	26	26
18							17	18	19	20	21	22	23	24	25	25	26	26	27
19							17	18	20	21	22	23	23	24	25	26	26	27	27
20							17	18	20	21	22	23	24	25	25	26	27	27	28

Tabelle IX: *Kritische Werte der Prüfvariablen $\tilde{r}^*$ (Anzahl der Runs Up or Down) zur Prüfung der Zufälligkeit einer Stichprobenentnahme bei einer stetigen metrischen Variablen*

Tabelliert sind für ein Signifikanzniveau von $\alpha = 0{,}05$ zweiseitig und alternative Stichprobenumfänge n die größten bzw. kleinsten Werte r^*, die dem unteren bzw. oberen Teil der kritischen Region zugehören (konservatives Testen).

n		10	11	12	13	14	15	16	17
unterer	kritischer	3	4	4	5	5	6	6	7
oberer	Wert		10	11	12	13	14	14	15

n		18	19	20	21	22	23	24	25
unterer	kritischer	7	8	8	9	10	10	11	11
oberer	Wert	16	17	17	18	19	20	20	21

Für $n > 25$ kann man davon ausgehen, daß $\tilde{r}^*$ unter H_0 approximativ normalverteilt ist mit Erwartungswert

$$E\tilde{r}^* = \frac{1}{3}\cdot(2n-1)$$

und Varianz

$$\operatorname{var} \tilde{r}^* = \frac{1}{90}\cdot(16n-29)$$

(Stetigkeitskorrektur beachten).

Tabelle X: *Kritische Werte der Prüfvariablen* $\tilde{Y}_{o,i} = \tilde{F}_o(x_{[i]})$ *(Wert der behaupteten Verteilungsfunktion beim i-t-kleinsten Stichprobenwert) zur Prüfung einer voll spezifizierten Hypothese über die Verteilung einer stetigen Zufallsvariablen*

Tabelliert sind für ein Signifikanzniveau von $\alpha = 0{,}05$ zweiseitig, alternative Stichprobenumfänge und vorgegebene Position i die beiden Werte (untere bzw. obere Grenze des Nichtablehnungsbereiches), deren Unterschreitung bzw. Überschreitung zur Ablehnung der Nullhypothese führt.

n	i	u.G.	o.G.
5	1	0,0051	0,5218
	2	0,0527	0,7164
	3	0,1466	0,8534
	4	0,2836	0,9473
	5	0,4782	0,9949
6	1	0,0421	0,4593
	2	0,0433	0,6412
	3	0,1181	0,7772
	4	0,2228	0,8819
	5	0,3588	0,9567
	6	0,5407	0,9579
7	1	0,0036	0,4096
	2	0,0367	0,5787
	3	0,0990	0,7096
	4	0,1841	0,8159
	5	0,2904	0,9010
	6	0,4213	0,9633
	7	0,5904	0,9964
8	1	0,0032	0,3694
	2	0,0319	0,5265
	3	0,0852	0,6509
	4	0,1570	0,7551
	5	0,2449	0,8430
	6	0,3491	0,9148
	7	0,4735	0,9681
	8	0,6306	0,9968
9	1	0,0028	0,3363
	2	0,0281	0,4825
	3	0,0749	0,6000
	4	0,1370	0,7007
	5	0,2120	0,7880
	6	0,2993	0,8630
	7	0,4000	0,9251
	8	0,5175	0,9719
	9	0,6637	0,9972

n	i	u.G.	o.G.
10	1	0,0025	0,3085
	2	0,0251	0,4450
	3	0,0667	0,5560
	4	0,1216	0,6524
	5	0,1871	0,7376
	6	0,2624	0,8129
	7	0,3476	0,8784
	8	0,4440	0,9333
	9	0,5550	0,9749
	10	0,6915	0,9975
11	1	0,0023	0,2849
	2	0,0228	0,4128
	3	0,0602	0,5178
	4	0,1093	0,6097
	5	0,1675	0,6921
	6	0,2338	0,7662
	7	0,3079	0,8325
	8	0,3903	0,8907
	9	0,4822	0,9398
	10	0,5872	0,9772
	11	0,7151	0,9977
12	1	0,0021	0,2646
	2	0,0209	0,3848
	3	0,0549	0,4841
	4	0,0992	0,5719
	5	0,1517	0,6511
	6	0,2109	0,7233
	7	0,2767	0,7891
	8	0,3489	0,8483
	9	0,4281	0,9008
	10	0,5159	0,9451
	11	0,6152	0,9791
	12	0,7354	0,9979

n	i	u.G.	o.G.
13	1	0,0019	0,2470
	2	0,0192	0,3603
	3	0,0504	0,4545
	4	0,0909	0,5381
	5	0,1386	0,6143
	6	0,1922	0,6842
	7	0,2513	0,7487
	8	0,3158	0,8078
	9	0,3857	0,8614
	10	0,4619	0,9091
	11	0,5455	0,9496
	12	0,6397	0,9808
	13	0,7530	0,9981
14	1	0,0018	0,2316
	2	0,0178	0,3387
	3	0,0466	0,4281
	4	0,0839	0,5080
	5	0,1276	0,5810
	6	0,1766	0,6486
	7	0,2304	0,7114
	8	0,2886	0,7696
	9	0,3514	0,8234
	10	0,4190	0,8724
	11	0,4920	0,9161
	12	0,5719	0,9534
	13	0,6613	0,9822
	14	0,7684	0,9982
15	1	0,0017	0,2180
	2	0,0166	0,3195
	3	0,0433	0,4046
	4	0,0779	0,4809
	5	0,1182	0,5510
	6	0,1634	0,6162
	7	0,2127	0,6771
	8	0,2659	0,7341
	9	0,3229	0,7873
	10	0,3838	0,8366
	11	0,4490	0,8818
	12	0,5191	0,9221
	13	0,5954	0,9567
	14	0,6805	0,9834
	15	0,7820	0,9983
16	1	0,0016	0,2059
	2	0,0155	0,3023
	3	0,0405	0,3835
	4	0,0727	0,4565
	5	0,1102	0,5238
	6	0,1520	0,5866
	7	0,1975	0,6457
	8	0,2465	0,7012
	9	0,2988	0,7535
	10	0,3543	0,8025
	11	0,4134	0,8480
	12	0,4762	0,8898
	13	0,5435	0,9273

n	i	u.G.	o.G.
16	14	0,6165	0,9595
	15	0,6977	0,9845
	16	0,7941	0,9984
17	1	0,0015	0,1951
	2	0,0146	0,2869
	3	0,0380	0,3644
	4	0,0681	0,4343
	5	0,1031	0,4990
	6	0,1421	0,5596
	7	0,1844	0,6167
	8	0,2298	0,6708
	9	0,2781	0,7219
	10	0,3292	0,7702
	11	0,3833	0,8156
	12	0,4404	0,8579
	13	0,5010	0,8969
	14	0,5657	0,9319
	15	0,6356	0,9620
	16	0,7131	0,9854
	17	0,8049	0,9985
18	1	0,0014	0,1853
	2	0,0138	0,2729
	3	0,0358	0,3471
	4	0,0641	0,4142
	5	0,0969	0,4764
	6	0,1334	0,5348
	7	0,1730	0,5901
	8	0,2153	0,6425
	9	0,2602	0,6924
	10	0,3076	0,7398
	11	0,3575	0,7847
	12	0,4099	0,8270
	13	0,4652	0,8666
	14	0,5236	0,9031
	15	0,5858	0,9359
	16	0,6529	0,9642
	17	0,7271	0,9862
	18	0,8147	0,9986
19	1	0,0013	0,1765
	2	0,0130	0,2603
	3	0,0338	0,3314
	4	0,0605	0,3958
	5	0,0915	0,4556
	6	0,1258	0,5120
	7	0,1629	0,5655
	8	0,2025	0,6164
	9	0,2445	0,6650
	10	0,2886	0,7114
	11	0,3350	0,7556
	12	0,3836	0,7975
	13	0,4345	0,8371
	14	0,4880	0,8742
	15	0,5444	0,9085
	16	0,6042	0,9395
	17	0,6686	0,9662
	18	0,7397	0,9870
	19	0,8235	0,9987

n	i	u.G.	o.G.
20	1	0,0013	0,1684
	2	0,0123	0,2487
	3	0,0321	0,3170
	4	0,0573	0,3789
	5	0,0866	0,4366
	6	0,1189	0,4910
	7	0,1539	0,5428
	8	0,1912	0,5922
	9	0,2306	0,6395
	10	0,2720	0,6847
	11	0,3153	0,7280
	12	0,3605	0,7694
	13	0,4078	0,8088
	14	0,4572	0,8461
	15	0,5090	0,8811
	16	0,5634	0,9134
	17	0,6211	0,9427
	18	0,6830	0,9679
	19	0,7513	0,9877
	20	0,8316	0,9987
21	1	0,0012	0,1611
	2	0,0117	0,2382
	3	0,0305	0,3038
	4	0,0545	0,3634
	5	0,0822	0,4191
	6	0,1128	0,4717
	7	0,1459	0,5218
	8	0,1811	0,5697
	9	0,2182	0,6156
	10	0,2571	0,6598
	11	0,2978	0,7022
	12	0,3402	0,7429
	13	0,3844	0,7818
	14	0,4303	0,8189
	15	0,4782	0,8541
	16	0,5283	0,8872
	17	0,5809	0,9178
	18	0,6366	0,9455
	19	0,6962	0,9695
	20	0,7618	0,9883
	21	0,8389	0,9988
22	1	0,0012	0,1544
	2	0,0112	0,2284
	3	0,0291	0,2916
	4	0,0519	0,3916
	5	0,0782	0,4028
	6	0,1073	0,4537
	7	0,1386	0,5022
	8	0,1720	0,5487
	9	0,2071	0,5934
	10	0,2439	0,6364
	11	0,2822	0,6779
	12	0,3221	0,7178
	13	0,3636	0,7561
	14	0,4066	0,7929

n	i	u.G.	o.G.
22	15	0,4513	0,8280
	16	0,4978	0,8614
	17	0,5463	0,8927
	18	0,5972	0,9218
	19	0,6509	0,9481
	20	0,7084	0,9709
	21	0,7716	0,9888
	22	0,8456	0,9988
23	1	0,0011	0,1482
	2	0,0107	0,2195
	3	0,0278	0,2804
	4	0,0495	0,3359
	5	0,0746	0,3878
	6	0,1023	0,4370
	7	0,1321	0,4841
	8	0,1638	0,5292
	9	0,1971	0,5727
	10	0,2319	0,6146
	11	0,2682	0,6551
	12	0,3059	0,6941
	13	0,3449	0,7318
	14	0,3854	0,7681
	15	0,4273	0,8029
	16	0,4708	0,8362
	17	0,5159	0,8679
	18	0,5630	0,8977
	19	0,6122	0,8254
	20	0,6641	0,9505
	21	0,7196	0,9722
	22	0,7805	0,9893
	23	0,8518	0,9989
24	1	0,0011	0,1425
	2	0,0103	0,2112
	3	0,0266	0,2700
	4	0,0474	0,3236
	5	0,0713	0,3738
	6	0,0977	0,4215
	7	0,1262	0,4671
	8	0,1563	0,5109
	9	0,1880	0,5532
	10	0,2211	0,5941
	11	0,2555	0,6336
	12	0,2912	0,6718
	13	0,3282	0,7088
	14	0,3664	0,7445
	15	0,4059	0,7789
	16	0,4468	0,8120
	17	0,4891	0,8437
	18	0,5329	0,8738
	19	0,5785	0,9023
	20	0,6262	0,9287
	21	0,6764	0,9526
	22	0,7300	0,9734
	23	0,7888	0,9897
	24	0,8575	0,9989

Tabelle XI: *Kritische Werte der Prüfvariablen* $\tilde{d}_n = \sup_x |F_o(x) - \tilde{S}_n^*(x)|$ *des Kolmogorov-Smirnov-Tests zur Prüfung einer voll spezifizierten Hypothese* $H_o: F_{\tilde{x}}(x) = F_o(x)$ *über die Verteilung einer stetigen Zufallsvariablen*

Tabelliert sind für alternative Stichprobenumfänge und verschiedene Signifikanzniveaus die kritischen Werte $d_n(1-\alpha)$, bei deren Überschreitung die Nullhypothese abzulehnen ist. Für $n > 35$ verwendet man die Werte gemäß der Smirnovschen Näherung, welche unter dem Doppelstrich angegeben sind.

Ist $H_o: F_{\tilde{x}}(x) \leq F_o(x)$ bzw. $H_o: F_{\tilde{x}}(x) \geq F_o(x)$ zu prüfen (einseitiger Anpassungstest), so wird die Prüfvariable

$$\tilde{d}_n' = \sup_x (\tilde{S}_n^*(x) - F_o(x)) \text{ bzw. } \tilde{d}_n'' = \sup (F_o(x) - \tilde{S}_n^*(x))$$

verwendet. Ihre kritischen Werte können dieser Tabelle ebenfalls entnommen werden.

n	Signifikanzniveau α				n	Signifikanzniveau α			
	zweiseitiger Test					zweiseitiger Test			
	0,20	0,10	0,05	0,01		0,20	0,10	0,05	0,01
	einseitiger Test					einseitiger Test			
	0,10	0,05	0,025	0,005		0,10	0,05	0,025	0,005
1	.900	.950	.975	.995	21	.226	.259	.287	.344
2	.684	.776	.842	.929	22	.221	.253	.281	.337
3	.565	.636	.708	.829	23	.216	.247	.275	.330
4	.493	.565	.624	.734	24	.212	.242	.269	.323
5	.447	.509	.563	.669	25	.208	.238	.264	.317
6	.410	.468	.515	.617	26	.204	.233	.259	.311
7	.381	.436	.483	.576	27	.200	.229	.254	.305
8	.358	.410	.457	.542	28	.197	.225	.250	.300
9	.339	.387	.430	.513	29	.193	.221	.246	.295
10	.323	.369	.409	.489	30	.190	.218	.242	.290
11	.308	.352	.391	.468	31	.187	.214	.238	.285
12	.296	.338	.375	.449	32	.184	.211	.234	.281
13	.285	.325	.361	.432	33	.182	.208	.231	.277
14	.275	.314	.349	.418	34	.179	.205	.227	.273
15	.266	.304	.338	.404	35	.177	.202	.224	.269
16	.258	.295	.327	.392					
17	.250	.286	.318	.381					
18	.244	.279	.309	.371	>35	$\frac{1,07}{\sqrt{n}}$	$\frac{1,22}{\sqrt{n}}$	$\frac{1,36}{\sqrt{n}}$	$\frac{1,63}{\sqrt{n}}$
19	.237	.271	.301	.361					
20	.232	.265	.294	.352					

Tabelle XII: *Verteilungsfunktionen der Binomialverteilungen mit* $\theta = 0{,}5$ *und* $5 \leq n \leq 25$

Tabelliert sind die Werte $B(x|n;0{,}5)$ der jeweiligen Verteilungsfunktion. Den freien Feldern der Tabelle sind (gelegentlich nur annähernd) die Werte 0 (links unten) bzw. 1 (rechts oben) zugeordnet. Gegebenenfalls ist die Symmetrieeigenschaft zu berücksichtigen. Für n > 25 beachte man die Möglichkeit der Approximation der Binomialverteilung durch die Normalverteilung mit Parametern 0,5n und 0,25n.

n \ x	0	1	2	3	4	5	6	7	8	9	10	11	12
5	.031	.188	.500	.812	.969								
6	.016	.109	.344	.656	.891	.984							
7	.008	.062	.227	.500	.773	.938	.992						
8	.004	.035	.145	.363	.637	.855	.965	.996					
9	.002	.020	.090	.254	.500	.746	.910	.980	.998				
10	.001	.011	.055	.172	.377	.623	.828	.945	.989	.999			
11		.006	.033	.113	.274	.500	.726	.887	.967	.994			
12		.003	.019	.073	.194	.387	.613	.806	.927	.981	.997		
13		.002	.011	.046	.133	.291	.500	.709	.867	.954	.989	.998	
14		.001	.006	.029	.090	.212	.395	.605	.788	.910	.971	.994	.999
15			.004	.018	.059	.151	.304	.500	.696	.849	.941	.982	.996
16			.002	.011	.038	.105	.227	.402	.598	.773	.895	.962	.989
17			.001	.006	.025	.072	.166	.315	.500	.685	.834	.928	.975
18			.001	.004	.015	.048	.119	.240	.407	.593	.760	.881	.952
19				.002	.010	.032	.084	.180	.324	.500	.676	.820	.916
20				.001	.006	.021	.058	.132	.252	.412	.588	.748	.868
21				.001	.004	.013	.039	.095	.192	.332	.500	.668	.808
22					.002	.008	.026	.067	.143	.262	.416	.584	.738
23					.001	.005	.017	.047	.105	.202	.339	.500	.661
24					.001	.003	.011	.032	.076	.154	.271	.419	.581
25						.002	.007	.022	.054	.115	.212	.345	.500

Tabelle XIII: *Prüfung einer Hypothese über den Median* $x(0{,}5)$ *einer symmetrischen stetigen Verteilung (Vorzeichen-Rang-Test von Wilcoxon) mit Hilfe der Summe* t_+ *der aus positiven Differenzen* $(x_i - x_o(0{,}5))$ *resultierenden Ränge* $rg(|x_i - x_o(0{,}5)|)$

Tabelliert sind für $5 \leq n \leq 30$ und verschiedene Signifikanzniveaus α die Werte der Null-Verteilungsfunktion für geeignete t_+. Die Prüfverteilung ist symmetrisch.

n	Signifikanzniveau α (zweiseitige Fragestellung)							
	0,10		0,05		0,02		0,01	
5	0	.0313						
	1	.0625						
6	2	.0469	0	.0156				
	3	.0781	1	.0313				
7	3	.0391	2	.0234	0	.0078		
	4	.0547	3	.0391	1	.0156		
8	5	.0391	3	.0195	1	.0078	0	.0039
	6	.0547	4	.0273	2	.0117	1	.0078
9	8	.0488	5	.0195	3	.0098	1	.0039
	9	.0645	6	.0273	4	.0137	2	.0059
10	10	.0420	8	.0244	5	.0098	3	.0049
	11	.0527	9	.0322	6	.0137	4	.0068
11	13	.0415	10	.0210	7	.0093	5	.0049
	14	.0508	11	.0269	8	.0122	6	.0068
12	17	.0461	13	.0212	9	.0081	7	.0046
	18	.0549	14	.0261	10	.0105	8	.0061
13	21	.0471	17	.0239	12	.0085	9	.0040
	22	.0549	18	.0287	13	.0107	10	.0052
14	25	.0453	21	.0247	15	.0083	12	.0043
	26	.0520	22	.0290	16	.0101	13	.0054
15	30	.0473	25	.0240	19	.0090	15	.0042
	31	.0535	26	.0277	20	.0108	16	.0051
16	35	.0467	29	.0222	23	.0091	19	.0046
	36	.0523	30	.0253	24	.0107	20	.0055
17	41	.0492	34	.0224	27	.0087	23	.0047
	42	.0544	35	.0253	28	.0101	24	.0055
18	47	.0494	40	.0241	32	.0091	27	.0045
	48	.0542	41	.0269	33	.0104	28	.0052
19	53	.0478	46	.0247	37	.0090	32	.0047
	54	.0521	47	.0273	38	.0102	33	.0054
20	60	.0487	52	.0242	43	.0096	37	.0047
	61	.0527	53	.0266	44	.0107	38	.0053
21	67	.0479	58	.0230	49	.0097	42	.0045
	68	.0516	59	.0251	50	.0108	43	.0051
22	75	.0492	65	.0231	55	.0095	48	.0046
	76	.0527	66	.0250	56	.0104	49	.0052

n	Signifikanzniveau α (zweiseitige Fragestellung)							
	0,10		0,05		0,02		0,01	
23	83	.0490	73	.0242	62	.0098	54	.0046
	84	.0523	74	.0261	63	.0107	55	.0051
24	91	.0475	81	.0245	69	.0097	61	.0048
	92	.0505	82	.0263	70	.0106	62	.0053
25	100	.0479	89	.0241	76	.0094	68	.0048
	101	.0507	90	.0258	77	.0101	69	.0053
26	110	.0497	98	.0247	84	.0095	75	.0047
	111	.0524	99	.0263	85	.0102	76	.0051
27	119	.0477	107	.0246	92	.0093	83	.0048
	120	.0502	108	.0260	93	.0100	84	.0052
28	130	.0496	116	.0239	101	.0096	91	.0048
	131	.0521	117	.0252	102	.0102	92	.0051
29	140	.0482	126	.0240	110	.0095	100	.0049
	141	.0504	127	.0253	111	.0101	101	.0053
30	151	.0481	137	.0249	120	.0098	109	.0050
	152	.0502	138	.0261	121	.0101	110	.0053

Für n > 30 geht man davon aus, daß $\tilde{t}_+$ unter H_o approximativ normalverteilt ist mit Funktionalparametern

$$E\tilde{t}_+ = \frac{1}{4}n(n+1) \quad \text{und} \quad \operatorname{var} \tilde{t}_+ = \frac{1}{24}n(n+1)(2n+1)$$

(Stetigkeitskorrektur beachten).

Tabelle XIV: *Kritische Werte der Prüfvariablen ũ (Mann-Whitneysche Variante) zum Lokalisationsvergleich zweier Verteilungen (unabhängige Stichproben) mit Hilfe des Wilcoxon-Mann-Whitney-Tests*

Tabelliert sind für Signifikanzniveaus von $\alpha = 0{,}05$ und $\alpha = 0{,}02$ (zweiseitige Fragestellung) und alternative Paare (n_1, n_2) von Stichprobenumfängen die größten natürlichen Zahlen, die dem unteren Teil der kritischen Region bezüglich ũ bei konservativem Testen zugehören. Die Verteilung von ũ ist symmetrisch.

	Signifikanzniveau α=0,05 (zweiseitige Fragestellung)											
n_1 \ n_2	9	10	11	12	13	14	15	16	17	18	19	20
1												
2	0	0	0	1	1	1	1	1	2	2	2	2
3	2	3	3	4	4	5	5	6	6	7	7	8
4	4	5	6	7	8	9	10	11	11	12	13	13
5	7	8	9	11	12	13	14	15	17	18	19	20
6	10	11	13	14	16	17	19	21	22	24	25	27
7	12	14	16	18	20	22	24	26	28	30	32	34
8	15	17	19	22	24	26	29	31	34	36	38	41
9	17	20	23	26	28	31	34	37	39	42	45	48
10	20	23	26	29	33	36	39	42	45	48	52	55
11	23	26	30	33	37	40	44	47	51	55	58	62
12	26	29	33	37	41	45	49	53	57	61	65	76
13	28	33	37	41	45	50	54	59	63	67	72	83
14	31	36	40	45	50	55	59	64	67	74	78	83
15	34	39	44	49	54	59	64	70	75	80	85	90
16	37	42	47	53	59	64	70	75	81	86	92	98
17	39	45	51	57	63	67	75	81	87	93	99	105
18	42	48	55	61	67	74	80	86	93	99	106	112
19	45	52	58	65	72	78	85	92	99	106	113	119
20	48	55	62	69	76	83	90	98	105	112	119	127

n_1 \ n_2	Signifikanzniveau $\alpha=0{,}02$ (zweiseitige Fragestellung)											
	9	10	11	12	13	14	15	16	17	18	19	20
1												
2					0	0	0	0	0	0	1	1
3	1	1	1	2	2	2	3	3	4	4	4	5
4	3	3	4	5	5	6	7	7	8	9	9	10
5	5	6	7	8	9	10	11	12	13	14	15	16
6	7	8	9	11	12	13	15	16	18	19	20	22
7	9	11	12	14	16	17	19	21	23	24	26	28
8	11	13	15	17	20	22	24	26	28	30	32	34
9	14	16	18	21	23	26	28	31	33	36	38	40
10	16	19	22	24	27	30	33	36	38	41	44	47
11	18	22	25	28	31	34	37	41	44	47	50	53
12	21	24	28	31	35	38	42	46	49	53	56	60
13	23	27	31	35	39	43	47	51	55	59	63	67
14	26	30	34	38	43	47	51	56	60	65	69	73
15	28	33	37	42	47	51	56	61	66	70	75	80
16	31	36	41	46	51	56	61	66	71	76	82	87
17	33	38	44	49	55	60	66	71	77	82	88	93
18	36	41	47	53	59	65	70	76	82	88	94	100
19	38	44	50	56	63	69	75	82	88	94	101	107
20	40	47	53	60	67	73	80	87	93	100	107	114

Für $n_1+n_2 \geq 30$ und min $(n_1,n_2) \geq 4$ kann man davon ausgehen, daß $\tilde{u}$ unter H_o approximativ normalverteilt ist mit Funktionalparametern

$$E\tilde{u} = \frac{n_1 n_2}{2} \quad \text{und} \quad \operatorname{var} \tilde{u} = \frac{n_1 n_2 (n_1+n_2+1)}{12}$$

(Stetigkeitskorrektur beachten).

Tabelle XV: *Erwartungswerte $E\tilde{x}_{[k]}$ des k-t-kleinsten Positionsstichprobenwertes in einer Stichproben vom Umfang n bei einer standardnormalverteilten Variablen ("Expected Normal Scores")*

Tabelliert sind für Stichprobenumfänge n bis 20 die Werte $E\tilde{x}_{[n]},\dots, E\tilde{x}_{[(n+2)/2]}$ (n gerade) bzw. $E\tilde{x}_{[n]},\dots, E\tilde{x}_{[(n+3)/2]}$ (n ungerade). Jeweils gilt (Symmetrie) $E\tilde{x}_{[k]} = - E\tilde{x}_{[n-k+1]}$. Außerdem ist für ungerades n $E\tilde{x}_{[(n+1)/2]} = 0$.

n	k	$E\tilde{x}_{[k]}$
2	2	.5642
3	3	.8463
4	4	1.0294
	3	.2970
5	5	1.1630
	4	.4950
6	6	1.2672
	5	.6418
	4	.2015
7	7	1.3522
	6	.7574
	5	.3527
8	8	1.4236
	7	.8522
	6	.4728
	5	.1525
9	9	1.4850
	8	.9323
	7	.5720
	6	.2745
10	10	1.5388
	9	1.0014
	8	.6561
	7	.3758
	6	.1227
11	11	1.5864
	10	1.0619
	9	.7288
	8	.4620
	7	.2249

n	k	$E\tilde{x}_{[k]}$
12	12	1.6292
	11	1.1157
	10	.7928
	9	.5368
	8	.3122
	7	.1026
13	13	1.6680
	12	1.1641
	11	.8498
	10	.6029
	9	.3883
	8	.1905
14	14	1.7034
	13	1.2079
	12	.9011
	11	.6618
	10	.4556
	9	.2673
	8	.0882
15	15	1.7359
	14	1.2479
	13	.9477
	12	.7149
	11	.5157
	10	.3353
	9	.1653
16	16	1.7660
	15	1.2847
	14	.9903
	13	.7632
	12	.5700
	11	.3962
	10	.2338
	9	.0773

n	k	$E\tilde{x}_{[k]}$
17	17	1.7939
	16	1.3188
	15	1.0295
	14	.8074
	13	.6195
	12	.4513
	11	.2952
	10	.1460
18	18	1.8200
	17	1.3504
	16	1.0657
	15	.8481
	14	.6648
	13	.5016
	12	.3508
	11	.2077
	10	.0688
19	19	1.8445
	18	1.3799
	17	1.0995
	16	.8859
	15	.7066
	14	.5477
	13	.4016
	12	.2637
	11	.1307
20	20	1.8675
	19	1.4076
	18	1.1309
	17	.9210
	16	.7454
	15	.5903
	14	.4483
	13	.3149
	12	.1870
	11	.0620

Tabelle XVI: *Kritische Werte der Prüfvariablen $\tilde{c}_1$ zum Lokalisationsvergleich zweier Verteilungen (unabhängige Stichproben) mit Hilfe des Fisher-Yates-Tests*

Tabelliert sind für Signifikanzniveaus von $\alpha = 0{,}05$ und $\alpha = 0{,}02$ (zweiseitige Fragestellung) und Gesamtstichprobenumfänge $n = n_1 + n_2$ zwischen 6 und 20 sowie verschiedene Umfänge n_1 der ersten Stichprobe die Werte c_1'', für welche unter H_0 $W(\tilde{c}_1 \leq -c_1'' \vee \tilde{c}_1 \geq c_1'') \approx \alpha$ gilt (Prinzip der Adjustierung des Signifikanzniveaus). Außerdem ist der exakte Wert dieser Wahrscheinlichkeit angegeben. Die Verteilung von $\tilde{c}_1$ ist symmetrisch.

n	n_1	Signifikanzniveau (zweiseitig) 0,05	0,02
6	3		
7	2		
	3	2,462	
		.057	
8	2	2,276	
		.071	
	3	2,428	2,749
		.071	.035
	4	2,596	2,901
		.057	.029
9	2	2,417	
		.056	
	3	2,692	2,989
		.048	.024
	4	2,715	2,989
		.048	.032
10	2	2,540	
		.044	
	3	2,663	2,916
		.050	.033
	4	2,820	3,319
		.048	.019
	5	2,916	3,449
		.056	.016
11	2	2,315	2,648
		.073	.036
	3	2,777	3,110
		.048	.024
	4	2,915	3,377
		.048	.018
	5	3,002	3,602
		.052	.017
12	2	2,422	2,745
		.060	.030
	3	2,848	3,282
		.047	.018
12	4	3,001	3,435
		.048	.020
	5	3,104	3,697
		.051	.018
	6	3,179	3,640
		.052	.022
13	2	2,518	2,832
		.051	.026
	3	2,832	3,220
		.049	.021
	4	3,047	3,509
		.050	.020
	5	3,237	3,700
		.048	.019
	6	3,294	3,823
		.025	.021
14	2	2,605	2,911
		.044	.022
	3	2,823	3,266
		.049	.022
	4	3,117	3,634
		.050	.020
	5	3,269	3,812
		.050	.021
	6	3,395	3,913
		.050	.020
	7	3,445	3,992
		.050	.020
15	2	2,451	2,984
		.057	.019
	3	2,911	3,319
		.048	.022
	4	3,183	3,665
		.050	.021
	5	3,382	3,914
		.050	.020
	6	3,518	4,068
		.050	.020
	7	3,567	4,112
		.050	.026

n	n_1	Signifikanzniveau (zweiseitig) 0,05	0,02
16	2	2,529	2,756
		.050	.033
	3	2,925	3,326
		.050	.021
	4	3,230	3,722
		.049	.020
	5	3,458	3,988
		.049	.020
	6	3,591	4,157
		.050	.020
	7	3,677	4,251
		.050	.020
	8	3,722	4,292
		.050	.020
17	2	2,601	2,823
		.044	.029
	3	2,967	3,408
		.050	.021
	4	3,265	3,774
		.050	.020
	5	3,481	4,066
		.050	.020
	6	3,659	4,244
		.050	.020
	7	3,774	4,377
		.050	.020
	8	3,818	4,444
		.050	.020
18	2	2,485	2,886
		.052	.026
	3	2,963	3,387
		.049	.020
	4	3,309	3,802
		.050	.020
	5	3,545	4,112
		.050	.020
	6	3,738	4,337
		.050	.020
	7	3,849	4,470
		.050	.020

n	n_1	Signifikanzniveau (zweiseitig) 0,05	0,02
18	8	3,929	4,554
		.050	.020
	9	3,960	4,594
		.050	.020
19	2	2,551	2,944
		.047	.023
	3	2,972	3,437
		.050	.021
	4	3,338	3,847
		.050	.020
	5	3,583	4,173
		.050	.020
	6	3,781	4,387
		.050	.020
	7	3,929	4,568
		.050	.020
	8	4,026	4,669
		.050	.020
	9	4,065	4,739
		.050	.020
20	2	2,539	2,998
		.053	.021
	3	2,987	3,462
		.050	.019
	4	3,347	3,904
		.050	.020
	5	3,615	4,216
		.050	.020
	6	3,831	4,469
		.050	.020
	7	3,993	4,655
		.050	.020
	8	4,100	4,773
		.050	.020
	9	4,166	4,849
		.050	.020
	10	4,186	4,876
		.050	.020

Für große n ist $\tilde{c}_1$ unter H_0 approximativ normalverteilt mit Erwartungswert $E\tilde{c}_1 = 0$ und Varianz

$$\operatorname{var} \tilde{c}_1 = \frac{n_1 n_2}{n(n-1)} \sum_{k=1}^{n} (E\tilde{x}_{[k]})^2 .$$

Tabelle XVII: *Obere Quantile der Standardnormalverteilung (ausführliche Fassung)*

Tabelliert sind für p = 0,500 bis p = 0,999 die Werte $\Phi_{\tilde{z}}^{-1}(p)$, für welche die Verteilungsfunktion der Standardnormalverteilung den Wert p annimmt. Für 0 < p < 0,5 beachtet man $\Phi_{\tilde{z}}^{-1}(p) = -\Phi_{\tilde{z}}^{-1}(1-p)$.

p	$\Phi_{\tilde{z}}^{-1}(p)$	p	$\Phi_{\tilde{z}}^{-1}(p)$	p	$\Phi_{\tilde{z}}^{-1}(p)$	p	$\Phi_{\tilde{z}}^{-1}(p)$
0,500	0,0000	0,550	0,1257	0,600	0,2533	0,650	0,3853
0,501	0,0025	0,551	0,1282	0,601	0,2559	0,651	0,3880
0,502	0,0050	0,552	0,1307	0,602	0,2585	0,652	0,3907
0,503	0,0075	0,553	0,1332	0,603	0,2611	0,653	0,3934
0,504	0,0100	0,554	0,1358	0,604	0,2637	0,654	0,3961
0,505	0,0125	0,555	0,1383	0,605	0,2663	0,655	0,3989
0,506	0,0150	0,556	0,1408	0,606	0,2689	0,656	0,4016
0,507	0,0175	0,557	0,1434	0,607	0,2715	0,657	0,4043
0,508	0,0201	0,558	0,1459	0,608	0,2741	0,658	0,4070
0,509	0,0226	0,559	0,1484	0,609	0,2767	0,659	0,4097
0,510	0,0251	0,560	0,1510	0,610	0,2793	0,660	0,4125
0,511	0,0276	0,561	0,1535	0,611	0,2819	0,661	0,4152
0,512	0,0301	0,562	0,1560	0,612	0,2845	0,662	0,4179
0,513	0,0326	0,563	0,1586	0,613	0,2871	0,663	0,4207
0,514	0,0351	0,564	0,1611	0,614	0,2898	0,664	0,4234
0,515	0,0376	0,565	0,1636	0,615	0,2924	0,665	0,4261
0,516	0,0401	0,566	0,1662	0,616	0,2950	0,666	0,4289
0,517	0,0426	0,567	0,1687	0,617	0,2976	0,667	0,4316
0,518	0,0451	0,568	0,1713	0,618	0,3002	0,668	0,4344
0,519	0,0476	0,569	0,1738	0,619	0,3029	0,669	0,4372
0,520	0,0502	0,570	0,1764	0,620	0,3055	0,670	0,4399
0,521	0,0527	0,571	0,1789	0,621	0,3081	0,671	0,4427
0,522	0,0552	0,572	0,1815	0,622	0,3107	0,672	0,4454
0,523	0,0577	0,573	0,1840	0,623	0,3134	0,673	0,4482
0,524	0,0602	0,574	0,1866	0,624	0,3160	0,674	0,4510
0,525	0,0627	0,575	0,1891	0,625	0,3186	0,675	0,4538
0,526	0,0652	0,576	0,1917	0,626	0,3213	0,676	0,4565
0,527	0,0677	0,577	0,1942	0,627	0,3239	0,677	0,4593
0,528	0,0702	0,578	0,1968	0,628	0,3266	0,678	0,4621
0,529	0,0728	0,579	0,1993	0,629	0,3292	0,679	0,4649
0,530	0,0753	0,580	0,2019	0,630	0,3319	0,680	0,4677
0,531	0,0778	0,581	0,2045	0,631	0,3345	0,681	0,4705
0,532	0,0803	0,582	0,2070	0,632	0,3372	0,682	0,4733
0,533	0,0828	0,583	0,2096	0,633	0,3398	0,683	0,4761
0,534	0,0853	0,584	0,2121	0,634	0,3425	0,684	0,4789
0,535	0,0878	0,585	0,2147	0,635	0,3451	0,685	0,4817
0,536	0,0904	0,586	0,2173	0,636	0,3478	0,686	0,4845
0,537	0,0929	0,587	0,2198	0,637	0,3505	0,687	0,4874
0,538	0,0954	0,588	0,2224	0,638	0,3531	0,688	0,4902
0,539	0,0979	0,589	0,2250	0,639	0,3558	0,689	0,4930
0,540	0,1004	0,590	0,2275	0,640	0,3585	0,690	0,4959
0,541	0,1030	0,591	0,2301	0,641	0,3611	0,691	0,4987
0,542	0,1055	0,592	0,2327	0,642	0,3638	0,692	0,5015
0,543	0,1080	0,593	0,2356	0,643	0,3665	0,693	0,5044
0,544	0,1105	0,594	0,2378	0,644	0,3692	0,694	0,5072
0,545	0,1130	0,595	0,2404	0,645	0,3719	0,695	0,5101
0,546	0,1156	0,596	0,2430	0,646	0,3745	0,696	0,5129
0,547	0,1181	0,597	0,2456	0,647	0,3772	0,697	0,5158
0,548	0,1206	0,598	0,2482	0,648	0,3799	0,698	0,5187
0,549	0,1231	0,599	0,2508	0,649	0,3826	0,699	0,5215

p	$\Phi_{\tilde{z}}^{-1}(p)$	p	$\Phi_{\tilde{z}}^{-1}(p)$	p	$\Phi_{\tilde{z}}^{-1}(p)$	p	$\Phi_{\tilde{z}}^{-1}(p)$
0,700	0,5244	0,750	0,6745	0,800	0,8416	0,850	1,0364
0,701	0,5273	0,751	0,6776	0,801	0,8452	0,851	1,0407
0,702	0,5302	0,752	0,6808	0,802	0,8488	0,852	1,0450
0,703	0,5330	0,753	0,6840	0,803	0,8524	0,853	1,0494
0,704	0,5359	0,754	0,6871	0,804	0,8560	0,854	1,0537
0,705	0,5388	0,755	0,6903	0,805	0,8596	0,855	1,0581
0,706	0,5417	0,756	0,6935	0,806	0,8633	0,856	1,0625
0,707	0,5446	0,757	0,6967	0,807	0,8669	0,857	1,0669
0,708	0,5476	0,758	0,6999	0,808	0,8705	0,858	1,0714
0,709	0,5505	0,759	0,7031	0,809	0,8742	0,859	1,0758
0,710	0,5534	0,760	0,7063	0,810	0,8779	0,860	1,0803
0,711	0,5563	0,761	0,7095	0,811	0,8816	0,861	1,0848
0,712	0,5592	0,762	0,7128	0,812	0,8853	0,862	1,0893
0,713	0,5622	0,763	0,7160	0,813	0,8890	0,863	1,0939
0,714	0,5651	0,764	0,7192	0,814	0,8927	0,864	1,0985
0,715	0,5681	0,765	0,7225	0,815	0,8965	0,865	1,1031
0,716	0,5710	0,766	0,7257	0,816	0,9002	0,866	1,1077
0,717	0,5740	0,767	0,7290	0,817	0,9040	0,867	1,1123
0,718	0,5769	0,768	0,7323	0,818	0,9078	0,868	1,1170
0,719	0,5799	0,769	0,7356	0,819	0,9116	0,869	1,1217
0,720	0,5828	0,770	0,7388	0,820	0,9154	0,870	1,1264
0,721	0,5858	0,771	0,7421	0,821	0,9192	0,871	1,1311
0,722	0,5888	0,772	0,6454	0,822	0,9230	0,872	1,1359
0,723	0,5918	0,773	0,7488	0,823	0,9269	0,873	1,1407
0,724	0,5948	0,774	0,7521	0,824	0,9307	0,874	1,1455
0,725	0,5978	0,775	0,7554	0,825	0,9346	0,875	1,1503
0,726	0,6008	0,776	0,7588	0,826	0,9385	0,876	1,1552
0,727	0,6038	0,777	0,7621	0,827	0,9424	0,877	1,1601
0,728	0,6068	0,778	0,7655	0,828	0,9463	0,878	1,1650
0,729	0,6098	0,779	0,7688	0,829	0,9502	0,879	1,1700
0,730	0,6128	0,780	0,7722	0,830	0,9542	0,880	1,1750
0,731	0,6158	0,781	0,7756	0,831	0,9581	0,881	1,1800
0,732	0,6189	0,782	0,7790	0,832	0,9621	0,882	1,1850
0,733	0,6219	0,783	0,7824	0,833	0,9661	0,883	1,1901
0,734	0,6250	0,784	0,7858	0,834	0,9701	0,884	1,1952
0,735	0,6280	0,785	0,7892	0,835	0,9741	0,885	1,2004
0,736	0,6311	0,786	0,7926	0,836	0,9782	0,886	1,2055
0,737	0,6341	0,787	0,7961	0,837	0,9822	0,887	1,2107
0,738	0,6372	0,788	0,7995	0,838	0,9863	0,888	1,2160
0,739	0,6403	0,789	0,8030	0,839	0,9904	0,889	1,2212
0,740	0,6433	0,790	0,8064	0,840	0,9945	0,890	1,2265
0,741	0,6464	0,791	0,8099	0,841	0,9986	0,891	1,2319
0,742	0,6495	0,792	0,8134	0,842	1,0027	0,892	1,2372
0,743	0,6526	0,793	0,8169	0,843	1,0069	0,893	1,2426
0,744	0,6557	0,794	0,8204	0,844	1,0110	0,894	1,2481
0,745	0,6588	0,795	0,8239	0,845	1,0152	0,895	1,2536
0,746	0,6620	0,796	0,8274	0,846	1,0194	0,896	1,2591
0,747	0,6651	0,797	0,8310	0,847	1,0237	0,897	1,2646
0,748	0,6682	0,798	0,8345	0,848	1,0279	0,898	1,2702
0,749	0,6713	0,799	0,8381	0,849	1,0322	0,899	1,2759

p	$\Phi_{\tilde{z}}^{-1}(p)$	p	$\Phi_{\tilde{z}}^{-1}(p)$
0,900	1,2816	0,950	1,6449
0,901	1,2873	0,951	1,6546
0,902	1,2930	0,952	1,6646
0,903	1,2988	0,953	1,6747
0,904	1,3047	0,954	1,6849
0,905	1,3106	0,955	1,6954
0,906	1,3165	0,956	1,7060
0,907	1,3225	0,957	1,7169
0,908	1,3285	0,958	1,7279
0,909	1,3346	0,959	1,7392
0,910	1,3408	0,960	1,7507
0,911	1,3469	0,961	1,7624
0,912	1,3532	0,962	1,7744
0,913	1,3595	0,963	1,7866
0,914	1,3658	0,964	1,7991
0,915	1,3722	0,965	1,8119
0,916	1,3787	0,966	1,8250
0,917	1,3852	0,967	1,8384
0,918	1,3917	0,968	1,8522
0,919	1,3984	0,969	1,8663
0,920	1,4051	0,970	1,8808
0,921	1,4118	0,971	1,8957
0,922	1,4187	0,972	1,9110
0,923	1,4255	0,973	1,9268
0,924	1,4325	0,974	1,9431
0,925	1,4395	0,975	1,9600
0,926	1,4466	0,976	1,9774
0,927	1,4538	0,977	1,9954
0,928	1,4611	0,978	2,0141
0,929	1,4684	0,979	2,0335
0,930	1,4758	0,980	2,0537
0,931	1,4833	0,981	2,0749
0,932	1,4909	0,982	2,0969
0,933	1,4985	0,983	2,1201
0,934	1,5063	0,984	2,1444
0,935	1,5141	0,985	2,1701
0,936	1,5220	0,986	2,1973
0,937	1,5301	0,987	2,2262
0,938	1,5382	0,988	2,2571
0,939	1,5464	0,989	2,2904
0,940	1,5548	0,990	2,3263
0,941	1,5632	0,991	2,3656
0,942	1,5718	0,992	2,4089
0,943	1,5805	0,993	2,4573
0,944	1,5893	0,994	2,5121
0,945	1,5982	0,995	2,5758
0,946	1,6072	0,996	2,6521
0,947	1,6164	0,997	2,7478
0,948	1,6258	0,998	2,8782
0,949	1,6352	0,999	3,0902

Tabelle XVIII: *Lokalisationsvergleich zweier Verteilungen (unabhängige Stichproben) mit Hilfe des X-Testes von van der Waerden*

Tabelliert sind für Signifikanzniveaus von $\alpha = 0{,}05$, $\alpha = 0{,}02$ und $\alpha = 0{,}01$ (zweiseitige Fragestellung) und Gesamt-Stichprobenumfänge $n = n_1 + n_2$ zwischen 9 und 50 sowie verschiedene Beträge $|n_1 - n_2|$ der Differenzen der beiden (Teil-) Stichprobenumfänge die Beträge x" der Prüfvariablen, deren Überschreitung zur Ablehnung von H_0 führt (Prinzip des konservativen Testens). Die Verteilung von $\tilde{x}$ ist symmetrisch.

n	$\|n_1-n_2\|$	Signifikanzniveau (zweiseitig)		
		0,05	0,02	0,01
9	0;1	2,38	2,80	∞
	2;3	2,20	∞	∞
	4;5	∞	∞	∞
10	0;1	2,60	3,00	3,20
	2;3	2,49	2,90	3,10
	4;5	2,30	2,80	∞
11	0;1	2,72	3,20	3,40
	2;3	2,58	3,00	3,40
	4;5	2,40	2,90	∞
12	0;1	2,86	3,29	3,60
	2;3	2,79	3,30	3,58
	4;5	2,68	3,20	3,40
13	0;1	2,96	3,50	3,71
	2;3	2,91	3,36	3,68
	4;5	2,78	3,18	3,50
14	0;1	3,11	3,62	3,94
	2;3	3,06	3,55	3,88
	4;5	3,00	3,46	3,76
15	0;1	3,24	3,74	4,07
	2;3	3,19	3,68	4,05
	4;5	3,06	3,57	3,88
16	0;1	3,39	3,92	4,26
	2;3	3,36	3,90	4,25
	4;5	3,28	3,80	4,12
17	0;1	3,49	4,06	4,44
	2;3	3,44	4,01	4,37
	4;5	3,36	3,90	4,23
18	0;1	3,63	4,23	4,60
	2;3	3,60	4,21	4,58
	4;5	3,53	4,14	4,50
19	0;1	3,73	4,37	4,77
	2;3	3,69	4,32	4,71
	4;5	3,61	4,23	4,62

n	$\|n_1-n_2\|$	Signifikanzniveau (zweiseitig)		
		0,05	0,02	0,01
20	0;1	3,86	4,52	4,94
	2;3	3,84	4,50	4,92
	4;5	3,78	4,44	4,85
21	0;1	3,96	4,66	5,10
	2;3	3,92	4,62	5,05
	4;5	3,85	4,53	4,96
22	0;1	4,08	4,80	5,26
	2;3	4,06	4,78	5,24
	4;5	4,01	4,72	5,17
23	0;1	4,18	4,92	5,40
	2;3	4,15	4,89	5,36
	4;5	4,08	4,81	5,27
24	0;1	4,29	5,06	5,55
	2;3	4,27	5,04	5,53
	4;5	4,23	4,99	5,48
25	0;1	4,39	5,18	5,68
	2;3	4,36	5,14	5,65
	4;5	4,30	5,08	5,58
26	0;1	4,50	5,30	5,83
	2;3	4,48	5,29	5,81
	4;5	4,44	5,24	5,76
27	0;1	4,59	5,42	5,95
	2;3	4,56	5,39	5,92
	4;5	4,51	5,33	5,85
28	0;1	4,69	5,54	6,09
	2;3	4,68	5,52	6,07
	4;5	4,64	5,48	6,03
29	0;1	4,78	5,65	6,22
	2;3	4,76	5,62	6,19
	4;5	4,72	5,57	6,13
30	0;1	4,88	5,77	6,35
	2;3	4,87	5,75	6,34
	4;5	4,84	5,72	6,30

n	$\|n_1-n_2\|$	Signifikanzniveau (zweiseitig)		
		0,05	0,02	0,01
31	0;1	4,97	5,87	6,47
	2;3	4,95	5,85	6,44
	4;5	4,91	5,80	6,39
32	0;1	5,07	5,99	6,60
	2;3	5,06	5,97	6,58
	4;5	5,03	5,94	6,55
33	0;1	5,15	6,09	6,71
	2;3	5,13	6,07	6,69
	4;5	5,10	6,02	6,64
34	0;1	5,25	6,20	6,84
	2;3	5,24	6,19	6,82
	4;5	5,21	6,16	6,79
35	0;1	5,33	6,30	6,95
	2;3	5,31	6,28	6,92
	4;5	5,28	6,24	6,88
36	0;1	5,42	6,40	7,06
	2;3	5,41	5,39	7,05
	4;5	5,38	6,37	7,02
37	0;1	5,50	6,50	7,17
	2;3	5,48	6,48	7,15
	4;5	5,45	6,45	7,11
38	0;1	5,59	6,60	7,28
	2;3	5,58	6,59	7,27
	4;5	5,55	6,57	7,25
39	0;1	5,67	6,70	7,39
	2;3	5,65	6,68	7,37
	4;5	5,62	6,65	7,33
40	0;1	5,75	6,80	7,50
	2;3	5,74	6,79	7,49
	4;5	5,72	6,77	7,47

n	$\|n_1-n_2\|$	Signifikanzniveau (zweiseitig)		
		0,05	0,02	0,01
41	0;1	5,83	6,89	7,62
	2;3	5,81	6,88	7,60
	4;5	5,79	6,85	7,56
42	0;1	5,91	6,99	7,72
	2;3	5,90	6,98	7,71
	4;5	5,88	6,96	7,69
43	0;1	5,99	7,08	7,82
	2;3	5,97	7,07	7,82
	4;5	5,95	7,04	7,77
44	0;1	6,06	7,17	7,93
	2;3	6,06	7,17	7,92
	4;5	6,04	7,14	7,90
45	0;1	6,14	7,26	8,02
	2;3	6,12	7,25	8,01
	4;5	6,10	7,22	7,98
46	0;1	6,21	7,35	8,13
	2;3	6,21	7,35	8,12
	4;5	6,19	7,32	8,10
47	0;1	6,29	7,44	8,22
	2;3	6,27	7,43	8,21
	4;5	6,25	7,40	8,18
48	0;1	6,36	7,53	8,32
	2;3	6,35	7,52	8,31
	4;5	6,34	7,50	8,29
49	0;1	6,43	7,61	8,41
	2;3	6,42	7,60	8,40
	4;5	6,39	7,57	8,37
50	0;1	6,50	7,70	8,51
	2;3	6,50	7,69	8,50
	4;5	6,48	7,68	8,48

Für große n ist $\tilde{x}$ unter H_0 approximativ normalverteilt mit Erwartungswert $E\tilde{x} = 0$ und Varianz

$$\operatorname{var} \tilde{x} = \frac{n_1 n_2}{n(n-1)} \sum_{k=1}^{n} \left[\Phi_{\tilde{z}}^{-1}\left(\frac{k}{k+1}\right)\right]^2$$

(vgl. Tabelle XIX).

<u>Tabelle XIX:</u> *Hilfsgrößen zur Ermittlung von* var $\tilde{x}$ *für die Durchführung des X-Tests von van der Waerden bei Verwendung der Normalapproximation*

Tabelliert sind für Gesamt-Stichprobenumfänge zwischen 51 und 120 die Größen

$$Q = \frac{1}{n} \sum_{k=1}^{n} [\Phi^{-1}(\frac{k}{n+1})]^2 \quad .$$

Unter H_0 gilt

$$\text{var } \tilde{x} = \frac{n_1 \cdot n_2}{n-1} Q \, .$$

n	Q
51	0,872
52	0,874
53	0,876
54	0,877
55	0,879
56	0,880
57	0,882
58	0,884
59	0,885
60	0,887
61	0,888
62	0,889
63	0,891
64	0,892
65	0,893
66	0,894
67	0,895
68	0,897
69	0,898
70	0,899
71	0,900
72	0,901
73	0,902
74	0,903
75	0,904
76	0,905
77	0,906
78	0,907
79	0,908
80	0,908
81	0,909
82	0,910
83	0,911
84	0,912
85	0,913

n	Q
86	0,913
87	0,914
88	0,915
89	0,916
90	0,916
91	0,917
92	0,918
93	0,918
94	0,919
95	0,920
96	0,920
97	0,921
98	0,922
99	0,922
100	0,923
101	0,923
102	0,924
103	0,924
104	0,925
105	0,926
106	0,926
107	0,927
108	0,927
109	0,928
110	0,928
111	0,929
112	0,929
113	0,930
114	0,930
115	0,931
116	0,931
117	0,932
118	0,932
119	0,932
120	0,933

	Kat.1	Kat.2	
St.1	x_{11}	x_{12}	n_1
St.2	x_{21}	x_{22}	n_2
	$x_{.1}$	$x_{.2}$	n_1+n_2

Tabelle XX: *Kritische Werte der Prüfvariablen $\tilde{x}_{22}$ bzw. $\tilde{x}_{21}$ zum Vergleich zweier Anteilswerte (unabhängige Stichproben) mit Hilfe von Fishers Exact Probability Test*

Tabelliert sind für verschiedene Signifikanzniveaus (einseitige Fragestellung), alternative Paare (n_1, n_2) von Stichprobenumfängen und alternative Anzahlen x_{12} bzw. x_{11} die größten natürlichen Zahlen, die dem unteren Teil der kritischen Region bezüglich $\tilde{x}_{22}$ bzw. $\tilde{x}_{21}$ bei konservativem Testen zugehören. Ist x_{12} bzw. x_{11} gleich dem in der dritten Spalte angegebenen Werte, dann beziehen sich die genannten kritischen Werte auf die Prüfvariable $\tilde{x}_{22}$ bzw. $\tilde{x}_{21}$.

n_1	n_2	x_{12} (x_{11})	α (einseitig) 0,05	0,025	0,01
3	3	3	0	-	-
4	4	4	0	0	-
	3	4	0	-	-
5	5	5	1	1	0
		4	0	0	-
	4	5	1	0	0
		4	0	-	-
	3	5	0	0	-
	2	5	0	-	-
6	6	6	2	1	1
		5	1	0	0
		4	0	-	-
	5	6	1	0	0
		5	0	0	-
		4	0	-	-
	4	6	1	0	0
		5	0	0	-
	3	6	0	0	-
		5	0	-	-
	2	6	0	-	-
7	7	7	3	2	1
		6	1	1	0
		5	0	0	-
		4	0	-	-
	6	7	2	2	1
		6	1	0	0
		5	0	0	-
		4	0	-	-
	5	7	2	1	0
		6	1	0	0
		5	0	-	-
	4	7	1	1	0
		6	0	0	-
		5	0	-	-
	3	7	0	0	0
		6	0	-	-
	2	7	0	-	-

n_1	n_2	x_{12} (x_{11})	α (einseitig) 0,05	0,025	0,01
8	8	8	4	3	2
		7	2	2	1
		6	1	1	0
		5	0	0	-
		4	0	-	-
	7	8	3	2	2
		7	2	1	1
		6	1	0	0
		5	0	0	-
	6	8	2	2	1
		7	1	1	0
		6	0	0	0
		5	0	-	-
	5	8	2	1	1
		7	1	0	0
		6	0	0	-
		5	0	-	-
	4	8	1	1	0
		7	0	0	-
		6	0	-	-
	3	8	0	0	0
		7	0	0	-
	2	8	0	0	-
9	9	9	5	4	3
		8	3	3	2
		7	2	1	1
		6	1	1	0
		5	0	0	-
		4	0	-	-
	8	9	4	3	3
		8	3	2	1
		7	2	1	0
		6	1	0	0
		5	0	0	-

n_1	n_2	x_{12} (x_{11})	α (einseitig) 0,05	0,025	0,01
9	7	9	3	3	2
		8	2	2	1
		7	1	1	0
		6	0	0	-
		5	0	-	-
9	6	9	3	2	1
		8	2	1	0
		7	1	0	0
		6	0	0	-
		5	0	-	-
	5	9	2	1	1
		8	1	1	0
		7	0	0	-
		6	0	-	-
	4	9	1	1	0
		8	0	0	0
		7	0	0	-
		6	0	-	-
	3	9	1	0	0
		8	0	0	-
		7	0	-	-
	2	9	0	0	-
10	10	10	6	5	4
		9	4	3	3
		8	3	2	1
		7	2	1	1
		6	1	0	0
		5	0	0	-
		4	0	-	-
	9	10	5	4	3
		9	4	3	2
		8	2	2	1
		7	1	1	0
		6	1	0	0
		5	0	0	-
	8	10	4	4	3
		9	3	2	2
		8	2	1	1
		7	1	1	0
		6	0	0	-
		5	0	-	-
	7	10	3	3	2
		9	2	2	1
		8	1	1	0
		7	1	0	0
		6	0	0	-
		5	0	-	-

<u>Tabelle XXI:</u> *Kritische Werte der Prüfvariablen* $\tilde{d}_{n_1,n_2} = \sup_x |\tilde{S}^{*1}_{n_1}(x) - \tilde{S}^{*2}_{n_2}(x)|$ *beim Kolmogorov-Smirnov-Zwei-Stichproben-Test*

Tabelliert sind für den Fall gleicher und für den Fall verschiedener Stichprobenumfänge n_1, n_2 die kritischen Werte $d_{n_1,n_2}(1-\alpha)$, bei deren Überschreitung die Nullhypothese abzulehnen ist. Dabei liegt das Prinzip des konservativen Testens zugrunde.

Ist $H_0: F_{\tilde{x}_1}(x) \leq F_{\tilde{x}_2}(x)$ bzw. $F_{\tilde{x}_1}(x) \geq F_{\tilde{x}_2}(x)$ zu prüfen, dann wird die Prüfvariable

$$\tilde{d}'_{n_1,n_2} = \sup_x(\tilde{S}^{*1}_{n_1}(x) - \tilde{S}^{*2}_{n_2}(x)) \text{ bzw. } \tilde{d}''_{n_1,n_2} = \sup_x(\tilde{S}^{*2}_{n_2}(x) - \tilde{S}^{*1}_{n_1}(x))$$

verwendet. Ihre kritischen Werte können dieser Tabelle ebenfalls entnommen werden.

$n_1=n_2$	Signifikanzniveau α				$n_1=n_2$	Signifikanzniveau α			
	zweiseitiger Test					zweiseitiger Test			
	0,20	0,10	0,05	0,01		0,20	0,10	0,05	0,01
	einseitiger Test					einseitiger Test			
	0,10	0,05	0,025	0,005		0,10	0,05	0,025	0,005
4	3/4	3/4	3/4		21	6/21	7/21	8/21	10/21
5	3/5	3/5	4/5	4/5	22	7/22	8/22	8/22	10/22
					23	7/23	8/23	9/23	10/23
6	3/6	4/6	4/6	5/6	24	7/24	8/24	9/24	11/24
7	4/7	4/7	5/7	5/7	25	7/25	8/25	9/25	11/25
8	4/8	4/8	5/8	6/8					
9	4/9	5/9	5/9	6/9	26	7/26	8/26	9/26	11/26
10	4/10	5/10	6/10	7/10	27	7/27	8/27	9/27	11/27
					28	8/28	9/28	10/28	12/28
11	5/11	5/11	6/11	7/11	29	8/29	9/29	10/29	12/29
12	5/12	5/12	6/12	7/12	30	8/30	9/30	10/30	12/30
13	5/13	6/13	6/13	8/13					
14	5/14	6/14	7/14	8/14	31	8/31	9/31	10/31	12/31
15	5/15	6/15	7/15	8/15	32	8/32	9/32	10/32	12/32
					34	8/34	10/34	11/34	13/34
16	6/16	6/16	7/16	9/16	36	9/36	10/36	11/36	13/36
17	6/17	7/17	7/17	9/17	38	9/38	10/38	11/38	14/38
18	6/18	7/18	8/18	9/18	40	9/40	10/40	12/40	14/40
19	6/19	7/19	8/19	9/19	>40	$\frac{1,52}{\sqrt{n}}$	$\frac{1,73}{\sqrt{n}}$	$\frac{1,92}{\sqrt{n}}$	$\frac{2,30}{\sqrt{n}}$
20	6/20	7/20	9/20	10/20					

		Signifikanzniveau α			
		zweiseitiger Test			
n_1	n_2	0,20	0,10	0,05	0,01
		einseitiger Test			
		0,10	0,05	0,025	0,005
4	5	3/5	3/4	4/5	
	6	7/12	2/3	3/4	5/6
	7	17/28	5/7	3/4	6/7
	8	5/8	5/8	3/4	7/8
	9	5/9	2/3	3/4	8/9
	10	11/20	13/20	7/10	4/5
	12	7/12	2/3	2/3	5/6
	16	9/16	5/8	11/16	13/16
5	6	3/5	2/3	2/3	5/6
	7	4/7	23/35	5/7	6/7
	8	11/20	5/8	27/40	4/5
	9	5/9	3/5	31/45	4/5
	10	1/2	3/5	7/10	4/5
	15	8/15	3/5	2/3	11/15
	20	1/2	11/20	3/5	3/4
6	7	23/42	4/7	29/42	5/6
	8	1/2	7/12	2/3	3/4
	9	1/2	5/9	2/3	7/9
	10	1/2	17/30	19/30	11/15
	12	1/2	7/12	7/12	3/4
	18	4/9	5/9	11/18	13/18
	24	11/24	1/2	7/12	2/3
7	8	27/56	33/56	5/8	3/4
	9	31/63	5/9	40/63	47/63
	10	33/70	39/70	43/70	5/7
	14	3/7	1/2	4/7	5/7
	28	3/7	13/28	15/28	9/14
8	9	4/8	13/24	5/8	3/4
	10	19/40	21/40	23/40	7/10
	12	11/24	1/2	7/12	2/3
	16	7/16	1/2	9/16	5/8
	32	13/32	7/16	1/2	19/32
9	10	7/15	1/2	26/45	31/45
	12	4/9	1/2	5/9	2/3
	15	19/45	22/45	8/15	29/45
	18	7/18	4/9	1/2	11/18
	36	13/36	5/12	17/36	5/9
10	15	2/5	7/15	1/2	19/30
	20	2/5	9/20	1/2	3/5
	40	7/20	2/5	9/20	
12	15	23/60	9/20	1/2	7/12
	16	3/8	7/16	23/48	7/12
	18	13/36	5/12	17/36	5/9
	20	11/30	5/12	7/15	17/30
15	20	7/20	2/5	13/30	31/60
16	20	27/80	31/80	17/40	41/80

Für große n_1 und n_2 verwendet man Näherungen gemäß nachstehenden Angaben.

Signifikanzniveau α			
zweiseitiger Test			
0,20	0,10	0,05	0,01
einseitiger Test			
0,10	0,05	0,025	0,005
$1{,}07\sqrt{\frac{n_1+n_2}{n_1 n_2}}$	$1{,}22\sqrt{\frac{n_1+n_2}{n_1 n_2}}$	$1{,}36\sqrt{\frac{n_1+n_2}{n_1 n_2}}$	$1{,}63\sqrt{\frac{n_1+n_2}{n_1 n_2}}$

Tabelle XXII: *Kritische Werte zur Prüfung der Unabhängigkeit zweier Variabler mit Hilfe des Spearman-Pearsonschen Rangkorrelationskoeffizienten*

$$r_S = 1 - \frac{6\sum(\text{rg } x_i - \text{rg } y_i)^2}{n(n^2-1)}$$

Die Unabhängigkeitshypothese ist beim angegebenen zweiseitigen Signifikanzniveau α abzulehnen, falls $|r_S|$ den angegebenen oder einen noch größeren Wert aufweist (konservatives Testen).

		Stichprobenumfang n						
		4	5	6	7	8	9	10
Signifikanzniveau α	0,10	1	0,90	0,83	0,71	0,64	0,60	0,56
	0,05	-	1	0,89	0,79	0,74	0,70	0,66
	0,01	-	-	1	0,93	0,88	0,83	0,79

Ist n > 10, so beachtet man, daß unter H_o

$$\tilde{t} = \frac{\tilde{r}_S}{\sqrt{1 - \tilde{r}_S^2}} \sqrt{n - 2}$$

approximativ t-verteilt ist mit n - 2 Freiheitsgraden.

Ist n > 20, so ist $\tilde{r}_S \cdot \sqrt{n - 1}$ approximativ standardnormalverteilt.

Tabelle XXIII: *Kritische Werte zur Prüfung der Unabhängigkeit zweier Variabler mit Hilfe des Kendallschen Rangkorrelationskoeffizienten*

$$r_K = \frac{2}{n(n-1)} \sum_{1 \le i < j \le n} \sum z_{ij}$$

mit

$$z_{ij} = \operatorname{sgn}(x_j - x_i) \cdot \operatorname{sgn}(y_j - y_i)$$

($i \neq j$); gleiche Werte einer Variablen werden ausgeschlossen.

Die Unabhängigkeitshypothese ist beim angegebenen zweiseitigen Signifikanzniveau α abzulehnen, falls $|r_K|$ den angegebenen oder einen noch größeren Wert aufweist (konservatives Testen).

		Stichprobenumfang n						
		4	5	6	7	8	9	10
Signifi-	0,10	1	0,80	0,73	0,62	0,57	0,50	0,47
kanzni-	0,05	-	1	0,87	0,71	0,64	0,56	0,51
veau α	0,01	-	-	1	0,91	0,79	0,72	0,64

Ist $n > 10$, so geht man davon aus, daß $\tilde{r}_K$ unter H_o approximativ normalverteilt ist mit Erwartungswert

$$E\tilde{r}_K = 0$$

und Varianz

$$\operatorname{var} \tilde{r}_K = \frac{2(2n + 5)}{9n(n - 1)} \quad .$$

<u>Tabelle XXIV:</u> *Lokalisationsvergleich für k Verteilungen (unabhängige Stichproben) mit Hilfe des Kruskal-Wallis-Tests*

Tabelliert sind für k = 3 und $n_i \leq 5$ für die Testdurchführung geeignete Werte h der Prüfvariablen mit zugehörigen Wahrscheinlichkeiten $W(\tilde{h} \geq h)$ unter H_0. Man geht vom vorgegebenen Signifikanzniveau α über zu dem Wahrscheinlichkeitswert, der möglichst wenig unter α liegt und bei den vorliegenden Werten k und n_i in der Tabelle vorkommt. Die diesem Wahrscheinlichkeitswert zugeordnete Ausprägung der Prüfvariablen ist $h(1-\alpha)$. H_0 ist beim Signifikanzniveau α und bei konservativem Testen abzulehnen, wenn $h \geq h(1-\alpha)$ resultiert.

Für k = 3 und $n_i \geq 6$ und für k > 3 und $n_i \geq 5$ kann die Prüfverteilung durch die χ^2-Verteilung mit k − 1 Freiheitsgraden approximiert werden.

n_1	n_2	n_3	h	$W(\tilde{h} \geq h)$
2	1	1	2,7000	0,500
2	2	1	3,6000	0,200
2	2	2	4,5714	0,067
			3,7143	0,200
3	1	1	3,2000	0,300
3	2	1	4,2857	0,100
			3,8571	0,133
3	3	2	5,3572	0,029
			4,7143	0,048
			4,5000	0,067
			4,4643	0,105
3	3	1	5,1429	0,043
			4,5714	0,100
			4,0000	0,129
3	3	2	6,2500	0,011
			5,3611	0,032
			5,1389	0,061
			4,5556	0,100
			4,2500	0,121
3	3	3	7,2000	0,004
			6,4889	0,001
			5,6889	0,029
			5,6000	0,050
			5,0667	0,086
			4,6222	0,100
4	1	1	3,5714	0,200
4	2	1	4,8214	0,057
			4,5000	0,076
			4,0179	0,114
4	2	2	6,0000	0,014
			5,3333	0,033
			5,1250	0,052
			4,4583	0,100
			4,1667	0,105

n_1	n_2	n_3	h	$W(\tilde{h} \geq h)$
4	3	1	5,8333	0,021
			5,2083	0,050
			5,0000	0,057
			4,0556	0,093
			3,8889	0,129
4	3	2	6,4444	0,008
			6,3000	0,011
			5,4444	0,046
			5,4000	0,051
			4,5111	0,098
			4,4444	0,102
4	3	3	6,7455	0,010
			6,7091	0,013
			5,7909	0,046
			5,7273	0,050
			4,7091	0,092
			4,7000	0,101
4	4	1	6,6667	0,010
			6,1667	0,022
			4,9667	0,048
			4,8667	0,054
			4,1667	0,082
			4,0667	0,102
4	4	2	7,0364	0,006
			6,8727	0,011
			5,4545	0,046
			5,2364	0,052
			4,5545	0,098
			4,4455	0,103
4	4	3	7,1439	0,010
			7,1364	0,011
			5,5985	0,049
			5,5758	0,051
			4,5455	0,099
			4,4773	0,102

n_1	n_2	n_3	h	$W(\tilde{h} \geq h)$
4	4	4	7,6538	0,008
			7,5385	0,011
			5,6923	0,049
			5,6538	0,054
			4,6539	0,097
			4,5001	0,104
5	1	1	3,8571	0,143
5	2	1	5,2500	0,036
			5,0000	0,048
			4,4500	0,071
			4,2000	0,095
			4,0500	0,119
5	2	2	6,5333	0,005
			6,1333	0,013
			5,1600	0,034
			5,0400	0,056
			4,3733	0,090
			4,2933	0,112
5	3	1	6,4000	0,012
			4,9600	0,048
			4,8711	0,052
			4,0178	0,095
			3,8400	0,123
5	3	2	6,9091	0,009
			6,8281	0,010
			5,2509	0,049
			5,1055	0,052
			4,6509	0,091
			4,4121	0,101
5	3	3	7,0788	0,009
			6,9818	0,011
			5,6485	0,049
			5,5152	0,097
			4,4121	0,109
5	4	1	6,9545	0,008
			6,8400	0,011
			4,9855	0,044
			4,8600	0,056
			3,9873	0,098
			3,9600	0,102
5	4	2	7,2045	0,009
			7,1182	0,010
			5,2727	0,049
			5,2682	0,050
			4,5409	0,098
			4,5182	0,101

n_1	n_2	n_3	h	$W(\tilde{h} \geq h)$
5	4	3	7,4449	0,110
			7,3949	0,011
			5,6564	0,049
			5,6308	0,050
			4,5487	0,099
			4,5231	0,103
5	4	4	7,7604	0,009
			7,7440	0,011
			5,6571	0,049
			5,6176	0,050
			4,6187	0,100
			4,5527	0,102
5	5	1	7,3091	0,009
			6,8364	0,011
			5,1273	0,046
			4,9091	0,053
			4,1091	0,086
			4,0364	0,105
5	5	2	7,3385	0,010
			7,2692	0,010
			5,3385	0,047
			5,2462	0,051
			4,6231	0,097
			4,5077	0,100
5	5	3	7,5780	0,010
			7,5429	0,010
			5,7055	0,046
			5,6264	0,051
			4,5451	0,100
			4,5363	0,102
5	5	4	7,8229	0,010
			7,7914	0,010
			5,6657	0,049
			5,6429	0,050
			4,5229	0,100
			4,5200	0,101
5	5	5	8,0000	0,009
			7,9800	0,010
			5,7800	0,049
			5,6600	0,051
			4,5600	0,100
			4,5000	0,102

Tabelle XXV: *Einseitiger Lokalisationsvergleich für k Verteilungen (unabhängige Stichproben) mit Hilfe des Tests von Jonckheere*

Tabelliert sind für k = 3 und $2 \leq n_i \leq 5$ für die Testdurchführung geeignete Werte w der Prüfvariablen mit zugehörigen Wahrscheinlichkeiten $W(\tilde{w} \geq w)$ unter H_o. Man geht vom vorgegebenen Signifikanzniveau α über zu dem Wahrscheinlichkeitswert, der möglichst wenig unter α liegt und bei den vorliegenden Werten k und n_i in der Tabelle vorkommt. Die diesem Wahrscheinlichkeitswert zugeordnete Ausprägung der Prüfvariablen ist w(1-α). H_o ist beim Signifikanzniveau α und bei konservativem Testen abzulehnen, wenn $w \geq w(1-\alpha)$ resultiert.

n_1	n_2	n_3	w	$W(\tilde{w} \geq w)$
2	2	2	12	0,011
			11	0,033
			10	0,089
			8	0,167
3	2	2	16	0,005
			15	0,014
			14	0,038
			13	0,076
			12	0,138
3	3	2	21	0,002
			20	0,005
			19	0,014
			18	0,030
			17	0,057
			16	0,096
			15	0,152
3	3	3	25	0,005
			24	0,011
			23	0,021
			22	0,037
			21	0,061
			20	0,095
			19	0,139
4	2	2	20	0,002
			19	0,007
			18	0,019
			17	0,038
			16	0,071
			15	0,117
4	3	2	25	0,002
			24	0,006
			23	0,014
			22	0,026
			21	0,045
			20	0,074
			19	0,112
4	3	3	30	0,004
			29	0,009
			28	0,016
			27	0,026
			26	0,042
			25	0,064
			24	0,093
			23	0,130
4	4	2	30	0,003
			29	0,005
			28	0,011
			27	0,019
			26	0,032
			25	0,050
			24	0,076
			23	0,108
4	4	3	36	0,003
			35	0,006
			34	0,010
			33	0,017
			32	0,027
			31	0,040
			30	0,058
			29	0,080
			28	0,109
4	4	4	42	0,004
			41	0,006
			40	0,010
			39	0,015
			38	0,023
			37	0,033
			36	0,046
			35	0,063
			34	0,084
			33	0,110

n_1	n_2	n_3	w	$W(\tilde{w} \geq w)$
5	2	2	23	0,004
			22	0,010
			21	0,021
			20	0,040
			19	0,066
			18	0,105
5	3	2	29	0,003
			28	0,007
			27	0,013
			26	0,023
			25	0,038
			24	0,059
			23	0,088
			22	0,124
5	3	3	35	0,004
			34	0,007
			33	0,012
			32	0,020
			31	0,031
			30	0,046
			29	0,066
			28	0,092
			27	0,124
5	4	2	34	0,005
			33	0,009
			32	0,015
			31	0,024
			30	0,037
			29	0,054
			28	0,077
			27	0,105
5	4	3	41	0,004
			40	0,007
			39	0,012
			38	0,018
			37	0,027
			36	0,038
			35	0,053
			33	0,095
			32	0,123

Für große Teilstichprobenumfänge kann die Prüfverteilung approximiert werden durch die Normalverteilung mit den Parametern

n_1	n_2	n_3	w	$W(\tilde{w} \geq w)$
5	4	4	48	0,004
			47	0,006
			46	0,010
			45	0,014
			44	0,020
			43	0,028
			42	0,039
			41	0,052
			39	0,087
			38	0,111
5	5	2	40	0,004
			39	0,006
			38	0,011
			36	0,025
			35	0,036
			34	0,050
			32	0,092
			31	0,119
5	5	3	47	0,005
			46	0,007
			45	0,011
			43	0,023
			42	0,032
			41	0,044
			40	0,058
			38	0,097
			37	0,122
5	5	4	55	0,004
			54	0,006
			53	0,008
			52	0,012
			50	0,022
			49	0,030
			48	0,039
			47	0,051
			45	0,082
			44	0,101
5	5	5	62	0,004
			61	0,006
			60	0,009
			59	0,012
			57	0,021
			56	0,028
			54	0,046
			53	0,057
			51	0,087
			50	0,105

$$E\tilde{w} = \frac{1}{4}(n^2 - \sum_{i=1}^{k} n_i^2) \quad \text{und} \quad \operatorname{var} \tilde{w} = \frac{1}{72}[n^2(2n+3) - \sum_{i=1}^{k} n_i^2(n_i+3)] .$$

Tabelle XXVI: *Lokalisationsvergleich für k Verteilungen (abhängige Stichproben) mit Hilfe des Friedman-Tests*

Tabelliert sind für k=3 und n=2,...,12, für k=4 und n=2,...,8 und für k=5 und n=3,4,5 für die Testausführung geeignete Werte r der Prüfvariablen mit zugehörigen Wahrscheinlichkeiten $W(\tilde{r} \geq r)$ unter H_o. Man geht vom vorgegebenen Signifikanzniveau α über zu dem Wahrscheinlichkeitswert, der möglichst wenig unter α liegt und bei den vorliegenden Werten k und n in der Tabelle vorkommt. Die diesem Wahrscheinlichkeitswert zugeordnete Ausprägung der Prüfvariablen ist r(1-α). H_o ist beim Signifikanzniveau α und bei konservativem Testen abzulehnen, wenn r ≥ r(1-α) resultiert.

k	n	r	$W(\tilde{r} \geq r)$
3	2	4	0,167
3	3	4,667	0,194
		6,000	0,028
3	4	4,5	0,125
		6,0	0,069
		6,5	0,042
		8,0	0,005
3	5	4,8	0,124
		5,2	0,093
		6,4	0,039
		7,6	0,024
		8,4	0,008
		10,0	0,001
3	6	4,333	0,142
		5,333	0,972
		6,333	0,052
		7,000	0,029
		8,333	0,012
		9,000	0,008
		9,333	0,006
		10,333	0,002
		12,000	0,000
3	7	4,571	0,112
		5,429	0,085
		6,000	0,051
		7,143	0,027
		7,714	0,021
		8,000	0,016
		8,857	0,008
		10,286	0,004
		10,571	0,003
		11,143	0,001
		12,286	0,000

k	n	r	$W(\tilde{r} \geq r)$
3	8	4,75	0,120
		5,25	0,079
		6,25	0,047
		6,75	0,038
		7,00	0,030
		7,75	0,018
		9,00	0,010
		9,25	0,008
		9,75	0,005
		10,75	0,002
		12,00	0,001
		12,25	0,001
		13,00	0,000
3	9	4,667	0,107
		5,556	0,069
		6,000	0,057
		6,222	0,048
		6,889	0,031
		8,000	0,019
		8,222	0,016
		8,667	0,010
		9,556	0,006
		10,667	0,004
		10,889	0,003
		11,556	0,001
		12,667	0,001
		13,556	0,000
3	10	4,2	0,135
		5,0	0,092
		5,4	0,078
		5,6	0,066
		6,2	0,046
		7,2	0,030
		7,4	0,026

k	n	r	W($\tilde{r}\geq r$)
3	10	7,8	0,018
		8,6	0,012
		9,6	0,007
		9,8	0,006
		10,4	0,003
		11,4	0,002
		12,2	0,001
		12,8	0,001
		13,4	0,000
3	11	4,545	0,116
		4,909	0,100
		5,091	0,087
		5,636	0,062
		6,545	0,043
		6,747	0,038
		7,091	0,027
		7,818	0,019
		8,727	0,013
		8,909	0,011
		9,455	0,006
		10,364	0,004
		11,091	0,003
		11,455	0,002
		11,636	0,001
		13,273	0,001
		13,636	0,000
3	12	4,667	0,108
		5,167	0,080
		6,000	0,058
		6,167	0,051
		6,500	0,038
		7,167	0,027
		8,000	0,020
		8,167	0,017
		8,667	0,011
		9,500	0,007
		10,167	0,005
		10,500	0,004
		10,667	0,003
		11,167	0,002
		12,167	0,002
		12,500	0,001
		13,167	0,001
		13,500	0,000
4	2	5,4	0,167
		6,0	0,042
4	3	5,8	0,148
		6,6	0,075
		7,0	0,054
		7,4	0,033
		8,2	0,017
		9,0	0,002

k	n	r	W($\tilde{r}\geq r$)
4	4	6,0	0,105
		6,3	0,094
		6,6	0,077
		6,9	0,068
		7,2	0,054
		7,5	0,052
		7,8	0,036
		8,1	0,033
		8,4	0,019
		8,7	0,014
		9,3	0,012
		9,6	0,007
		9,9	0,006
		10,2	0,003
		10,8	0,002
		11,1	0,001
		12,0	0,000
4	5	6,12	0,107
		6,36	0,093
		6,84	0,075
		7,08	0,067
		7,32	0,055
		7,80	0,044
		8,04	0,034
		8,28	0,031
		8,76	0,023
		9,00	0,020
		9,24	0,017
		9,72	0,012
		9,96	0,009
		10,20	0,007
		10,68	0,005
		10,92	0,003
		11,16	0,002
		11,88	0,002
		12,12	0,001
		12,60	0,001
		12,84	0,000
4	6	6,2	0,108
		6,4	0,089
		6,6	0,088
		6,8	0,073
		7,0	0,066
		7,2	0,060
		7,4	0,056
		7,6	0,043
		7,8	0,041
		8,0	0,037
		8,2	0,035
		8,4	0,032
		8,6	0,029
		8,8	0,023
		9,0	0,022
		9,4	0,017

k	n	r	W($\tilde{r}\geq r$)
4	6	9,6	0,014
		9,8	0,013
		10,0	0,010
		10,2	0,010
		10,4	0,009
		10,6	0,007
		10,8	0,006
		11,0	0,006
		11,4	0,004
		11,6	0,003
		11,8	0,003
		12,0	0,002
		12,2	0,002
		12,6	0,001
		13,4	0,001
		13,6	0,000
4	7	6,257	0,100
		6,429	0,093
		6,600	0,085
		6,943	0,073
		7,114	0,063
		7,286	0,056
		7,629	0,052
		7,800	0,041
		7,971	0,038
		8,314	0,035
		8,486	0,033
		8,647	0,030
		9,000	0,023
		9,171	0,020
		9,343	0,017
		9,686	0,015
		9,857	0,013
		10,029	0,012
		10,371	0,010
		10,543	0,009
		10,714	0,008
		11,057	0,007
		11,229	0,005
		11,400	0,004
		11,743	0,004
		11,914	0,003
		12,086	0,003
		12,429	0,002
		12,771	0,002
		13,114	0,001
		14,143	0,001
		14,486	0,000
4	8	6,30	0,100
		6,45	0,094
		6,60	0,081
		6,75	0,079
		7,05	0,068
		7,20	0,060
		7,35	0,058

k	n	r	W($\tilde{r}\geq r$)
4	8	7,50	0,051
		7,65	0,049
		7,80	0,046
		7,95	0,042
		8,10	0,038
		8,25	0,037
		8,55	0,031
		8,70	0,028
		8,85	0,025
		9,00	0,023
		9,15	0,022
		9,45	0,019
		9,60	0,016
		9,75	0,015
		9,90	0,014
		10,05	0,014
		10,20	0,011
		10,35	0,011
		10,50	0,009
		10,65	0,009
		10,80	0,008
		10,95	0,008
		11,10	0,006
		11,25	0,006
		11,40	0,005
		11,55	0,005
		11,85	0,004
		12,15	0,004
		12,30	0,003
		12,45	0,003
		12,60	0,002
		13,20	0,002
		13,35	0,001
		14,70	0,001
		14,85	0,000
5	3	7,200	0,117
		7,467	0,096
		7,733	0,080
		8,000	0,063
		8,267	0,056
		8,533	0,045
		8,800	0,038
		9,067	0,028
		9,333	0,026
		9,600	0,017
		9,867	0,015
		10,133	0,008
		10,400	0,005
		10,667	0,004
		10,933	0,003
		11,467	0,001
		12,000	0,000

k	n	r	$W(\tilde{r} \geq r)$
5	4	7,4	0,113
		7,6	0,095
		7,8	0,086
		8,0	0,080
		8,2	0,072
		8,4	0,063
		8,6	0,060
		8,8	0,049
		9,0	0,043
		9,2	0,038
		9,4	0,035
		9,6	0,028
		9,8	0,025
		10,0	0,021
		10,2	0,019
		10,4	0,017
		10,6	0,014
		10,8	0,011
		11,0	0,010
		11,2	0,008
		11,4	0,007
		11,6	0,006
		11,8	0,005
		12,0	0,004
		12,2	0,004
		12,4	0,003
		12,6	0,002
		12,8	0,002
		13,0	0,001
		13,6	0,001
		13,8	0,000

k	n	r	$W(\tilde{r} \geq r)$
5	5	7,52	0,107
		7,68	0,094
		7,84	0,089
		8,00	0,082
		8,16	0,077
		8,32	0,073
		8,48	0,066
		8,64	0,058
		8,80	0,056
		8,96	0,049
		9,12	0,046
		9,44	0,038
		9,60	0,035
		9,76	0,032
		9,92	0,029
		10,08	0,026
		10,24	0,024
		10,40	0,022
		10,56	0,019
		10,72	0,018
		10,88	0,015
		11,04	0,013
		11,20	0,012
		11,36	0,012
		11,52	0,010
		11,68	0,009
		11,84	0,008
		12,00	0,007
		12,16	0,006
		12,32	0,006
		12,48	0,005
		12,64	0,004
		12,80	0,004
		12,96	0,003
		13,28	0,003
		13,44	0,002
		13,92	0,002
		14,08	0,001
		14,88	0,001
		15,04	0,000

Für $n \geq 8$ kann die Prüfverteilung durch die χ^2-Verteilung mit k-1 Freiheitsgraden approximiert werden.

Tabelle XXVII: *Einseitiger Lokalisationsvergleich für k Verteilungen (abhängige Stichproben) mit Hilfe des Testes von Page*

Tabelliert sind für k=3 und n=2,...,20 und für k=4,...,8 und n=2,...,12 die kritischen Werte der Prüfvariablen für verschiedene Signifikanzniveaus (Adjustierung des Signifikanzniveaus). H_o ist beim ungefähren Signifikanzniveau α abzulehnen, wenn der Tabellenwert erreicht oder überschritten wird.

k	n	Signifikanzniveau α		
		0,05	0,01	0,001
3	2	28		
	3	41	42	
	4	54	55	56
	5	66	68	70
	6	79	81	83
	7	91	93	96
	8	104	106	109
	9	116	119	121
	10	128	131	134
	11	141	144	147
	12	153	156	160
	13	165	169	172
	14	178	181	185
	15	190	194	197
	16	202	206	210
	17	215	218	223
	18	227	231	235
	19	239	243	248
	20	251	256	260
4	2	58	60	
	3	84	87	89
	4	111	114	117
	5	137	141	145
	6	163	167	172
	7	189	193	198
	8	214	220	225
	9	240	246	252
	10	266	272	278
	11	292	298	305
	12	317	324	331
5	2	103	106	109
	3	150	155	160
	4	197	204	210
	5	244	251	259
	6	291	299	307
	7	338	346	355
	8	384	393	403
	9	431	441	451
	10	477	487	499
	11	523	534	546
	12	570	581	593

k	n	Signifikanzniveau α		
		0,05	0,01	0,001
6	2	166	173	178
	3	244	252	260
	4	321	331	341
	5	397	409	420
	6	474	486	499
	7	550	563	577
	8	625	640	655
	9	701	717	733
	10	777	793	811
	11	852	869	888
	12	928	946	965
7	2	252	261	269
	3	370	382	394
	4	487	501	516
	5	603	620	637
	6	719	737	757
	7	835	855	876
	8	950	972	994
	9	1065	1088	1113
	10	1180	1205	1230
	11	1295	1321	1348
	12	1410	1437	1465
8	2	362	376	388
	3	532	549	567
	4	701	722	743
	5	869	893	917
	6	1037	1063	1090
	7	1204	1232	1262
	8	1371	1401	1433
	9	1537	1569	1603
	10	1703	1736	1773
	11	1868	1905	1943
	12	2035	2072	2112

Tabelle XXVIII: *Obere Quantile der Verteilung der Spannweite von n unabhängigen standardnormalverteilten Variablen*

Tabelliert sind für Anzahlen n = 3,...,10 unabhängiger standardnormalverteilter Variabler ausgewählte obere Quantile der Verteilung der Spannweite.

Anzahl n der Variablen	Ordnung des Quantils				
	0,90	0,95	0,975	0,99	0,995
3	2,90	3,31	3,68	4,12	4,42
4	3,24	3,63	3,98	4,40	4,69
5	3,48	3,86	4,20	4,60	4,89
6	3,66	4,03	4,36	4,76	5,03
7	3,81	4,17	4,49	4,88	5,15
8	3,93	4,29	4,60	4,99	5,25
9	4,04	4,39	4,70	5,08	5,34
10	4,13	4,47	4,78	5,16	5,42

<u>Tabelle XXIX:</u> *Obere Quantile der Verteilung des Maximums von n standardnormalverteilten Zufallsvariablen, welche mit identischen Koeffizientenwerten* $\rho = 0{,}5$ *korreliert sind.*

Tabelliert sind für Anzahlen n = 3,...,10 standardnormalverteilter Zufallsvariabler, welche je paarweise den Korrelationskoeffizienten $\rho = 0{,}5$ aufweisen, ausgewählte obere Quantile der Verteilung des Maximums.

Anzahl n der Variablen	Ordnung des Quantils			
	0,90	0,95	0,975	0,99
3	1,735	2,064	2,350	2,685
4	1,838	2,160	2,442	2,772
5	1,916	2,233	2,511	2,837
6	1,978	2,290	2,567	2,889
7	2,029	2,340	2,613	2,933
8	2,072	2,381	2,652	2,970
9	2,109	2,417	2,686	3,002
10	2,142	2,448	2,716	3,031

Literaturverzeichnis

Adams, E.W., Fagot, R.F., Robinson, R.E.: A theory of appropriate statistics. Psychometrika 30, 99-127 (1965).

Alexander, D.A., Quade, D.: On the Kruskal-Wallis three sample H-statistic. University of North Carolina, Department of Biostatistics, Manuskript Nr. 602 (1968).

Ansari, A.R., Bradley, R.A.: Rank-sum tests for dispersion. The Annals of Mathematical Statistics 31, 1174-1189 (1960).

Barton, D.E., David, F.N.: Multiple runs. Biometrika 44, 168-178 (1957).

Beier-Küchler, I., Neumann, P.: Über die Klassenwahl beim χ^2-Anpassungstest. Mathematische Operationsforschung und Statistik 1, 55-68 (1970).

Bickel, P.J., Doksum, K.A.: Mathematical statistics: Basic ideas and selected topics. San Francisco (1976).

Birnbaum, Z.W.: Numerical tabulation of the distribution of Kolmogorov's statistic for finite sample size. Journal of the American Statistical Association 47, 425-441 (1952).

Birnbaum, Z.W., Hall, R.A.: Small sample distributions for multisample statistics of the Smirnov type. The Annals of Mathematical Statistics 31, 710-720 (1960).

Bradley, J.V.: Distribution-free statistical tests. Englewood Cliffs N.J. (1968).

Brunner, E.: Verteilungsfreie Methoden in mehrfaktoriellen Versuchsplänen. Abstract zu einem Vortrag beim 27. Biometrischen Kolloquium in Bad Nauheim. Biometrics 37, 598 (1981).

Brunner, E., Neumann, N.: Ein Rangtest für ein gemischtes Modell mit Wechselwirkungen. EDV in Medizin und Biologie 12, 38-41 (1981).

Büning, H.: Optimale Eigenschaften von Rangtests für das Zwei-Stichproben-Problem und ihre relative Effizienz zu parametrischen Testverfahren. Dissertation, Berlin (1973).

Büning, H., Trenkler, G.: Nichtparametrische statistische Methoden. Berlin-New York (1978).

Capon, J.: Asymptotic efficiency of certain locally most powerful rank tests. The Annals of Mathematical Statistics 32, 88-100 (1961).

Chernoff, H., Lehmann, E.L.: The use of the maximum likelihood estimates in χ^2-tests for goodness of fit. The Annals of Mathematical Statistics 25, 579-586 (1954).

Cochran, W.G.: The comparison of percentages in matched samples. Biometrika 37, 256-266 (1950).

Cochran, W.G.: The χ^2-test of goodness of fit. The Annals of Mathematical Statistics 23, 315-345 (1952).

Cochran, W.G.: Sampling techniques. 3. Auflage, New York usw. (1977).

Cochran, W.G., Cox, G.M.: Experimental designs. 2. Auflage, New York (1957).

Conover, W.J.: Practical nonparametric statistics. New York usw. (1971).

Cramér, H.: Mathematical methods of statistics. Princeton (1946).

David, F.N., Barton, D.E.: A test for birth-order effects. Annals of Human Eugenics 22, 250-257 (1958).

Dickmann, H.: Trennschärfevergleich von Prüffunktionen bei Anpassungstests auf Gleichverteilung. Allgemeines Statistisches Archiv 61, 290-309 (1977).

Doksum, K.: Robust procedures for some linear models with one observation per cell. The Annals of Mathematical Statistics 38, 878-883 (1967).

Dunn, O.J.: Multiple comparisons using rank sums. Technometrics 6, 241-252 (1964).

Dunnett, C.W.: New tables for multiple comparisons with a control. Biometrics 20, 482-491 (1964).

Edgington, E.S.: Probability table for number of runs of signs of first differences in ordered series. Journal of the American Statistical Association 56, 156-159 (1961).

Elteren, P. van, Noether, G.E.: The asymptotic efficiency of the χ_r^2-test for a balanced incomplete block design. Biometrika 46, 475-477 (1959).

Fahrmeir, L., Hamerle, A. (Hrsg.): Multivariate statistische Verfahren. Berlin-New York (1984).

Fisz, M.: Wahrscheinlichkeitsrechnung und mathematische Statistik. 10. Auflage, Berlin (1980).

Freund, J.E., Ansari, A.R.: Two way rank sum test for variances. Technical Report Nr. 34, Virginia Polytechnic Institute, Blacksburg (1957).

Friedman, M.: The use of ranks to avoid the assumption of normality implied in the analysis of variance. Journal of the American Statistical Association 32, 675-701 (1937).

Gibbons, J.D.: Nonparametric statistical inference. New York usw. (1971).

Goodman, L.A.: Kolmogorov-Smirnov tests for psychological research. Psychological Bulletin 51, 160-168 (1954).

Goodman, L.A.: Simultaneous confidence limits for cross-product ratios in contingency tables. Journal of the Royal Statistical Society, Series B, 26, 86-102 (1964).

Graf, U., Henning, H.-J., Stange, K.: Formeln und Tabellen der mathematischen Statistik. 2. Auflage, Berlin-Heidelberg-New York (1967).

Gumbel, E.G.: On the reliability of the classical chi-square test. The Annals of Mathematical Statistics 14, 253-263 (1943).

Gupta, S.S.: Probability integrals of multivariate normal and multivariate t. The Annals of Mathematical Statistics 34, 792-828 (1963).

Hájek, J.: A course in nonparametric statistics. San Francisco usw. (1969).

Hájek, J., Šidák, Z.: Theory of rank tests. New York-London-Prag (1967).

Hamerle, A.: A note on multiple comparisons for randomized complete blocks with a binary response. Biometrical Journal 20, 743-748 (1978).

Hamerle, A.: Treatment-Vergleiche bei kategorialen Daten und unabhängigen Stichproben. Psychologische Beiträge 21, 112-124 (1979).

Hamerle, A., Kemény, P.: Über ein multiples Testmodell für binäre Daten und k unabhängige Stichproben. Statistische Hefte 19, 262-267 (1978).

Hamerle, A., Kemény, P.: Simultane Gruppenvergleiche bei uneingeschränkt zufälligen Designs und dichotomen Erhebungsdaten. Zeitschrift für Sozialpsychologie 10, 220-225 (1979).

Hansen, M.H., Hurwitz, W.N., Madow, W.G.: Sample survey methods and theory. Vol. I, Vol. II. New York-London (1953).

Harter, H.L.: New tables of the incomplete gamma-function and of percentage points of the chi-square and beta distributions. Washington (1964).

Helmholtz, H.V.: Zählen und Messen, erkenntnistheoretisch betrachtet. In: Philosophische Aufsätze, Eduard Zeller gewidmet. Leipzig (1887).

Henning, H.-J., Wartmann, R.: Stichproben kleinen Umfanges im Wahrscheinlichkeitsnetz. Mitteilungsblatt für Mathematische Statistik 9, 168-181 (1957).

Henning, H.-J., Wartmann, R.: Statistische Auswertung im Wahrscheinlichkeitsnetz. Kleiner Stichprobenumfang und Zufallsstreubereich. Zeitschrift für die gesamte Textilindustrie 60, 19-24 (1958).

Hettmansperger, T.P.: Non-parametric inference for ordered alternatives in a randomized block design. Psychometrika 40, 53-62 (1975).

Hilgers, R.: Mehrfaktorielle Pläne mit festen Effekten. Abstract zu einem Vortrag beim 27. Biometrischen Kolloquium in Bad Nauheim. Biometrics 37, 599 (1981).

Hilgers, R.: Nichtparametrische Tests in faktoriellen Versuchsplänen. Vortrag auf der Tagung der experimentiellen Psychologen, Trier (1982).

Hodges, J.L., Jr., Lehmann, E.L.: The efficiency of some nonparametric competitors of the t-test. The Annals of Mathematical Statistics 27, 324-335 (1956).

Hoeffding, W.: A class of statistics with asymptotically normal distribution. The Annals of Mathematical Statistics 19, 293-325 (1948).

Hölder, O.: Die Axiome der Quantität und die Lehre vom Maß. Berichte über die Verhandlungen der Königlich Sächsischen Gesellschaft der Wissenschaften zu Leipzig, mathematisch-physikalische Klasse, 53, 1-64 (1901).

Hogg, R.V., Craig, A.T.: Introduction to mathematical statistics. 4. Auflage, New York usw. (1978).

Hollander, M., Wolfe, D.A.: Nonparametric statistical methods. New York usw. (1973).

Holm, S.: A simple sequentially rejective test procedure. Scandinavian Journal of Statistics 6, 65-70 (1979).

Jöhnk, M.D.: Erzeugen und Testen von Zufallszahlen. Würzburg (1969).

Jonckheere, A.R.: A distribution free k-sample test against ordered alternatives. Biometrika 41, 133-145 (1954).

Kellerer, H.: Theorie und Technik des Stichprobenverfahrens. 3. Auflage, München (1963).

Kendall, M.: Rank correlation methods. 4. Auflage, London und High Wycombe (1970).

Kendall, M.G.: Rank correlation methods. 4. Auflage, London und High Wycombe (1970).

Kirk, R.E.: Experimental design: procedures for the behavioral sciences. Belmont Ca. (1968).

Kish, L.: Survey Sampling. New York usw. (1965).

Klein, H.: Über die Streugrenzen statistischer Verteilungskurven. Eine kritische Betrachtung zur Methodik der Großzahlforschung. Mitteilungsblatt für Mathematische Statistik 6, 140-163 (1954).

Klotz, J.: Nonparametric tests for scale. The Annals of Mathematical Statistics 33, 498-512 (1962).

Köcher, D., Matt, G., Oertel, C., Schneeweiß, H.: Einführung in die Simulationstechnik. Deutsche Gesellschaft für Operations Research, Schrift 5, Frankfurt (Main) (1972).

Kosziol, J.A., Reid, N.: On the asymptotic equivalence of two ranking methods for K-sample linear rank statistics. The Annals of Statistics 5, 1099-1106 (1977).

Kraft, C.H., Eeden, C. van: A nonparametric introduction to statistics. New York und London (1968).

Krantz, D.H., Luce, R.D., Suppes, P., Tversky, A.: Foundations of measurement. Vol. 1: Additive and polynomial representations. New York usw. (1971).

Kruskal, W.H.: A nonparametric test for the several sample problem. The Annals of Mathematical Statistics 23, 525-540 (1952).

Kruskal, W.H., Wallis, W.A.: Use of ranks in one-criterion variance analysis. Journal of the American Statistical Association 47, 583-621 (1952).

Lehmann, E.L.: Robust estimation in analysis of variance. The Annals of Mathematical Statistics 34, 957-966 (1963).

Lehmann, E.L.: Asymptotically nonparametric inference: An alternative approach to linear models. The Annals of Mathematical Statistics 34, 1494-1506 (1963 a).

Lehmann, E.L.: Nonparametrics. Statistical methods based on ranks San Francisco (1975).

Lienert, G.A.: Verteilungsfreie Methoden in der Biostatistik. Band I. 2. Auflage, Meisenheim (1973).

Mann, H.B., Wald, A.: On the choice of the number of intervals in the application of the chi-square test. The Annals of Mathematical Statistics 13, 306-317 (1942).

Mann, H.B., Whitney, D.R.: On a test whether one of two random variables is stochastically larger than the other. The Annals of Mathematical Statistics 18, 50-60 (1947).

Marascuilo, L.A., McSweeney, M.: Nonparametric post hoc comparisons for trend. Psychological Bulletin 67, 401-412 (1967).

Marascuilo, L.A., McSweeney, M.: Nonparametric and distribution-free methods for the social sciences. Monterey (1977).

Marcus, R., Peritz, E., Gabriel, K.R.: On closed testing procedures with special reference to ordered analysis of variance. Biometrika 63, 655-660 (1976).

Massey, F.J., Jr.: A note on the power of a non-parametric test. The Annals of Mathematical Statistics 21, 440-443 (1950).

Massey, F.J., Jr.: The distribution of the maximum deviation between two sample cumulative step functions. The Annals of Mathematical Statistics 22, 125-128 (1951).

Massey, F.J., Jr.: The Kolmogorov-Smirnov test of goodness of fit. Journal of the American Statistical Association 46, 68-78 (1951 a).

Massey, F.J.: Distribution table for the deviation between two sample cumulatives. The Annals of Mathematical Statistics 23, 435-441 (1952).

McSweeney, M., Penfield, D.A.: The normal scores test for the c-sample problem. British Journal of Mathematical and Statistical Psychology 22, 177-192 (1969).

Miller, R.G., Jr.: Simultaneous statistical inference. 2. Auflage, New York-Heidelberg-Berlin (1981).

Milton, R.C.: Rank order probabilities. New York (1970).

Mood, A.M.: On the asymptotic efficiency of certain nonparametric two sample tests. The Annals of Mathematical Statistics 25, 514-522 (1954).

Naik, U.D.: Some selection rules for comparing p procedures with a standard. Communications in Statistics 4, 519-535 (1975).

Neyman, J.: Contribution to the theory of the χ^2-test. Proceedings of the 1st Berkeley Symposion on Mathematical Statistics and Probability, 239-272 (1949).

Noether, G.E.: Elements of nonparametric statistics. New York-London-Sydney (1967).

Orth, B.: Einführung in die Theorie des Messens. Stuttgart (1974).

O.V.: Auswertungsblock für Gaußisch (normal) verteilte Werte nach *Rempel-Paßmann*. Ausschuß für wirtschaftliche Fertigung e.V., Best.-Nr. AWF 172a, Berlin und Köln (1963).

Owen, D.B.: Handbook of statistical tables. Reading Mass. usw. (1962).

Page, E.B.: Ordered hypotheses for multiple treatments: a significance test for linear ranks. Journal of the American Statistical Association 58, 216-230 (1963).

Pearson, E.S., Hartley, H.O.: Biometrika tables for statisticians, Vol. I. 3. Auflage, Cambridge (1976).

Pearson, E.S., Hartley, H.O.: Biometrika tables for statisticians, Vol. II. Cambridge (1976).

Pearson, K.: Tables of the incomplete beta-function. Cambridge (1956).

Pfanzagl, J.: Theory of Measurement. 2. Auflage, Würzburg-Wien (1971).

Pirie, W.R., Hollander, M.: A distribution-free normal scores test for ordered alternatives in the randomized block design. Journal of the American Statistical Association 67, 855-857 (1972).

Pitman, E.J.G.: Lecture notes on non-parametric inference. University of North Carolina, mimeographed (1948).

Puri, M.L.: Some distribution-free k-sample rank tests of homogeneity against ordered alternatives. Communications on Pure and Applied Mathematics 18, 51-63 (1965).

Raj, D.: Sampling theory. New York usw. (1968).

Rao, C.R.: Linear statistical inference and its applications. 2. Auflage, New York usw. (1973).

Rijkoort, P.J., Wise, M.E.: Simple approximations and monograms for two ranking tests. Indagationes Mathematicae 15, 294-302 und 407 (1953).

Rothe, G.: Nichtparametrische Tests auf Trend. Vortrag beim 29. Biometrischen Kolloquium in Bad Nauheim (1983).

Ruff, A.: Neue Vorschläge zur Erzeugung von Zufallszahlen. Dissertation, Regensburg (1977).

Rytz, C.: Ausgewählte parameterfreie Prüfverfahren im 2- und k-Stichproben-Fall, Zweiter Teil. Metrika 13, 17-71 (1968).

Schaich, E.: Schätz- und Testmethoden für Sozialwissenschaftler. München (1977).

Schaich, E.: Zwei mehrschrittige Anpassungsteste. Allgemeines Statistisches Archiv 66, 141-163 (1982).

Schaich, E.: Grundlagen der statistischen Hypothesenprüfung. Wirtschaftswissenschaftliches Studium 11, 212-219 (1982 a).

Schaich, E.: Testverfahren in der Ökonometrie. Wirtschaftswissenschaftliches Studium 11, 271-275 (1982 b).

Schaich, E., Köhle, D., Schweitzer, W., Wegner, F.: Statistik I für Volkswirte, Betriebswirte und Soziologen. 2. Auflage, München (1979).

Schaich, E., Köhle, D., Schweitzer, W., Wegner, F.: Statistik II für Volkswirte, Betriebswirte und Soziologen. 2. Auflage, München (1982).

Scheffé, H.: The analysis of variance. New York (1959).

Schwarz, H.: Stichprobenverfahren. München-Wien (1975).

Searle, S.R.: Linear models. New York (1971).

Siegel, S.: Nonparametric statistics for the behavioral sciences. New York (1956).

Siegel, S., Tukey, J.W.: A nonparametric sum of ranks procedure for relative spread in unpaired samples. Journal of the American Statistical Association 55, 429-445 (1960).

Skillings, J.H., Wolfe, D.A.: Testing for ordered alternatives by combining independent distribution-free block statistics. Communications in Statistics, A 6, 1453-1463 (1977).

Smirnov, N.V.: Table for estimating the goodness of fit of empirical distributions. The Annals of Mathematical Statistics 19, 279-281 (1948).

Sonnemann, E.: Allgemeine Lösung multipler Testprobleme. EDV in Medizin und Biologie 13, 120-128 (1983).

Spjøtvoll, E.: A note on robust estimation in analysis of variance. The Annals of Mathematical Statistics 39, 1486-1492 (1968).

Stange, K.: Angewandte Statistik. Erster Teil: Eindimensionale Probleme. Berlin-Heidelberg-New York (1970).

Statistisches Bundesamt (Hrsg.): Stichproben in der amtlichen Statistik. Stuttgart (1960).

Steel, R.G.D.: A multiple comparison rank sum test: treatments versus control. Biometrics 15, 560-572 (1959).

Stenger, H.: Stichprobentheorie. Würzburg-Wien (1971).

Stephens, M.A.: EDF statistics for goodness of fit and some comparisons. Journal of the American Statistical Association 69, 730-737 (1974).

Strecker, H.: Moderne Methoden in der Agrarstatistik. Würzburg (1957).

Suppes, P., Zinnes, J.: Basic measurement theory. In: *Luce, R.D., Bush, R.R., Galanter, E.H.:* Handbook of Mathematical Psychology, Vol. I. New York, 3-76 (1963).

Swed, F.S., Eisenhart, C.: Tables for testing randomness of grouping in a sequence of alternatives. The Annals of Mathematical Statistics 14, 66-87 (1943).

Terpstra, T.J.: A nonparametric test for the problem of k samples. Indagationes Mathematicae 16, 505-512 (1954).

Tryon, P.V., Hettmansperger, T.P.: A class of nonparametric tests for homogeneity against ordered alternatives. The Annals of Statistics 1, 1061-1070 (1973).

Waerden, B.L. van der: Order tests for the two sample problem and their power. I, II, III. Indagationes Mathematicae 14, 453-458; 15, 303-310; 311-316; errata: 15, 80 (1952/53).

Waerden, B.L. van der: Mathematische Statistik. 3. Auflage, Berlin-Heidelberg-New York (1971).

Waerden, B.L. van der, Nievergelt, E.: Tafeln zum Vergleich zweier Stichproben mittels X-Test und Zeichentest. Heidelberg-Berlin-New York (1956).

Wald, A., Wolfowitz, J.: On a test whether two samples are from the same population. The Annals of Mathematical Statistics 11, 147-162 (1940).

Wallace, D.L.: Simplified beta-approximations to the Kruskal-Wallis H-test. Journal of the American Statistical Association 54, 225-230 (1959).

Wallis, W.A.: The correlation ratio for ranked data. Journal of the American Statistical Association 34, 533-538 (1939).

Wetzel, W., Jöhnk, M.-D., Naeve, P.: Statistische Tabellen. Berlin (1967).

Wilcoxon, F.: Individual comparisons by ranking methods. Biometrics 1, 80-83 (1945).

Winer, B.J.: Statistical principles in experimental design. 2. Auflage, New York (1971).

Autorenverzeichnis

Sachverzeichnis